普通高等教育通识类课程教材

大学计算机基础上机实践教程
（第六版）

主　编　何振林　罗　奕

副主编　胡绿慧　杨　霖　何剑蓉　孟　丽

中国水利水电出版社
www.waterpub.com.cn
·北京·

内 容 提 要

本书是《大学计算机基础》(第六版)(何振林、罗奕主编,中国水利水电出版社出版)的配套教材。

本书分8章共19个实验内容,以 Windows 10 和 Microsoft Office 2016 为背景,安排了 Windows 10 操作系统、网络与 Internet 应用、数据的表示与存储、Access 数据库技术基础、Python 程序设计基础、Word 2016 文字处理、Excel 2016 电子表格、PowerPoint 2016 演示文稿等内容的实践练习。本书语言流畅、结构简明、内容丰富、条理清晰、循序渐进、可操作性强,同时注重基础训练和高级应用能力的培养。

本书既可作为应用型高等学校、高职高专和成人高校非计算机专业学生计算机基础课程的上机辅导教材,也可供各类计算机培训及自学者使用。

图书在版编目(CIP)数据

大学计算机基础上机实践教程 / 何振林,罗奕主编. -- 6版. -- 北京:中国水利水电出版社,2021.1
普通高等教育通识类课程教材
ISBN 978-7-5170-9404-3

Ⅰ. ①大… Ⅱ. ①何… ②罗… Ⅲ. ①电子计算机-高等学校-教学参考资料 Ⅳ. ①TP3

中国版本图书馆CIP数据核字(2021)第020387号

策划编辑:寇文杰　　责任编辑:王玉梅　　加工编辑:孙 丹　　封面设计:李 佳

书　名	普通高等教育通识类课程教材 **大学计算机基础上机实践教程(第六版)** DAXUE JISUANJI JICHU SHANGJI SHIJIAN JIAOCHENG
作　者	主　编　何振林　罗　奕 副主编　胡绿慧　杨　霖　何剑蓉　孟　丽
出版发行	中国水利水电出版社 (北京市海淀区玉渊潭南路1号D座　100038) 网址:www.waterpub.com.cn E-mail:mchannel@263.net(万水) 　　　　sales@waterpub.com.cn 电话:(010)68367658(营销中心)、82562819(万水)
经　售	全国各地新华书店和相关出版物销售网点
排　版	北京万水电子信息有限公司
印　刷	三河市鑫金马印装有限公司
规　格	184mm×260mm　16开本　16.5印张　409千字
版　次	2010年7月第1版　2010年7月第1次印刷 2021年1月第6版　2021年1月第1次印刷
印　数	0001—8000 册
定　价	32.00元

凡购买我社图书,如有缺页、倒页、脱页的,本社营销中心负责调换

版权所有·侵权必究

第六版前言

为配合《大学计算机基础》(第六版)(何振林、罗奕主编,中国水利水电出版社出版)一书的学习和对其内容的理解,我们编写了本书。

本书内容新颖、面向应用,强调操作能力培养和综合应用,其特点更加突出。本书的宗旨是使读者能够快速掌握办公自动化技术、多媒体技术、网络环境下的计算机应用新技术等。

本书紧密结合《大学计算机基础》(第六版),以 Windows 10 和 Microsoft Office 2016 为背景,安排了 Windows 10 操作系统、网络与 Internet 应用、数据的表示与存储、Access 数据库技术基础、Python 程序设计基础、Word 2016 文字处理、Excel 2016 电子表格、PowerPoint 2016 演示文稿等内容的实践练习。

计算机是一门实践性很强的学科,能熟练使用计算机已经是人们最基本的技能之一。计算机应用能力的培养和提高,要靠大量的上机实践与实验来实现。

本书在编写时力求做到语言流畅、结构简明、内容丰富、条理清晰、循序渐进、可操作性强,同时注重基础训练和高级应用能力的培养。全书设计的实验较多,这样便于教师根据实际的教学情况灵活安排。本书安排 19 个实验,在每个实验中又分别设置了若干小的实验,以对应《大学计算机基础》(第六版)各个章节的内容;在每个实验后面还安排了大量的综合练习题,供读者加深对该部分的理解。

所有实验划分为以下 8 章:

第 1 章:从实验 1 到实验 4,主要安排了有关 Windows 10 操作系统的基础应用,介绍了 Windows 10 基础、任务栏和窗口操作基础、文件与文件夹的操作、Windows 10 控制面板与几个实用小程序。

第 2 章:安排了两个实验,主要内容是 TCP/IP 网络配置与文件夹共享和 Internet 基本使用。这两个实验使读者快速了解计算机的网络配置,进行网络浏览等。

第 3 章:安排了一个实验,在此实验中,通过 FTP 服务器配置与使用以及百度网盘的使用,帮助读者理解远程存储的应用,初步了解云存储的基本使用。

第 4 章:安排了 Access 数据库技术的实践练习,主要内容有 Access 2016 数据库与数据表、SQL 查询、数据的导入与导出等。

第 5 章:安排了四个大的 Python 程序设计实验,帮助读者理解算法的含义,掌握 Python 程序设计,使读者具备初步使用 Python 语言进行程序设计的能力。

第 6 章:从实验 13 到实验 16,实验内容分别是 Word 的基本操作和编辑、文档格式设置和页面布局、图文混排、提取目录与邮件合并。通过这四个实验,读者能快速、全面地掌握 Word 2016 文字处理软件的使用精髓。

第 7 章:从实验 17 到实验 18,主要实验内容有 Excel 函数的使用、Excel 数据管理与图形化。通过这两个实验,读者能够了解 Excel 处理数据的强大能力和魅力。

第 8 章:安排了一个实验,内含两个综合实验指导。通过该实验,读者可具备幻灯片的制作、编辑、修饰、切换及动画创建的能力。

本书可作为大中专院校"大学计算机基础"课程的配套实验教材，也可供自学"大学计算机基础"的读者参考。

本书在编写过程中参考了大量的资料，在此对这些资料的作者表示感谢，同时在这里特别感谢我的同事，他们为本书的写作提供了无私的建议。

本书的编写得到了中国水利水电出版社的全方位帮助，以及有关兄弟院校的大力支持，在此一并表示感谢。

本书由何振林、罗奕任主编，胡绿慧、杨霖、何剑蓉、孟丽任副主编，赵亮、张勇、肖丽、王俊杰、刘剑波、钱前、刘平、杜磊、何力、张晓彤、郭芋伶、卢敏、程小恩、程爱景、庞燕玲、何若熙、李源彬（四川农业大学）、陶瑞卿、彭安杰等任编委。

由于时间仓促及作者的水平有限，虽经多次教学实践和修改，书中难免仍然存在错误和不妥之处，恳请广大读者批评指正。

编者

2020 年 9 月 16 日

第一版前言

计算机是一门实验性很强的学科,能熟练使用计算机已经是人们最基本的技能之一。计算机应用能力的培养和提高,要靠大量的上机实践与实验来实现。为配合创新教材《大学计算机基础》(何振林、罗奕主编,中国水利水电出版社,2010 年 6 月)课程的学习和对其内容的理解,我们编写了这本《大学计算机基础上机实践教程》。

本教程内容新颖、面向应用、强调操作能力培养和综合应用,其特点更加突出。本书宗旨是使读者能够快速掌握办公自动化技术、多媒体技术、网络环境下的计算机应用技术等。

教材紧密结合《大学计算机基础》一书,以 Windows XP、Microsoft Office 2003 为背景软件,安排了键盘操作与指法练习、Windows XP 操作系统、中文 Word 2003 文字处理系统、Excel 2003 电子表格、PowerPoint 2003 演示文稿、Photoshop 图像处理与 Flash 动画制作、TCP/IP 网络配置和文件夹共享、Internet 基本使用、FrontPage 2003 网页制作初步以及文件压缩 WinRAR 等 6 种常用工具软件的实践练习。

本教材在编写时力求做到语言流畅、结构简明、内容丰富、条理清晰、循序渐进、可操作性强,同时注重应用能力的培养。全书设计的实验较多,这样便于各任课教师根据实际的教学情况灵活安排。教材中安排 25 个实验,在每个实验中又分别设置了若干个小的实验,以对应于《大学计算机基础》各个章节的不同内容;在每个实验后面还安排了大量的思考与综合练习题,供读者加深对该部分的理解与提高。

所有实验,就其内容来说,可划分为以下 9 章:

第 1~2 章:从实验一到实验七,主要安排了有关 Windows XP 操作系统的基本操作与使用。介绍了键盘操作与指法练习、Windows XP 的基本操作、文件与文件夹的操作、磁盘管理与几个实用程序、Windows XP 的系统设置与维护、注册表的使用等。

第 3 章:从实验八到实验十四,实验内容是 Word 的基本初步、Word 表格与图形、Word 的高级操作等。通过这 5 个实验,使读者能快速地了解和掌握 Word 2003 文字处理软件的使用精髓。

第 4 章:从实验十五到实验十七,主要内容有 Excel 的基本操作、Excel 数据管理以及 Excel 数据的图形化。

第 5 章:从实验十八到实验二十,即 PowerPoint 使用初步、幻灯片的修饰和编辑以及 PowerPoint 高级操作等 3 个实验。

第 6 章:安排实验二十一,即 Photoshop 与 Flash 使用初步。通过该实验,使读者具备处理图片和制作动画的初步能力。

第 7 章:安排了两个实验,主要内容是 TCP/IP 网络配置与文件夹共享和 Internet 基本使用。这两个实验,使读者快速了解计算机的网络配置,进行网络浏览等。

第 8 章:安排了一个实验,即 FrontPage 2003 网页制作初步。该实验能让读者学会使用 FrontPage 2003 进行初步的网页制作。

第 9 章:为了日常生活的需要,为读者安排了 6 个实用型小程序的实验内容。这部分内容安排在实验二十五中。在本实验中，包括压缩软件 WinRAR 的高级功能的使用、暴风影音（Media Player Classic）的使用、Arial CD Ripper 音频转换软件的使用、迅雷（Thunder）下载软件的使用、WinISO 映像文件制作软件的使用、使用 Nero-Burning Rom 制作光盘等内容。

本教程可作为大中专院校开设《大学计算机基础》课程的配套实验教材，也可供自学《大学计算机基础》的读者参考。

本书在编写过程中，参考了大量的资料，在此对这些资料的作者表示感谢，同时在这里也特别感谢为本书的写作提供帮助的人们。

本书主要由何振林、胡绿慧任主编，罗奕、杜磊、信伟华、范彩霞任副主编，参加编写的还有孟丽、赵亮、张庆荣、张勇、肖丽、王俊杰、刘剑波、杨进、杨霖、庞燕玲等。本书的编写得到了中国水利水电出版社以及有关兄弟院校的的大力支持，在此一并表示感谢。

由于时间仓促及作者的水平有限，虽经多次教学实践和修改，书中难免存在错误和不妥之处，恳请广大读者批评指正。

编者

2009 年 12 月

目 录

第六版前言
第一版前言

第 1 章 Windows 10 操作系统 1
实验 1　Windows 10 基础 1
实验 2　任务栏和窗口操作基础 8
实验 3　文件与文件夹的操作 13
实验 4　Windows 10 控制面板与几个实用小程序 18

第 2 章 网络与 Internet 应用 32
实验 5　TCP/IP 网络配置和文件夹共享 32
实验 6　Internet 基本使用 40

第 3 章 数据的表示与存储 53
实验 7　数据的远程存储 53

第 4 章 Access 数据库技术基础 62
实验 8　Access 数据库技术基础 62

第 5 章 Python 程序设计基础 77
实验 9　Python 语言环境的使用 77
实验 10　分支结构的使用 83
实验 11　循环的使用 87
实验 12　函数的使用 96

第 6 章 Word 2016 文字处理 102
实验 13　Word 的基本操作和编辑 102
实验 14　文档格式设置和页面布局 109
实验 15　图文混排 119
实验 16　提取目录与邮件合并 132

第 7 章 Excel 2016 电子表格 153
实验 17　Excel 函数的使用 153
实验 18　Excel 数据管理与图形化 177

第 8 章 PowerPoint 2016 演示文稿 219
实验 19　PowerPoint 的使用 219

参考文献 256

第 1 章　Windows 10 操作系统

实验 1　Windows 10 基础

实验目的

（1）掌握 Windows 10 开启与退出的正确方法和启动模式。
（2）掌握 Windows 10 的基本操作和"任务管理器"的使用。
（3）了解"记事本"和"写字板"程序的启动、文件保存和退出的方法。
（4）了解压缩软件 WinRAR 的基本使用方法。

实验内容与操作步骤

实验 1-1　Windows 10 的基础使用。

操作内容如下：

（1）启动并登录计算机。

按主机前置面板上的"电源开关"按钮，启动并登录进入 Windows 10，观察 Windows 10 桌面的组成。

（2）鼠标的基本操作练习。

1）右击桌面空白处，执行快捷菜单中的"个性化"命令，打开图 1-1 所示的个性化"设置"窗口。利用此窗口左侧的"背景"菜单，选择一幅图形作为新的桌面背景画面。

图 1-1　个性化"设置"窗口

利用"锁屏界面"菜单,选择一幅图形作为新的桌面背景画面,使用"变幻线"并且间隔 2 分钟作为屏幕保护程序。

利用"主题"菜单,显示或隐藏桌面上的"此电脑"和"用户的文件"文件夹图标。

2)按住鼠标左键,将"此电脑"图标 移动到桌面上的其他位置。

3)用鼠标的右键拖动"此电脑"图标到桌面某个位置,松开后,选择某个操作。

4)用鼠标双击或右击打开"此电脑"窗口。

5)用鼠标实行拖拽操作改变"此电脑"窗口的大小和在桌面上的位置。

6)将鼠标指针指向任务栏的右边系统通知区的"当前时间"图标 并单击,打开"当前日期"对话框,用户可在此对话框中调整系统时间与日期。

7)右击桌面空白处,执行快捷菜单中的"显示设置"命令,打开图 1-2 所示的"设置"窗口。利用此窗口的"显示"菜单,将桌面上显示的图标和文字扩大 25%;使用"电源和睡眠"菜单,设置无人操作时,计算机经过 10 分钟后,自动进入睡眠状态。

图 1-2 显示"设置"窗口

8)在 Windows 10 桌面上,双击打开 Microsoft Edge 浏览器 。

9)单击"开始"→"所有应用"→"Windows 附件"→"画图"命令,打开"画图"程序。

实验 1-2 桌面的基本操作。

(1)通过鼠标拖拽添加一个新图标。单击"开始"图标,在弹出的菜单中将鼠标指针指向"所有应用",拖动"所有应用"右侧的滚动条,找到 并右击,在弹出的快捷菜单中依次选择"更多"→"打开文件位置"命令,在打开的 Programs 窗口中找到 PowerPoint 快捷方式。按住 Ctrl 键,左键拖拽该图标至桌面,松开左键后,可在桌面上添加一个 图标。

(2)使用"新建"菜单添加新图标。在桌面任一空白处右击,在弹出的快捷菜单中选择"新建"命令,然后在子菜单中选择"快捷方式"命令。利用创建快捷方式向导,选择所需对象的方法来创建新快捷图标,如创建"记事本"程序的快捷方式图标 。

(3)图标的更名。选择上面创建的"记事本"程序的快捷方式图标并右击,在弹出的快捷菜单中选择"重命名"命令,重新命名即可。

(4)删除前面新建的图标。将鼠标指针指向前面建立的 PowerPoint 图标并右击,在弹出的快捷菜单中选择"删除"命令(或将该对象图标直接拖到"回收站")。

(5)排列图标。右击桌面,在弹出的快捷菜单中选择"查看"命令,观察下一层菜单中的"自动排列图标"是否起作用(看该命令前是否有"√"标记),若没有,单击使之起作用;移动桌面上某个图标,观察"自动排列"如何起作用;右击桌面,调出桌面快捷菜单中的"排序方式"菜单项,分别按"名称""大小""项目类型""修改日期"排列图标;取消桌面的"自动排列图标"方式。

实验 1-3 使用"Windows 任务管理器"查看已打开的程序,利用进程关闭程序。为做本实验,先将 Windows Media Player(媒体播放器)、计算器(Calc)、写字板(WordPad)、记事本(NotePad)等程序打开。

(1)打开"Windows 任务管理器"的方法如下:右击任务栏的空白处,在弹出的快捷菜单中单击"任务管理器"命令(也可按 Ctrl+Shift+Esc 组合键),打开"任务管理器"窗口,如图 1-3 所示。

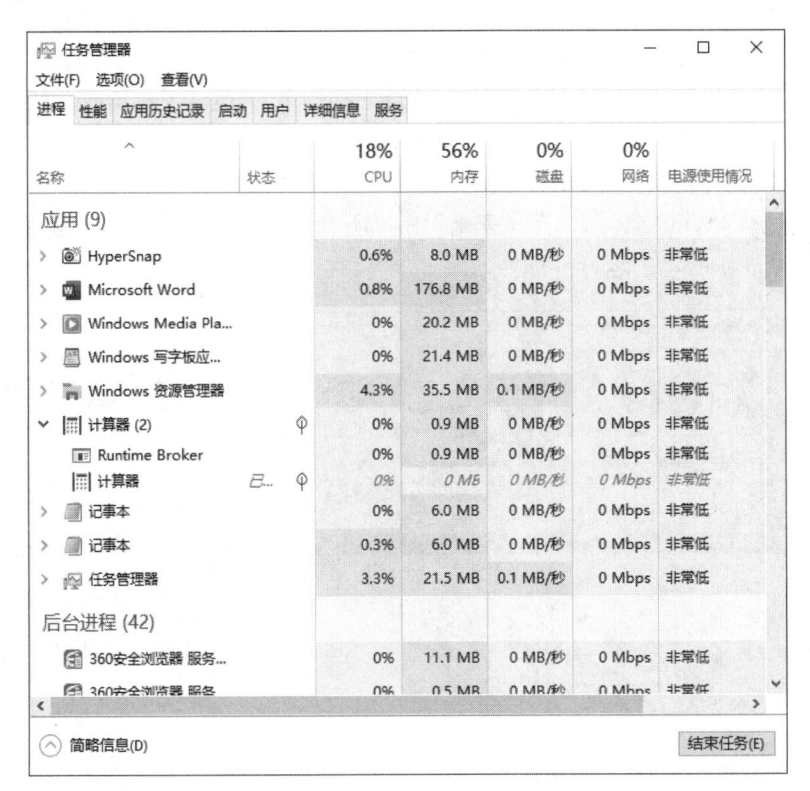

图 1-3 "任务管理器"窗口

（2）单击"进程"选项卡，该选项卡显示关于计算机上正在运行的进程的信息，包括应用程序、后台服务和进程等。

在"进程"选项卡中找到需要结束的进程名，然后执行右键菜单中的"结束进程"命令（或单击"任务管理器"右下角的"结束任务"按钮 结束任务(E) ），就可以强行终止，如notePad.exe（记事本）。但这种方式将丢失未保存的数据，而且如果结束的是系统服务，则系统的某些功能可能无法正常使用。

提示：要打开"任务管理器"窗口，还可使用下面的方法：

方法 1：右击"开始"按钮，在弹出的快捷菜单中执行"任务管理器"命令。

方法 2：按 Windows+R 组合键，打开 Windows 10 运行命令窗口。在"打开"文本框中输入 taskmgr.exe 命令。然后单击"确定"按钮，就可以打开任务管理器了。

方法 3：同时按下 Ctrl+Shift+Esc 组合键。

实验 1-4 学会 WinRAR 中文版的简单使用，要求如下：

（1）从网上下载并安装 WinRAR V5.9 中文版（下载地址：http://www.winrar.com.cn/）。

（2）从网上下载并安装"万能五笔 9.9.6.10129"内置版（下载地址：http://www.wnwb.com/）。

（3）安装 WinRAR V5.9 中文版和"万能五笔 9.9.6.10129"内置版。

（4）使用 WinRAR 对 WinRAR V5.9 中文版和"万能五笔 9.9.6"内置版进行打包压缩，压缩文件全名为"压缩与输入法"。然后使用 WinRAR 将"万能五笔 9.9.6.10129"内置版解压缩至 D 盘。

操作方法和步骤如下：

（1）下载 WinRAR V5.9 简体中文版和"万能五笔 9.9.6.10129"，下载的软件放在 Windows 10 桌面上。下载后的默认文件名分别是 wrar590scp.exe 和 wnwb9.9.6.10129.exe。

（2）在 Windows 10 桌面上找到已下载的 wrar590scp.exe 文件，双击并按照出现的安装界面提示一步一步操作即可安装到计算机中。

（3）正确安装 WinRAR 后，在"开始"→"所有应用"菜单中找到"WinRAR"程序，单击便可进入图 1-4 所示的运行界面。

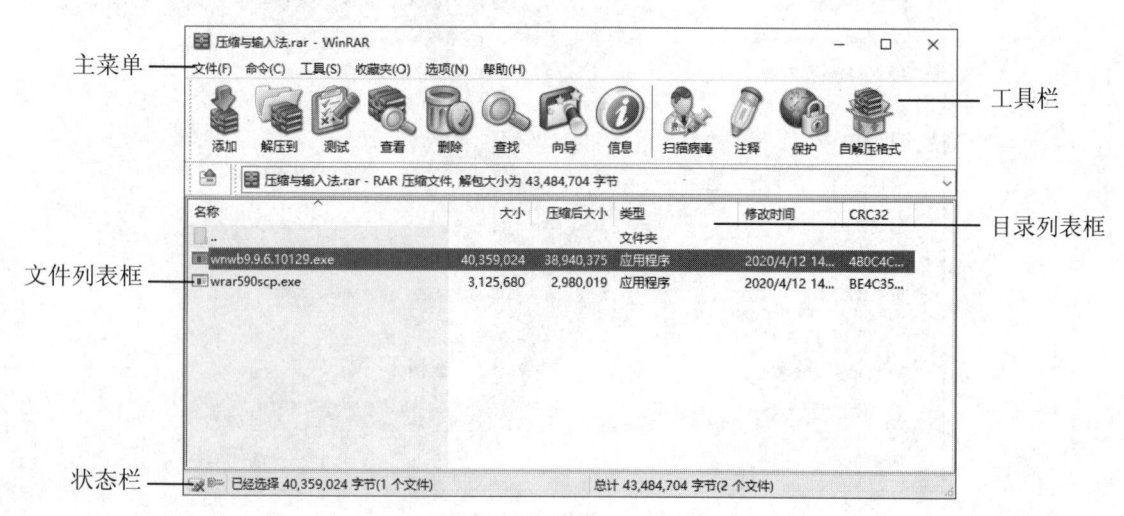

图 1-4 WinRAR 运行界面

(4) 切换至 Windows 10 桌面，选择下载的 wrar590scp.exe 和 wnwb9.9.6.10129.exe 两个文件。右击，执行弹出的快捷菜单中的"添加到压缩文件"命令 ![添加到压缩文件(A)...]，打开图 1-5 所示"压缩文件名和参数"对话框。

图 1-5 "压缩文件名和参数"对话框

(5) 在"压缩文件名"文本框中输入压缩文件名，这里输入"压缩与输入法"，其他参数不变。单击"确定"按钮，程序开始压缩打包，过一会儿压缩成功，桌面上出现打包后的文件"压缩与输入法.rar"。

(6) 双击"压缩与输入法.rar"，出现图 1-4 所示的 WinRAR 运行界面。选择 wnwb9.9.6.10129.exe 文件并右击，执行图 1-6 所示的快捷菜单中的"解压到指定文件夹"命令，打开图 1-7 所示的"解压路径和选项"对话框。

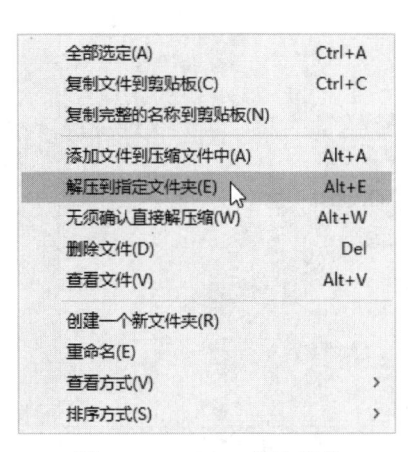

图 1-6　WinRAR 快捷菜单 　　　　　图 1-7　"解压路径和选项"对话框

(7) 在"解压路径和选项"对话框右侧，选择解压后文件存放的磁盘，本例为 D 盘，其他选项不变。单击"确定"按钮，指定的压缩文件开始解压。解压缩结束后，读者可打开 D

盘查看指定的文件是否成功解出。

（8）在 Windows 10 桌面上，找到已下载的万能五笔输入法 wnwb9.9.6.10129.exe，双击打开该文件夹。然后出现万能五笔输入法 wnwb9.9.6.10129.exe 安装界面，根据安装界面的提示，用户只需单击"一键安装"按钮，即可顺利安装万能五笔输入法。安装完毕后，该输入法出现在 Windows 10 输入法中，图标为 万 。

要使用万能五笔输入法，读者可按 Ctrl+,组合键。Windows 10 中，系统默认为微软拼音，图标为 拼 。读者要切换微软拼音和万能五笔输入法，可按 Ctrl+Shift 组合键。

实验 1-5　记事本（Notepad）的使用。

Windows 系统中的"记事本"是一个常用的文本编辑器，它使用方便、操作简单，在很多场合下尤其是在编辑源代码（如 ASP、Python 源程序）时有独特的作用。"记事本"打开及使用的方法如下：

（1）单击"开始"→"所有应用"→"Windows 附件"→"记事本"命令，打开"记事本"窗口。

（2）将下列英文短文录入"记事本"中：

> The Python's history
>
> Over six years ago, in December 1989, I was looking for a "hobby" programming project that would keep me occupied during the week around Christmas.
>
> My office (a government-run research lab in Amsterdam) would be closed, but I had a home computer, and not much else on my hands.
>
> I decided to write an interpreter for the new scripting language I had been thinking about lately: a descendant of ABC that would appeal to Unix/C hackers.
>
> I chose Python as a working title for the project, being in a slightly irreverent mood (and a big fan of Monty Python's Flying Circus).

（3）文本输入完成后，单击"格式"→"字体"命令，打开"字体"对话框，如图 1-8 所示。

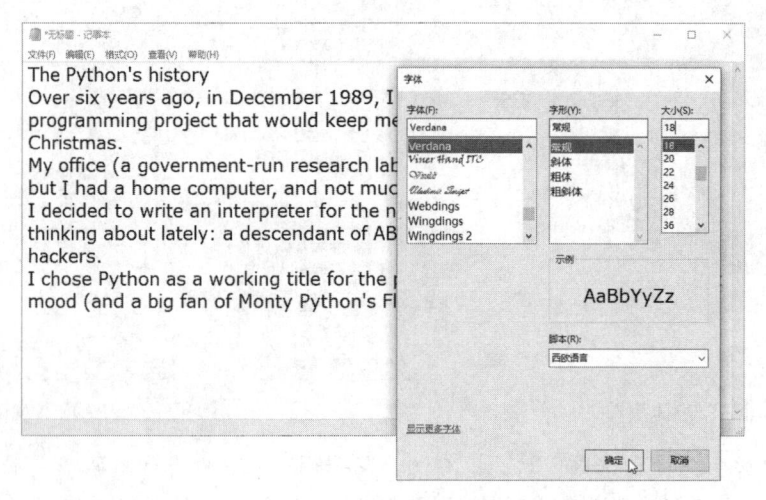

图 1-8　"字体"对话框

（4）选择字体为 Verdana，大小为 18，观察记事本窗口中文字内容的变化。

（5）单击"文件"→"保存"命令，打开"另存为"对话框，在"保存在"下拉列表框中选择一个目录（文件夹），如 Administrator 作为该文件保存的位置，然后在"文件名"文本框处输入 ywlx，单击"保存"按钮，则输入的内容就保存在文件 ywlx.txt 中了。

（6）单击"文件"→"退出"命令，关闭"记事本"窗口。

实验 1-6 使用写字板（Wordpad）录入下面的汉字短文，并以文件名 zw.docx 存盘。

（1）右击"开始"按钮，执行快捷菜单中的"运行"命令。打开"运行"对话框，然后在"打开"文本框处输入 Wordpad.exe，单击"确定"按钮，打开图 1-9 所示的"写字板"窗口。

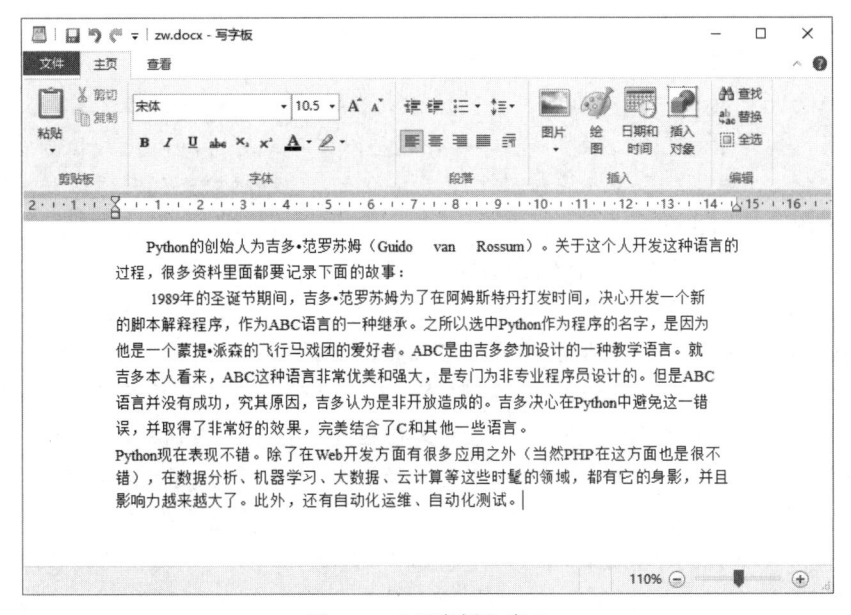

图 1-9 "写字板"窗口

（2）在"写字板"里输入图中的短文。

（3）短文输入完毕后，按 Ctrl+S 组合键，打开"另存为"对话框，在"文件名"文本框中输入要保存文档的文件名 zw.docx，单击"保存"按钮，在 Word 文档格式下保存该短文。

思考与综合练习

1. 两次打开"记事本"程序 notepad.exe，然后使用"Windows 任务管理器"，关闭"记事本"程序 notepad.exe。

2. 使用"记事本"程序，输入下面的文本，将其以文件名"我的网页.html"保存到桌面上。

```
<html>
    <head>
        <title>欢迎来到梦之都</title>
    </head>
```

```
        <body>
            <p>这是我的第一个网页,在这里
                <a href="http://www.dreamdu.com/xhtml/">
                尽情学习使用 SharePoint Designer 2010 制作网页吧!
                </a>
            </p>
        </body>
</html>
```

3．在 Windows 10 桌面上双击 Microsoft Edge 图标 ，在浏览器地址栏处输入 "C:\Users\Administrator\Desktop\我的网页.html" 并按 Enter 键,观察效果。

4．使用"写字板"程序录入下面的文本,将其以文件名"电脑与文化.docx"保存到桌面上的 Windows 文件夹中。

人类在社会历史发展中,对自然世界的认识和在精神世界里的追求源远流长,形成了巨大的精神财富,如文学、艺术、教育、科学等,这些以文字或符号加以记载和传播,就形成了我们所说的文化。历史上,尽管各民族的文化差异很大,但一项重大的科学成就,常常能够影响整个世界文化发展的进程。

机械的发明,延长了人类用于劳动的四肢;而电子计算机的出现,则延伸了人类用于思维的大脑,使人类的智慧挣脱时间和空间的限制,开创了人类改造自然也改造自身的新纪元。为此,电子计算机也叫电脑。电脑涌向了科研机关、军事系统和工矿企业,也走进了办公室、家庭和教室,既万马奔腾,又涓涓细流,风靡全世界,电脑进入了人类活动的一切领域,正无情地改变着文化和文明的本来含义:一个人的文化程度,将要以电脑知识的多少来重新评价;一个国家的发展水平,将要以电脑应用的程度来加以衡量,电脑成了文明的同义词。

5．当使用完"写字板"后,若直接按正常步骤关机,会出现什么情况?如何处理?

6．将实验 1-4 下载的 WinRAR V5.9 中文版和"万能五笔 9.9.6.10129"内置版两个文件压缩打包成一个可执行文件(.exe)。

7．设置屏幕保护程序为"三维文字",旋转类型为"跷跷板式",表面样式为"纹理"。

8．设置屏幕保护程序为"三维文字",文字内容为"自己姓名+班级",要等待 1 分钟,并有密码保护。

9．设置外观为你喜欢的样式。

10．要求桌面只显示"计算机"和"回收站"图标。

11．更改桌面"计算机"的图标。

实验 2　任务栏和窗口操作基础

实验目的

(1) 了解 Windows 桌面上图标的概念以及对图标的各种操作。
(2) 理解任务栏的概念、掌握操作任务栏的各种设置;使用 Windows 帮助系统。

(3) 理解窗口的概念，熟悉窗口的种类，掌握对窗口的各种操作。
(4) 学会使用 Windows 的截图功能。

实验内容与操作步骤

实验 2-1 使用任务栏上的"开始"按钮和工具栏浏览计算机。

(1) 通过"开始"→"文档"命令打开"文档"文件夹；再通过"开始"→"音乐"命令打开库中的"音乐"文件夹，观察任务栏上的"文件资源管理器"图标是否有重叠现象的变化。

(2) 通过"开始"→"所有应用"→"Windows 附件"→"记事本"命令，打开"记事本"应用程序窗口，当前窗口为记事本，此时对应图标发亮。

(3) 通过单击任务栏上的图标，在"记事本"窗口与"文件资源管理器"窗口间切换。

(4) 通过单击任务栏上的最右侧"显示桌面"按钮，快速最小化已经打开的窗口并在桌面之间切换。

实验 2-2 使用 Windows 帮助系统。

(1) 通过"此电脑""网络""文件资源管理器"等窗口中右上角的"帮助"按钮 ❓（或直接按 F1 功能键）打开"如何在 Windows 10 中获取帮助"窗口，如图 2-1 所示。

图 2-1 "如何在 Windows 10 中获取帮助"窗口

提示：当单击"此电脑""网络""文件资源管理器"等窗口中右上角的"帮助"按钮 ❓ 时，图 2-1 将会直接显示有关操作对象的内容和帮助搜索的内容链接条目。

(2) 搜索一个帮助主题。在"如何在 Windows 10 中获取帮助"窗口中的"搜索文本框"中输入"文件资源管理器"。然后单击搜索框右侧的"搜索"按钮 🔍，系统将查找有关"文件资源管理器"的帮助信息，有关信息出现在"帮助和支持中心"窗口中，如图 2-2 所示。

图 2-2　使用"搜索文本框"查找相关信息

（3）指向要查看的帮助条目，单击可查看有关帮助信息。

实验 2-3　在 Windows 10 中，对窗口进行操作，要求如下：

（1）双击桌面上"此电脑"图标，打开"此电脑"窗口，观察图标、　　、　　、　　、　　、　　、　　，理解这些图标的含义（必要时可打开其他文件夹）。

（2）在"此电脑"窗口中，在"查看"选项卡下"布局"组中分别选择"超大图标""中图标""列表""大图标""小图标""详细信息""平铺""内容"菜单项，观察窗口内图标的变化。

（3）用"此电脑"窗口右上角的"最大化""最小化""还原""关闭"按钮来改变窗口的状态。

（4）用控制菜单打开、最大化、还原、最小化和关闭窗口。

（5）用拖动的方法调节窗口的大小和位置。

（6）选定一个文件夹，对其进行复制、重命名、删除以及恢复等操作。

（7）用"任务栏"中的"搜索框"打开一个应用程序，如文件资源管理器 explorer.exe。

（8）同时打开 3 个窗口，如"此电脑"、Administrator（即用户文件夹）、"回收站"，并把它们最小化。然后在不同窗口之间进行切换；对已打开的多个窗口分别按层叠、堆叠显示和并排显示方式显示窗口。

（9）按 PrintScreen 或 Alt+PrintScreen 键，可把整个屏幕或当前窗口复制到剪贴板中。然后运行"写字板"程序 Wordpad，打开 zw.docx 文档，再单击"粘贴"按钮　　，看看有什么效果出现。

实验 2-4　设置任务栏，要求完成下面的操作：

（1）将任务栏移到屏幕的右边缘，再将任务栏移回原处。

（2）改变任务栏的宽度。

（3）取消任务栏上的时钟并设置任务栏为自动隐藏。

(4) 将"开始"→"所有应用"中的 计算器 锁定到任务栏，然后从任务栏中解锁。

(5) 在任务栏上显示"桌面"图标，单击此图标，查看有什么作用。

(6) 在任务栏的右边通知区隐藏电源图标。

实验 2-5 "计算机"窗口的使用。

(1) "计算机"窗口的打开。打开窗口的方法有两种：一是在桌面上双击"此电脑"图标；二是将鼠标指针指向"此电脑"图标并右击，在弹出的快捷菜单中选择"打开"命令。

(2) 浏览磁盘。在打开的"文件资源管理器"窗口中，将鼠标指针指向 C 盘并双击打开，此时在"文件资源管理器"右窗格中显示 C 盘的对象内容，再将鼠标指针指向文件夹 Program Files 并双击打开。执行"查看"选项卡下"窗格"组中的"预览窗格"命令，观察窗口的显示方式。

(3) 分别单击地址栏左侧的"后退"按钮←和"前进"按钮→，观察窗口的显示内容。

思考与综合练习

1．打开"开始"菜单的方法有几种？分别如何操作？

2．窗口由哪些部分组成？对窗口进行放大、缩小、移动、滚动窗口内容、最大化、恢复、最小化、关闭等操作。当打开多个窗口时，如何激活某个窗口，使之变成活动窗口？

3．利用"任务栏"菜单，搜索本地硬盘中的所有 EXE 文件。按下 Windows+T 组合键打开任务中的程序。

4．使用"截图工具"（SnippingTool.exe）截取桌面和"此电脑"窗口，截取图形后分别将其以 Desktop.jpg 和 FileExplorer.jpg 文件名保存到桌面中。

5．锁定任务栏，使之不能将程序固定在任务栏中，操作方法如下：

（1）按 Windows+R 组合键，打开"运行"对话框，如图 2-3 所示。然后在"打开"文本框中输入 gpedit.msc（本地组策略编辑器），单击"确定"按钮执行。

图 2-3 "运行"对话框

（2）打开"本地组策略编辑器"界面后，依次展开"用户配置"→"管理模板"→"开始菜单和任务栏"，接着在右边"设置"列表中右击"不允许将程序附加到任务栏"选项并进行"编辑"，如图 2-4 所示。

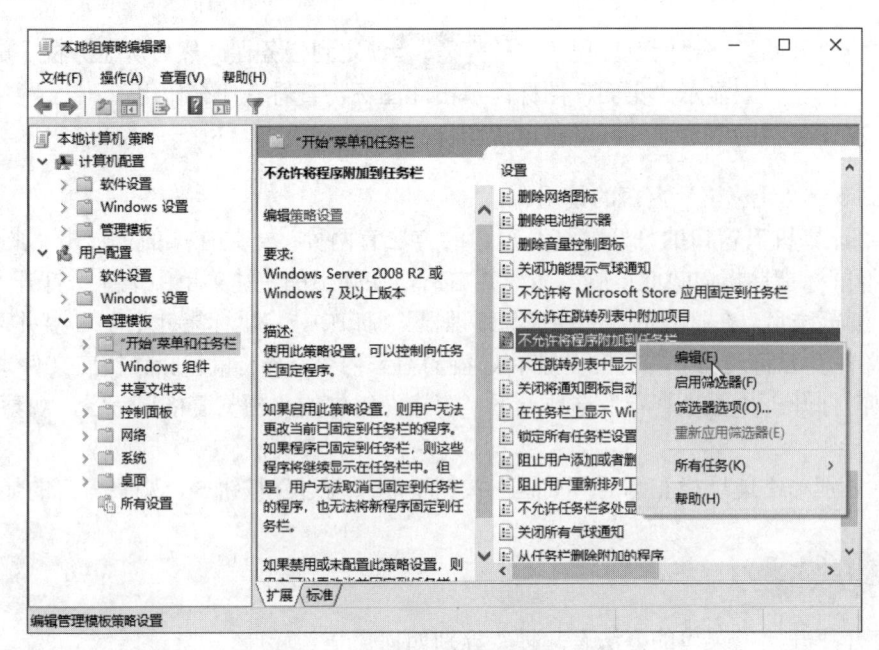

图 2-4 "本地组策略编辑器"窗口

（3）在弹出的编辑窗口中选中"已启用"单选按钮，然后继续单击"确定"按钮更改设置即可，如图 2-5 所示。

图 2-5 "不允许将程序附加到任务栏"窗口

完成上述操作并重启计算机后，用户便无法取消已固定到任务栏的程序，也无法将新程序固定到任务栏。

实验 3　文件与文件夹的操作

实验目的

（1）熟练掌握"计算机"与"文件资源管理器"的使用。
（2）掌握对文件（夹）的浏览、选取、创建、重命名、复制、移动和删除等操作。
（3）掌握文件和文件夹属性的设置。
（4）掌握在 Windows 中如何搜索文件（夹）。
（5）掌握"回收站"的使用。

实验内容与操作步骤

实验 3-1　"文件资源管理器"窗口的使用。

（1）"文件资源管理器"窗口的打开。打开窗口的常见方法有 4 种：①依次单击"开始"→"所有程序"→"Windows 系统"→"文件资源管理器"命令；②右击"开始"菜单，在弹出的快捷菜单中选择"文件资源管理器"命令；③右击"开始"→"运行"命令，弹出"运行"对话框，在"打开"文本框处输入 explorer，然后按 Enter 键即可；④按组合键 ⊞+E。

（2）调整左右窗格的大小。将鼠标指针指向左右窗格的分隔线上，当鼠标指针变为水平双向箭头↔时，按住鼠标左键左右移动即可调整左右窗格的大小。

（3）展开和折叠文件夹。单击"此电脑"前的大于符号图标>或双击"此电脑"，将其展开，此时大于符号>变成了向下图标∨。在左窗格中，单击"本地磁盘（C:）"前的大于符号图标>或双击"本地磁盘（C:）"，将展开磁盘 C。在左窗格（即导航窗格）中，单击文件夹 Windows 前的大于符号图标>或双击名称 Windows，将展开文件夹 Windows。

单击向下图标∨或将光标定位到该文件夹，按键盘上的←键，可将已展开的内容折叠起来。如单击 Windows 前的向下图标∨也可将该文件夹折叠。

（4）打开一个文件夹。打开当前文件夹的方法有 3 种：①双击或单击"导航窗格"中的某个文件夹图标；②直接在地址栏中输入文件夹路径，如 C:\Windows，然后按 Enter 键确认；③单击"地址栏"左侧的两个工具按钮（"后退"按钮←、"前进"按钮→），可切换到当前文件夹的上一级文件夹。

实验 3-2　使用"文件资源管理器"窗口选定文件（夹）。

（1）选定文件（夹）或对象。在"文件资源管理器"窗口导航窗格中，依次单击"本地磁盘（C:）"→Windows→Media 命令，此时文件夹 Media 的内容将显示在"文件资源管理器"的右窗格中。

（2）选定一个对象。将鼠标指针指向 Windowslogon.wav 图标上，单击即可选定该对象。

（3）选定多个连续对象。单击"查看"选项卡下"布局"组中的"列表"命令 列表，将 Media 文件夹下的内容对象以列表形式显示在右窗格中，单击选定"Windows 登录声.wav"，再按住 Shift 键，然后单击要选定的 Windows Notify.wav，再释放 Shift 键，此时可选定两个文件对象之间的所有对象；也可将鼠标指针指向显示对象窗格中的某个空白处，按下鼠标左键拖拽到某个位置，此时鼠标指针拖出一个矩形框，矩形框交叉和包围的对象将全部被选中。

（4）选定多个不连续对象。在文件夹 Media 中，单击要选定的第一个对象，再按住 Ctrl 键，然后依次单击要选定的对象，再释放 Ctrl 键，此时可选定多个不连续的对象。

（5）选定所有对象。单击"主页"选项卡下"选择"组中的"全部选择"命令 全部选择，或按 Ctrl+A 组合键，可将当前文件夹下的全部对象选中。

（6）反向选择对象。单击"主页"选项卡下"选择"组中的"反向选择"命令 反向选择，可以选中此前没有被选中的对象，同时取消已被选中的对象。

（7）取消当前选定的对象。单击窗口中任一空白处，或按键盘上的任一光标移动键即可（或使用"选择"组中的"全部取消"命令 全部取消 ）。

实验 3-3 文件（夹）的创建与更名。

操作方法及步骤如下：

（1）打开"此电脑"或"文件资源管理器"窗口。

（2）选中一个驱动器符号［这里选择"本地磁盘（C:）"］，双击打开该驱动器窗口。

（3）单击"主页"选项卡下"新建"组中的"新建文件夹"命令 新建文件夹 ，此时就新建了一个文件夹，如图 3-1 所示。

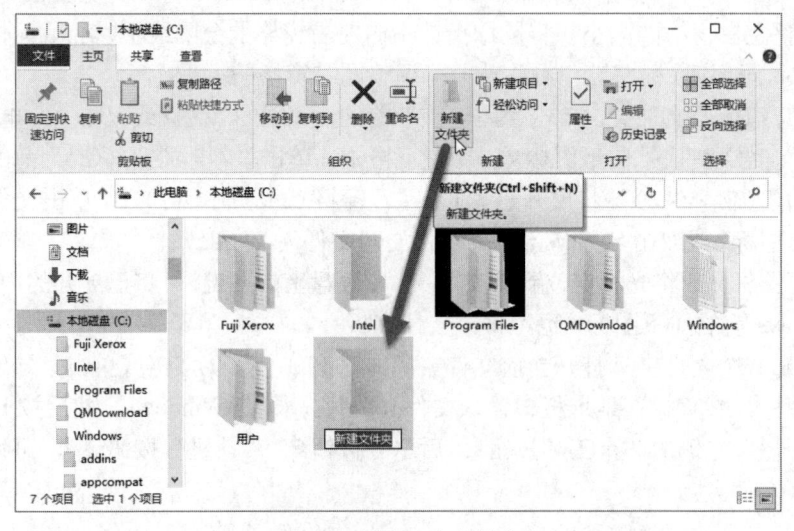

图 3-1 新建一个文件夹

要创建一个文件夹，也可右击窗口空白处，执行弹出的快捷菜单中的"新建"→"文件夹"命令，即可创建一个文件夹。

（4）文件（夹）的重命名。

单击选定要重命名的文件（夹），单击"主页"选项卡下"组织"组中的"重命名"命令 重命名 ，此时在文件（夹）名称框处出现一条不断闪动的竖线（即插入点），直接输入新的文件（夹）名称，如 MySite，然后按 Enter 键或在其他空白处单击即可。

要为一个文件（夹）进行重命名，还有以下 3 种方法：①将鼠标指针指向需要重命名的文件（夹）并右击，在弹出的快捷菜单中选择"重命名"命令；②将鼠标指针指向文件（夹）名称处，选中该文件（夹）并稍停一会儿再次单击；③选中需要命名的文件后，直接按 F2 功能键。

实验 3-4　文件（夹）的复制、移动与删除。

复制文件（夹）的方法如下：

（1）选择要复制的文件（夹），如 C:\MySite，按住 Ctrl 键并拖拽到目标位置（如 D 盘）即可。

（2）选择要复制的文件（夹），按住鼠标右键并拖拽到目标位置，松开鼠标，在弹出的快捷菜单中单击"复制到当前位置"命令即可。

（3）选择要复制的文件（夹），单击"主页"选项卡下"剪贴板"组中的"复制"命令（或右击，在弹出的快捷菜单中选择"复制"命令；也可直接按 Ctrl+C 组合键），然后定位到目标位置，单击"主页"选项卡下"剪贴板"组中的"粘贴"按钮（或右击，在弹出的快捷菜单中选择"粘贴"命令，或直接按 Ctrl+V 组合键）。

或使用"主页"选项卡下"组织"组中的"复制到"命令，也可进行复制的操作。

移动文件（夹）的方法如下：

（1）选择要移动的文件（夹），如 C:\MySite；单击"主页"选项卡下"剪贴板"组中的"剪切"按钮（或右击，在弹出的快捷菜单中选择"复制"命令；也可按 Ctrl+X 组合键）；然后定位到目标位置，单击"主页"选项卡下"剪贴板"组中的"粘贴"按钮（或右击，在弹出的快捷菜单中选择"粘贴"命令；或直接按 Ctrl+V 组合键）。

（2）在"此电脑"或"文件资源管理器"中，单击"主页"选项卡下"组织"组中的"移动到"命令，在弹出的"移动到"列表中，选择要移动到的目标文件夹位置。

删除文件（夹）的方法如下：

（1）选择要删除的文件（夹），如 C:\MySite，直接按 Delete（Del）键。

（2）选择要删除的文件（夹）并右击，在弹出的快捷菜单中单击"删除"命令。

（3）选择要删除的文件（夹），单击"主页"选项卡下"组织"组中的"删除"按钮（或按 Ctrl+D 组合键）。

执行上述命令或操作后，在弹出的图 3-2 所示的"删除文件夹"对话框中单击"是"按钮。

图 3-2　"删除文件夹"对话框

在删除时，若按住 Shift 键不放，则会弹出与图 3-2 中的提示信息不同的"删除文件夹"对话框，单击"是"按钮，则删除的文件夹不送到"回收站"，而直接从磁盘中删除。

实验 3-5　设置与查看文件（夹）的属性。

选定要查看属性的文件（夹），如文件夹 C:\MySite，单击"主页"选项卡下"打开"组中的"属性"按钮，弹出文件（夹）的属性对话框，可查看该文件夹的属性。

双击打开 C:\MySite 并右击，在弹出的快捷菜单中单击"新建"→"Microsoft Word 文档"命令，建立一个空白的 Word 文档；右击该新建文档，在弹出的快捷菜单中选择"属性"命令，打开该文件的属性对话框，观察此文件的各种属性。

实验 3-6　搜索窗口的打开。

打开搜索窗口的方法如下：

（1）打开"此电脑"或"文件资源管理器"，单击窗口左侧导航窗格要搜索的磁盘或文件夹，然后在窗口右上方的"搜索框"中输入要搜索的文件或文件夹名称，单击"搜索"按钮，系统弹出搜索列表，选择一个已有的条件，系统即可开始搜索，如图 3-3 所示。

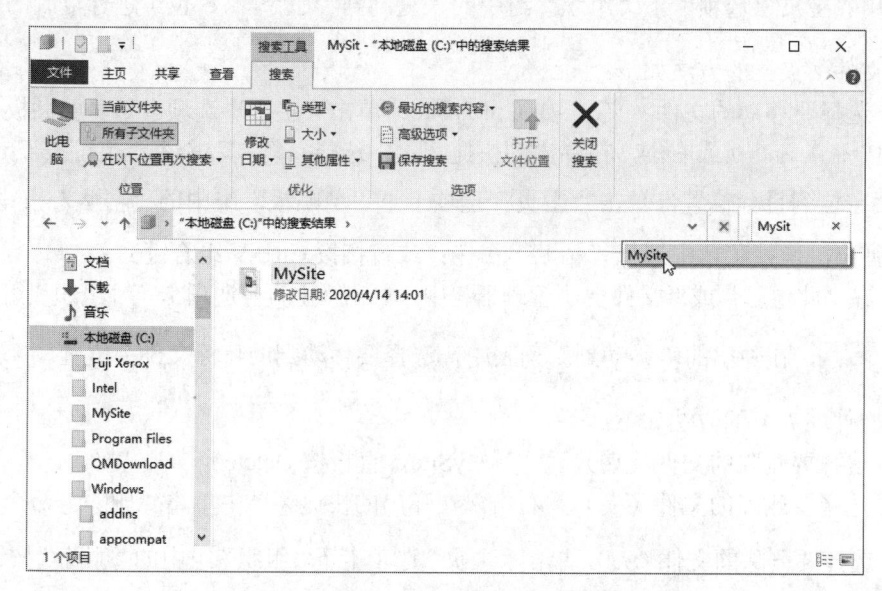

图 3-3　利用"搜索栏"进行查找

（2）如果中断搜索，可单击"搜索工具/搜索"选项卡中的"关闭搜索"按钮，但此时已搜索的结果也将关闭。

提示：

（1）利用在"搜索工具/搜索"选项卡中的各种命令，可以设置在什么地方、什么条件（如修改日期、通过文件类型、文件大小等）进行搜索，还可以保存搜索的结果。

（2）可使用通配符"*"和"?"来帮助搜索文件名。其中，"*"表示代替文件名中任意长的一个字符串，"?"表示代替每个单个字符。

思考与综合练习

1．建立桌面对象，要求完成：

（1）通过的快捷菜单在桌面上为"文件资源管理器"建立快捷方式。

（2）在桌面上建立名为 myfile.txt 的文本文件和名为"我的数据"的文件夹。

（3）使用拖拽（复制）方法在桌面上建立查看 C 盘资源的快捷方式。

（4）在 Administrator（即用户文件夹）中利用快捷菜单中的"发送到"命令，在桌面上建立可以打开文件夹"文档"的快捷方式。

2．桌面对象的移动和复制，要求完成：

（1）将上题在桌面上建立的"文件资源管理器"快捷方式移动到"我的数据"文件夹内。

（2）采用 Ctrl 键加鼠标拖拽操作，将桌面上的 myfile.txt 文件复制到"我的数据"文件夹内。

3．要求完成以下对文件或文件夹的操作：

（1）设置 Windows，在文件夹中显示所有文件和文件夹。

（2）在桌面上选择一个文件或文件夹，改变其图标。

4．现有文件夹结构如图 3-4 所示（本题所用文件夹及各类文件请读者自建），要求完成以下操作：

```
E:\第二套
│ EX1.xlsx
│ EX2.xlsx
│ kfj.txt
│ WTA01.docx
│ yswg05.pptx
│
├─FAMILY
│      SMITH.DBT
│
├─HOTDOG
├─ICEFISH
│      LIUICE.NDX
│
├─LOXWP
├─REQUARY
├─SISTER
│   └─BROTHER
│           COUPLE.CAT
│
└─UNIT
    └─FMT
        SMALL.BIG
```

图 3-4　第 4 题图

（1）将文件夹下的 FAMILY 文件夹中的文件夹 SMITH.DBT 设置为隐藏和存档属性。

（2）将文件夹下 ICEFISH 文件夹中的文件 LIUICE.NDX 移动到文件夹下的 HOTDOG 文件夹中，并将该文件改名为 GUSR.FIN。

（3）将文件夹下的 SISTER\BROTHER 文件夹中的文件夹 COUPLE.CAT 删除。

（4）在文件夹下的 REQUARY 文件夹中建立一个新文件夹 SLASH。

（5）将文件夹下的 UNIT\FMT 文件夹中的文件 SMALL.BIG 复制到文件夹下的 LOXWP 文件夹中。

5. 搜索文件（夹）。查找 C 盘上扩展名为.sys 的文件；查找 D 盘上"上次访问时间"在前 1 个月的所有文件和文件夹。

6. 设置"回收站"的大小为 4096MB，位置为 D 盘。删除文件时，显示"确认"对话框。

7. 新建一个库，名字为 MyStoreRoom，然后在 D 盘创建一个用于保存个人文件的文件夹 PesonalDocu；在 E 盘创建一个用于保存音乐文件的文件夹 MyMusic；在 F 盘创建一个用于保存用户图像的文件夹 MyImage。将上述三个文件夹添加到 MyStoreRoom 库中，如图 3-5 所示。

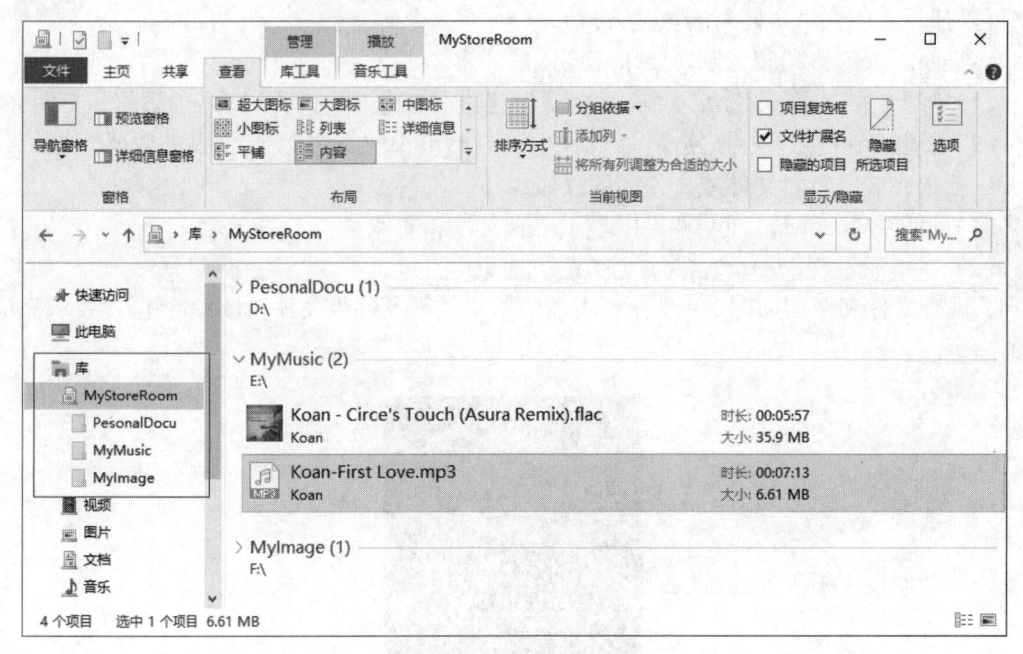

图 3-5 "库"的使用

实验 4　Windows 10 控制面板与几个实用小程序

实验目的

（1）了解控制面板中常用命令的功能与特点。
（2）掌握显示器的显示、个性化、区域属性和系统/日期设置的方法。
（3）掌握输入法的配置，了解打印机的安装和使用方法。
（4）了解应用程序的安装与卸载的正确方法。
（5）熟练掌握 Windows Media Player（媒体播放器）和画图程序的使用方法。
（6）学会使用剪贴板查看程序的方法以及程序的应用方法。
（7）掌握计算器工具的使用方法。

实验内容与操作步骤

实验 4-1 控制面板的打开与浏览。

操作方法及步骤如下：

（1）右击任务栏中的"搜索"按钮 ，输入要搜索的关键字"控制面板"。在搜索结果处，单击"控制面板"按钮 ，打开"控制面板"窗口。

（2）将鼠标指针指向某个类别的图标或名称，可以显示该项目的详细信息。

（3）要打开某个项目，可以双击该项目图标或类别名。

（4）单击工具栏的"查看方式"列表框的某个命令，用户可以用"类别""大图标""小图标"三种方式来改变控制面板的视图显示方式（以下实验内容均在"大图标"视图界面下进行）。

实验 4-2 一般来讲，Windows 10 可自动安装已连接的打印机等设备，但某些时候要添加的设备，系统并不能直接安装，在此我们给出一个手动安装打印机驱动程序的步骤。

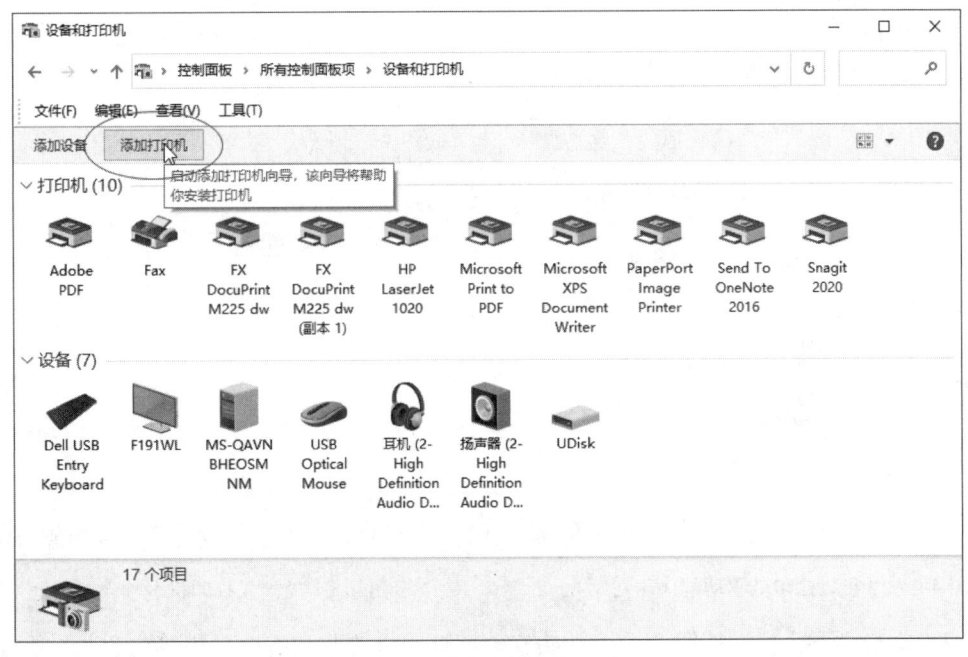

（1）打开"控制面板"，单击"设备和打印机"图标 ，打开"设备和打印机"窗口，如图 4-1 所示。

图 4-1 "设备和打印机"窗口

（2）在"设备和打印机"窗口上的工具栏中，单击"添加打印机"按钮，系统出现"添加设备"窗口，搜索要添加到该计算机的设备或打印机并列出。如果所需要的打印机未列出，用户可直接单击列表框下方的"我所需要的打印机未列出"按钮，出现图 4-2 所示的对话框。

（3）在"按其他选项查找打印机"列表处，选择"通过手动设置添加本地打印机或网络打印机"单选项，单击"下一步"按钮，弹出"选择打印机端口"对话框，如图 4-3 所示。

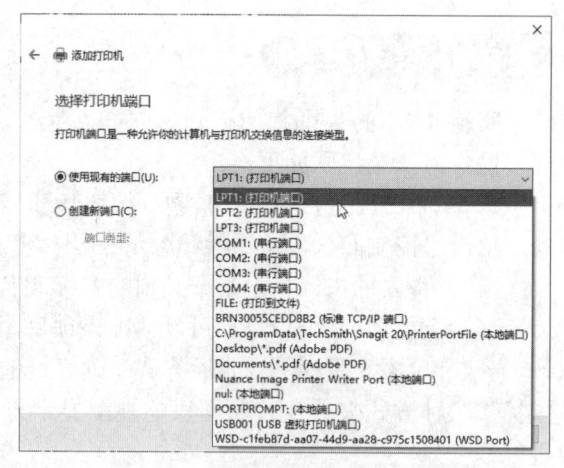

图 4-2 "按其他选项查找打印机"对话框   图 4-3 "选择打印机端口"对话框

（4）在图 4-3 中，在"使用现有的端口"下拉列表框中选择"LPT1：（打印机端口）"选项，该端口是 Windows 10 系统推荐的打印机端口，然后单击"下一步"按钮。

（5）出现图 4-4 所示的"安装打印机驱动程序"对话框。在该对话框中可以选择打印机生产厂商和打印机型号。本例选择 HP LaserJet 1022nw。

（6）单击"下一步"按钮，打开"键入打印机名称"对话框，如图 4-5 所示。用户可以在"打印机名称"文本框处输入打印机的名称，如 HP LaserJet 1022nw。

图 4-4 "安装打印机驱动程序"对话框   图 4-5 "键入打印机名称"对话框

（7）单击"下一步"按钮，系统开始安装该打印机的驱动程序。稍等一会儿，驱动程序安装后，出现"打印机共享"对话框，如图 4-6 所示。如果要在局域网上共享这台打印机，则选择"共享此打印机以便网络中的其他用户可以找到并使用它"选项，并输入共享名称，否则选择"不共享这台打印机"选项，然后单击"下一步"按钮。

（8）单击"下一步"按钮，打开"添加成功"对话框，如图 4-7 所示。在此对话框中，用户可以决定是否将新安装的打印机"设置为默认打印机"，以及决定是否"打印测试页"。最后，单击"完成"按钮，新打印机添加成功。

图 4-6　"打印机共享"对话框　　　　　　图 4-7　"添加成功"对话框

实验 4-3　在"开始"菜单中显示"文件资源管理器""音乐""图片"菜单。
操作方法如下：
（1）打开"控制面板"窗口。
（2）将鼠标指针指向"任务栏和导航"选项 [任务栏和导航] 后，双击打开图 4-8 所示的"设置"窗口（也可将鼠标指针指向任务栏的空白处并右击，选择快捷菜单中的"任务栏设置"命令）。

图 4-8　"设置"窗口

（3）单击"选择哪些文件夹显示在'开始'菜单上"链接，打开"选择哪些文件夹显示在'开始'菜单上"窗口，打开"文件资源管理器""音乐""图片"。

实验 4-4　任务栏的管理
操作方法如下：
（1）将鼠标指针指向任务栏的空白处并右击，选择快捷菜单中的"任务栏设置"命令，打开图 4-8 所示的"设置"窗口。

（2）隐藏任务栏。有时需要隐藏任务栏，以便桌面显示更多的信息。要隐藏任务栏，只需将"在桌面模式下自动隐藏任务栏"设置为"开"。

（3）移动任务栏。如果用户希望将任务栏移动到其他位置，则需设置"锁定任务栏"为"关"，然后拖动任务栏空白处到桌面上、下、左、右边缘处即可。

（4）改变任务栏的大小。要改变任务栏的大小，可将鼠标指针移动到任务栏的边上，此时鼠标指针变为双箭头形状，然后按住鼠标左键并拖拽鼠标至合适的位置即可。

（5）添加工具栏。右击任务栏的空白处，打开任务栏快捷菜单，然后选择"工具栏"菜单项，在展开的"工具栏"子菜单中选择相应的选项即可。

（6）创建工具栏。在任务栏的工具栏菜单中单击"新建工具栏"命令，打开"新建工具栏"对话框。在列表框中选择新建工具栏的文件夹，也可以在文本框中输入 Internet 地址，选择好后，单击"确定"按钮即可在任务栏上创建个人的工具栏。

创建新的工具栏之后，打开任务栏快捷菜单，执行其中的"工具栏"命令，可以发现新建工具栏名称出现在它的子菜单中，且在工具栏的名称前有"√"符号。

实验 4-5　查看与更改日期/时间。

操作方法及步骤如下：

（1）单击"控制面板"窗口的"日期和时间"图标 日期和时间，打开图 4-9 所示的"日期和时间"对话框。

（2）单击"更改日期和时间"命令按钮，打开图 4-10 所示"日期和时间设置"对话框，可设置日期和时间。

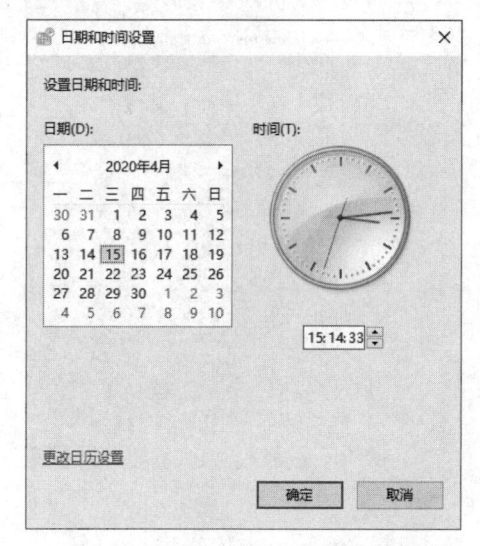

图 4-9　"日期和时间"对话框　　　　图 4-10　"日期和时间设置"对话框

（3）在图 4-9 中，单击"更改时区"按钮，用户可以设置时区值；单击"Internet 时间"选项卡，可以设置计算机与某台 Internet 时间服务器同步；单击"附加时钟"选项卡，可以设置添加在"日期和时间"通知区的多个时间。

提示：单击任务栏右侧通知区"日期和时间"按钮 15:10 2020/4/15，在弹出的快捷菜单中单击"日期和时间设置"命令，在弹出的"设置-日期和时间"窗口中可更改日期和时间。

实验 4-6　卸载或更改程序。

操作方法和步骤如下：

（1）打开"控制面板"窗口，单击"程序和功能"图标 程序和功能，弹出图 4-11 所示的"程序和功能"窗口，系统默认显示"卸载或更改程序"界面。

图 4-11　"卸载或更改程序"界面

（2）如果要删除一个应用程序，则可在"卸载或更改程序"列表框中选择要删除的程序名，单击"卸载/更改"按钮，在出现的向导中选择合适的命令或步骤即可。

实验 4-7　Windows Media Player（媒体播放器）的使用。

操作方法及步骤如下：

（1）单击"开始"→"所有应用"→"Windows Media Player"命令，打开图 4-12 所示的 Windows Media Player 窗口。

图 4-12　Windows Media Player 窗口

(2) 在 Windows Media Player 窗口中,单击"文件"→"打开"命令,加载要播放的一首或多首歌曲,如 Koan-First Love。

(3) 按住鼠标左键,移动窗口底部的音量滑块————调节音量大小。

(4) 单击 |◄◄ 或 ►►| 按钮到上一首或下一首歌曲。单击"播放"→"无序播放"命令(或按 Ctrl+H 组合键),可启动随机播放功能。

(5) 在 Windows Media Player 窗口中,单击"文件"→"打开"命令。

(6) 在随后出现的"打开"对话框中,选择要加载播放的影片。

(7) 单击"打开"按钮,即可放映该影片。

(8) 单击"文件"→"打开 URL"命令,在打开的"打开 URL"对话框中,正确填写要播放音乐和电影的网址,即可在线播放。

实验 4-8 计算器的使用。

操作方法及步骤如下:

(1) 单击"开始"→"所有应用"→"计算器"命令,运行"计算器"程序。

(2) 单击"打开导航" ≡ →"科学型"命令,打开"科学型"计算器窗口,如图 4-13 所示。

图 4-13 "科学型"计算器窗口

(3) 执行简单的计算。利用"标准型"或"科学型"计算器做一个简单的计算时,如 4×9+15,方法如下:输入计算的第一个数字 4;单击"×"按钮执行乘法运算;输入计算的下一个数字 9;输入所有剩余的运算符和数字,这里是+15;单击"="按钮,得到结果为 51。

(4) 在运算结果框中,选择要复制的数字位并右击,执行"复制"命令(或按 Ctrl+C 组合键),可将计算结果保存在剪贴板中,以备将来其他程序使用。

（5）请利用计算器将下列数学式子计算出来并填入括号中。

$\cos \pi + \log 20 + (5!)^2 = （\qquad）$

$(4.3 - 7.8) \times 2^2 - \dfrac{3}{5} = （\qquad）$

$\left[1\dfrac{1}{24} - \left(\dfrac{3}{8} + \dfrac{1}{6} - \dfrac{3}{4} \right) \times 24 \right] \div 5 = （\qquad）$

实验 4-9　使用画图程序，画出图 4-14 所示的 Healthcare。

图 4-14　Healthcare

操作方法及步骤如下：

（1）执行"开始"→"所有应用"→"Windows 附件"→"画图"命令，打开"画图"窗口，如图 4-15 所示。

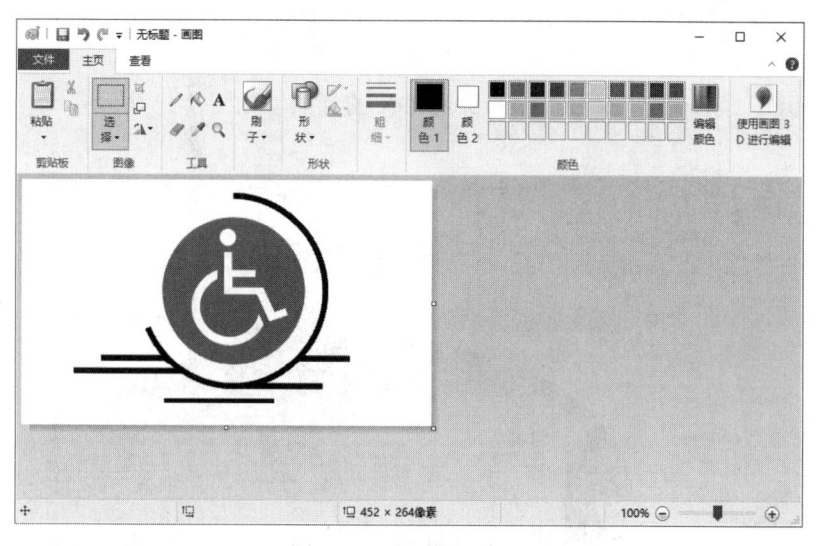

图 4-15　"画图"窗口

（2）调整画图工作区的大小。将鼠标指针移动到右、下或右下角处，指针变为↔、↕ 或 ↖，按住鼠标左键不动，拖动即可改变画布的大小。

（3）改变前景和背景颜色。在"主页"选项卡下"颜色"组中，分别单击"颜色 1"按钮 （为前景色）和"颜色 2"按钮 （为背景色），然后单击颜色栅格的颜色块，可设置前景色和背景色。

（4）绘制图形。利用绘图工具绘制图 4-14 所示的图形。

(5) 图形的保存。要保存在一个图形文件里，可单击"快速访问工具栏"中的"保存"按钮■；或单击"文件"选项卡，在弹出的下拉菜单中执行"保存"或"另存为"命令，打开"保存为"对话框。在"保存为"对话框左侧导航窗格中选择图片保存的位置；在"文件名"文本框处输入文件名，如 Healthcare；在"保存类型"下拉列表框中选择一种保存类型，如*.bmp。

思考与综合练习

1. 使用 Windows Media Player 播放一首歌、多首歌、一部电影以及从网上放映电影。
2. 启动附件里的画图软件，画一个填充色为黄色的三角形，保存该图片到 U 盘根目录下，取名为"基本图形 1.bmp"。
3. 使用抓图软件 HyperSnap-DX 完成下面的操作。
- 抓取 Windows 全屏幕。
- 抓取 NotePad（记事本）活动窗口。
- 用椭圆方式抓取 Windows 的一个区域。
- 抓取"画图"窗口中的"主页"选项卡下"图像"组中的"选择"命令列表。

（1）HyperSnap-DX 简介。HyperSnap-DX 是一款非常优秀的屏幕抓图软件，使用它可以快速地从当前桌面、窗口或指定区域内进行抓图操作，而且可以自定义抓图热键，提供了 jpg、bmp、gif、tif、wmf 等多达 22 种的图片存储功能。HyperSnap-DX 的最新版为 V8.16，分为 32 位和 64 位。

安装完毕并运行后，可以看到 HyperSnap-DX 的界面，如图 4-16 所示。

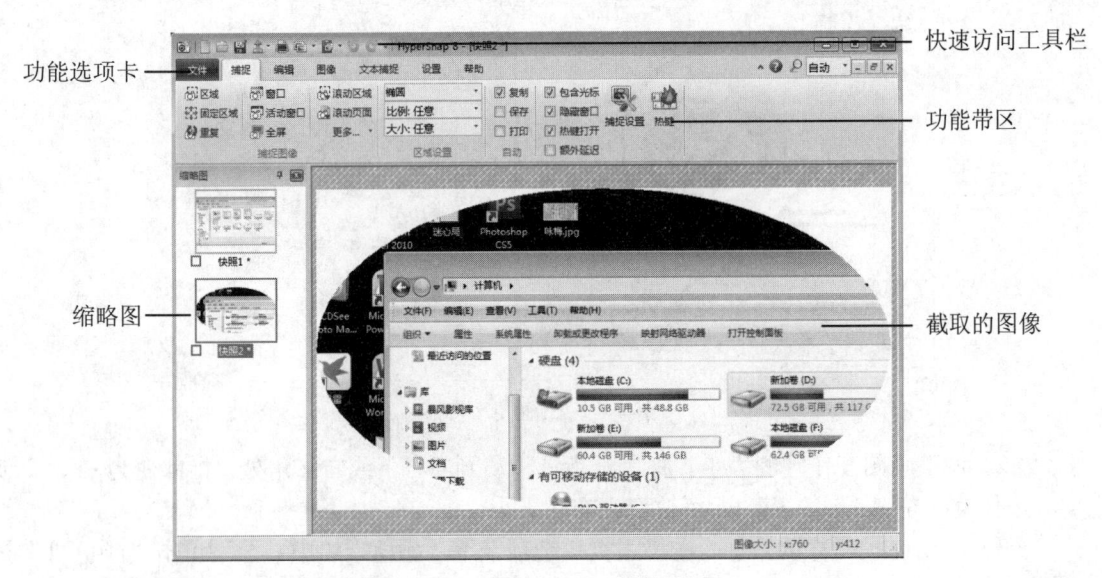

图 4-16　HyperSnap-DX 的界面

（2）HyperSnap-DX 的图像截取功能。HyperSnap-DX 有多种图像截取方法，主要通过"捕捉"功能菜单（选项卡）下的各个捕捉命令来完成，如图 4-17 所示。

图 4-17 "捕捉"选项卡和命令功能带区

- 全屏幕抓取。按 Ctrl+Shift+F 组合键可抓取全屏幕。
- 活动窗口的抓取。按 Ctrl+Shift+W 组合键可对窗口（包括全屏幕和活动窗口）或控件进行抓取。
- 选定区域的抓取。抓取选定区域的组合键是 Ctrl+Shift+R。
- 抓取窗口中的一个菜单。窗口中的一个菜单一般是一个多区域抓取的操作，其命令的组合键为 Ctrl+Shift+M。

此外，HyperSnap-DX 还提供了文字、视频等的截取功能。

4．利用"格式工厂"软件将 MP4 音频格式转换成 MP3 音频格式，或将 AVI 视频格式转换成 MP4 视频格式。

"格式工厂"是一款万能的多媒体格式转换软件，它支持几乎所有多媒体格式到常用的几种格式的转换；并可以设置文件输出配置，也可以实现转换 DVD 到视频文件，转换 CD 到音频文件等，同时支持图片和文件的转换。其具有 DVD 抓取功能，轻松备份 DVD 到本地硬盘，还可以方便地截取音乐片断或视频片断。

"格式工厂"的最新版是 V5.1（网址为 http://www.pcfreetime.com/，软件安装要求操作系统为 64 位）。安装并启动该软件后，将弹出"格式工厂"主界面窗口，包含菜单栏、工具栏、折叠面板、转换列表、转换类型等，如图 4-18 所示。

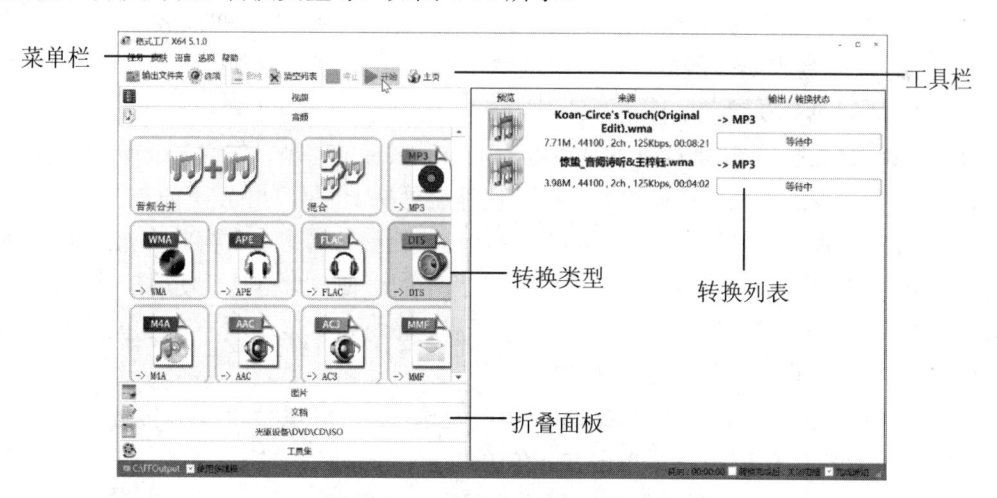

图 4-18 "格式工厂"主界面窗口

例如，将音乐文件 Koan-Circe's Touch(Original Edit).wma 转换成.mp3 格式的操作步骤如下：

（1）单击左侧的"音频"面板，展开所有音频格式图标。
（2）单击"->MP3"图标，弹出"->MP3"对话框，如图 4-19 所示。

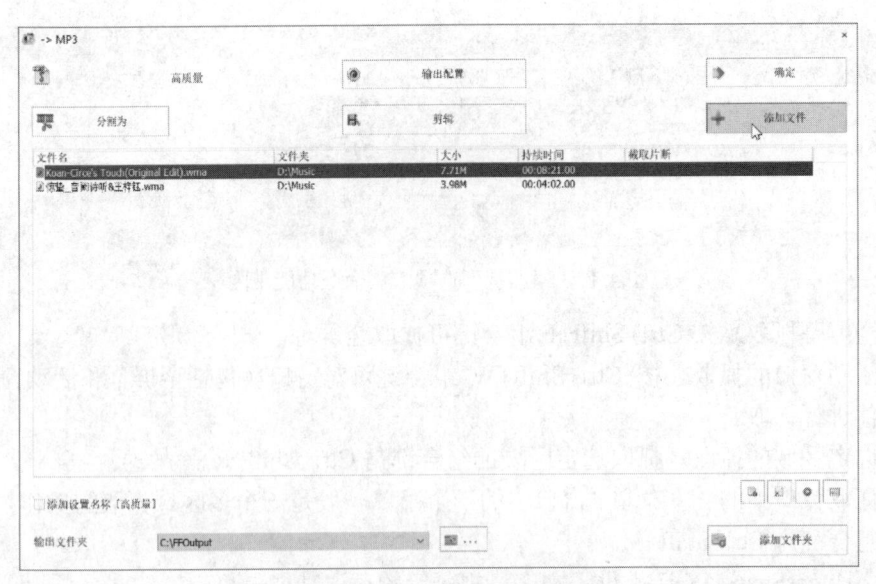

图 4-19 "->MP3"对话框

（3）单击右下角的"浏览文件夹"按钮 ，可以设置转换输出的目标文件夹。

（4）单击右上角第二个"添加文件"按钮，选择一首或多首要转换成 MP3 的音乐文件。

（5）单击上方"截取片断"按钮，可设置音乐文件片断的起点和终点。

（6）单击右上角的"确定"按钮，返回图 4-18 所示的界面，单击工具栏中的"开始"按钮 开始 ，系统开始转换直到结束。

其他格式的转换类似，这里不再赘述。

5．给自己使用的计算机配置一定大小的虚拟内存。

6．设置文件夹打开方式为不同窗口打开不同文件夹，并显示文件扩展名，显示隐藏文件。

7．试创建一个名为 user 的账户，账户类型为"受限账户"，并为其设定密码。

8．设置 Windows 10 键盘鼠标键及使用。

（1）设置鼠标键。启用鼠标键就是用键盘来控制鼠标的移动，在 Windows 10 系统中，这个选项在控制面板的"轻松访问中心"→"使键盘更易于使用"中，下面是图文说明。

打开"控制面板"→"轻松访问中心"，显示出"轻松访问中心"窗口，如图 4-20 所示。

1）单击"使键盘更易于使用"，打开图 4-21 所示的"使键盘更易于使用"界面。

2）在"使用键盘控制鼠标"样式处，勾选"启用鼠标键"复选项，然后单击"设置鼠标键"，打开图 4-22 所示的"设置鼠标键"窗口。

3）在"设置鼠标键"处勾选"启用鼠标键"复选项；在"其他设置"下设置"使用鼠标键，此时 NumLock 为关闭"，然后单击右下角的"应用"按钮。

4）两次单击"确定"按钮，回到"轻松访问中心"窗口，单击右上角的 按钮，关闭"控制面板"并回到桌面。按下 NumLock 键，查看键盘右上角的 NumLock 指示灯，使其关闭，此时就可使用数字键盘上的相应键来验证鼠标键的使用了。

注意：启用鼠标键后托盘中会显示一个鼠标图标 。

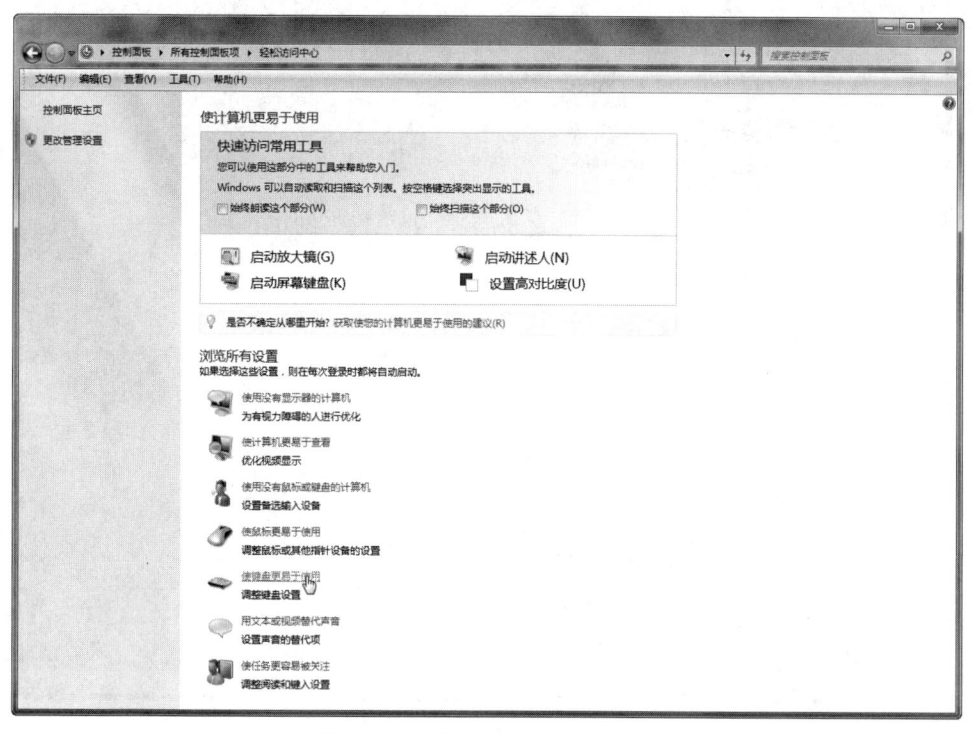

图 4-20 "轻松访问中心"窗口

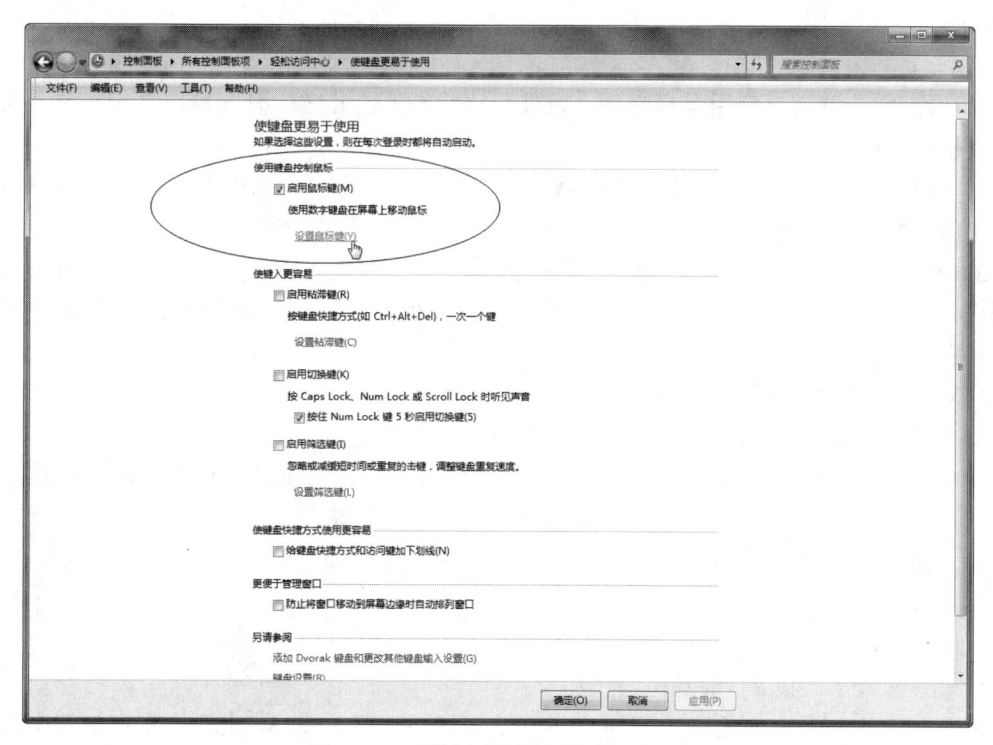

图 4-21 "使键盘更易于使用"界面

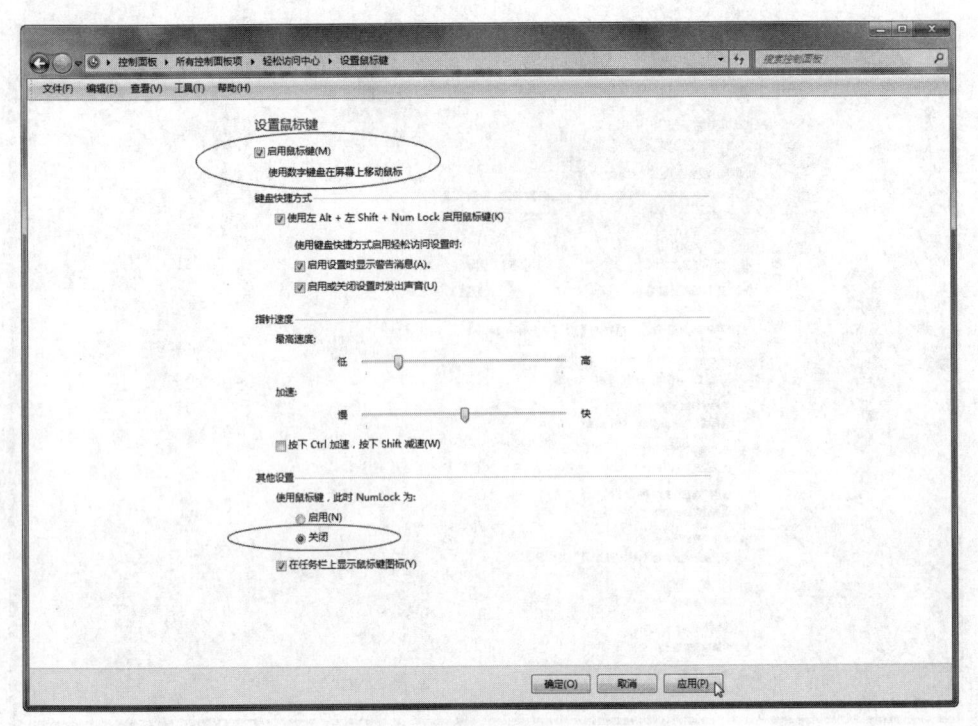

图 4-22 "设置鼠标键"窗口

5）鼠标键的打开与关闭。模拟鼠标的鼠标键都指键盘右侧的小键盘（数字键盘），按 NumLock 键进行切换。

（2）鼠标键的三种状态。

1）标准单击状态：启用鼠标键后系统处于该状态下，此时所有的操作都与左键有关，托盘中的鼠标图标左键发暗。

2）右键单击状态：按数字键盘上的减号（-）进入该状态，此时所有的操作都与右键有关，托盘中的鼠标图标右键发暗。

3）同时按下左右键状态：按数字键盘上的星号（*）进入该状态，此时所有的操作都是在左、右两键同时按下的状态下进行的，托盘中的鼠标图标左、右两键都发暗。要切换到标准单击状态，可按数字键盘上的斜杠（/）键。

（3）用鼠标键移动鼠标指针。

1）水平或垂直移动鼠标指针：按数字键盘上的箭头键。

2）沿对角移动鼠标指针：按数字键盘上的 Home、End、PageUp 和 PageDown 键。

3）加快移动：先按住 Ctrl 键，然后按1）、2）中的按键。

4）减慢移动：先按住 Shift 键，然后按1）、2）中的按键。

5）用鼠标键单击。

以下涉及的所用按键均指数字键盘上的按键。

- 左键单击，按 5，要双击则按加号（+）。
- 右键单击，先按减号（-）进入右键单击状态，然后按 5，此后要用右键双击则按加号（+）即可。
- 同时用两个鼠标键单击，先按星号（*），然后按 5，要双击则按加号（+）。

6）用鼠标键拖放。
- 按箭头键将鼠标指针移动到要拖放的对象上。
- 按 Insert 键选中（或称抓起）对象。
- 按箭头键将鼠标指针移动到目的地。
- 按 Delete 键释放对象。

注意：在任何时候都可以按 Esc 键取消操作。

第 2 章 网络与 Internet 应用

实验 5　TCP/IP 网络配置和文件夹共享

实验目的

（1）掌握本地计算机的 TCP/IP 网络配置，建立和测试网络连接。
（2）学习使用家庭网络（局域网络）资源的方法。
（3）学会搜索和使用家庭网络（局域网络）资源的一般性方法。
（4）掌握利用家庭网络（局域网络）进行网络资源搜索，设置网络共享驱动器的方法。
（5）学会建立、使用和维护网络打印机的方法。

实验内容与操作步骤

实验 5-1　本地计算机的 TCP/IP 网络配置。

1. 更改计算机名

（1）在 Windows 桌面上右击"此电脑"图标 ，在展开的快捷菜单中执行"属性"命令，打开"系统"窗口，如图 5-1 所示。

图 5-1　"系统"窗口

（2）单击"更改设置"按钮，打开"系统属性"对话框，如图 5-2 所示。

（3）在"计算机描述"文本框处输入对计算机的描述文字，如 My first computer；单击"更改"按钮，出现"计算机名/域更改"对话框，用户可对计算机名进行更改。在"计算机名"文本框处输入计算机名称 cdzyydx，如图 5-3 所示。

图 5-2　"系统属性"对话框

图 5-3　"计算机名/域更改"对话框

（4）单击"确定"按钮，出现"计算机名/域更改"提示框，如图 5-4 所示。在此提示框中，系统提示用户必须重新启动计算机后，上面的设置才能生效。

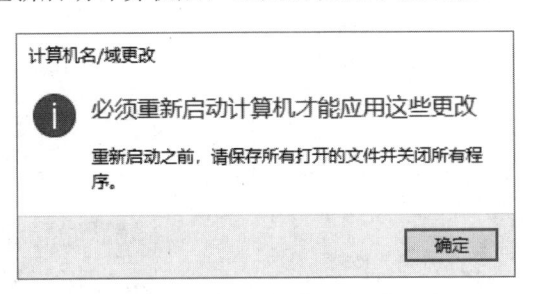

图 5-4　"计算机名/域更改"提示框

（5）单击"确定"按钮，系统回到图 5-2 所示的对话框，单击"应用"或"关闭（即确定）"按钮，重新启动计算机。

2. 配置本地计算机的 IP 地址

（1）在"控制面板"窗口中，单击"网络和共享中心"命令 网络和共享中心，打开图 5-5 所示的"网络和共享中心"窗口。

（2）单击"以太网"命令，进入图 5-6 所示的"以太网状态"对话框。单击"属性"按钮，弹出"以太网属性"对话框，如图 5-7 所示。在此对话框中，用户可安装有关的客户、服务和协议。

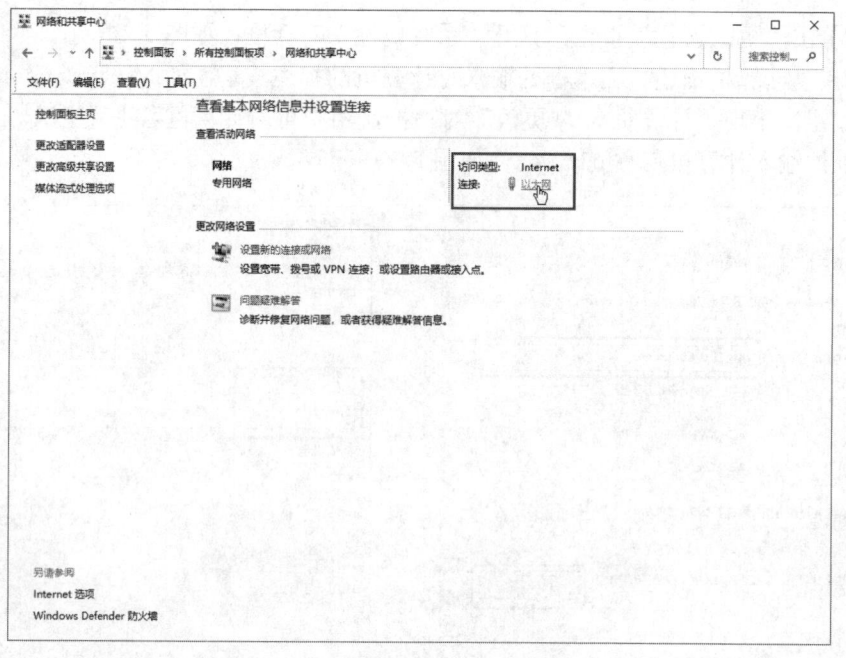

图 5-5 "网络和共享中心"窗口

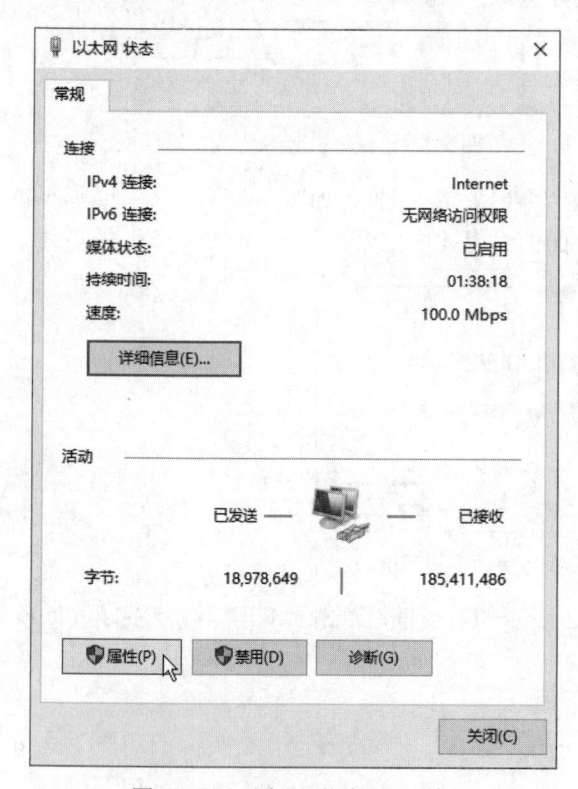

图 5-6 "以太网 状态"对话框

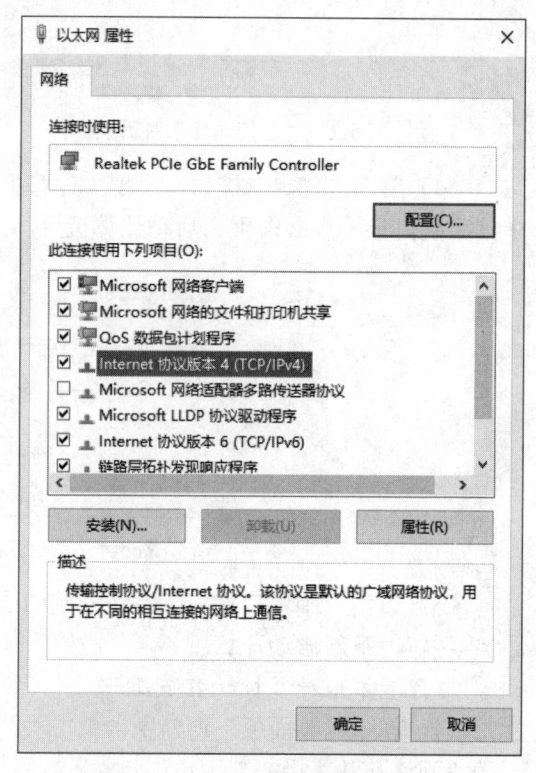

图 5-7 "以太网 属性"对话框

（3）选中"Internet 协议版本 4（TCP/IPv4）"复选项，单击"属性"按钮，打开"Internet 协议版本 4（TCP/IPv4）属性"对话框，如图 5-8 所示，用户可进行 IP 地址的配置。

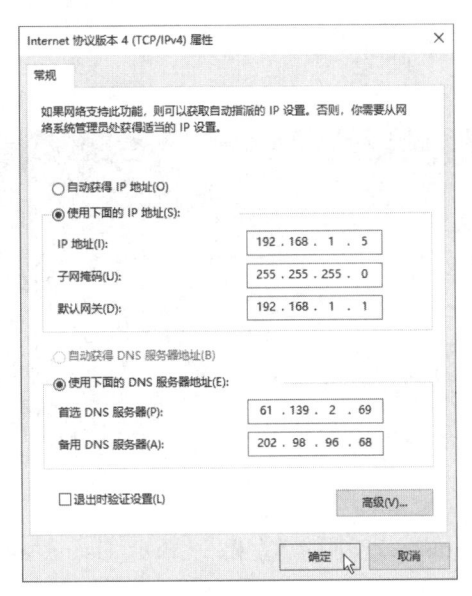

图 5-8 "Internet 协议版本 4（TCP/IPv4）属性"对话框

提示：

（1）要想知道计算机的 DNS，前提是计算机 IP、DNS 设置成自动获得时可以上网，然后单击"开始"→"运行"命令，输入 cmd，在弹出的窗口中输入 ipconfig /all，并按 Enter 键。在出现的信息中，可以看到最后两行为"DNS Servers……………：202.106.×××.×××"。一个是首选 DNS 服务器，另一个是备选 DNS 服务器。

（2）或者直接将首选 DNS 服务器的地址配置成默认的网关地址。

（4）单击"确定"按钮，并分别再次单击图 5-7 和图 5-6 中的"确定"和"关闭"按钮，完成 Windows 10 的网络配置。

实验 5-2 使用 Ping 命令测试本地计算机的 TCP/IP 协议。

操作方法及步骤如下：

（1）在桌面上单击"开始"→"所有应用"→"Windows 系统"→"命令提示符"命令 命令提示符，出现"管理员：命令提示符"窗口。

（2）输入 ping 192.168.0.101，按下 Enter 键后，查看 TCP/IP 的连接测试结果，TCP/IP 已经连通的测试结果如图 5-9 所示。

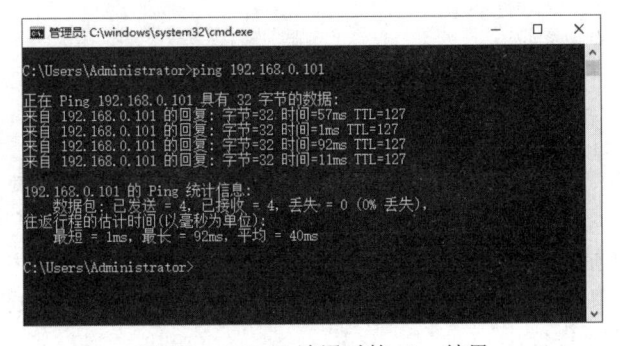

图 5-9 TCP/IP 连通时的 ping 结果

(3) 不连通的情况如图 5-10 所示。

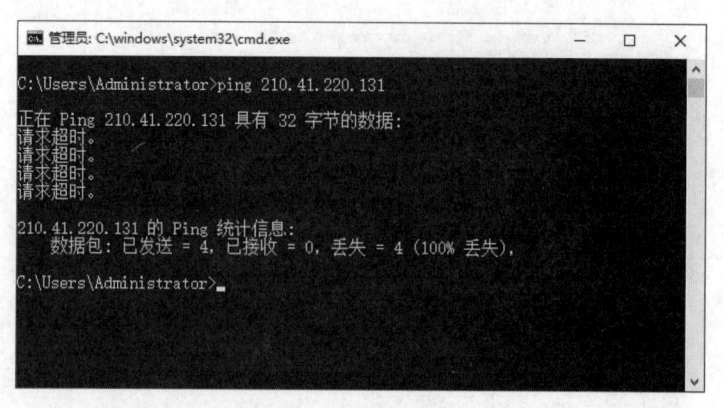

图 5-10 不连通的情况

实验 5-3　将用户 Administrator 中的"文档"(即 C:\Users\Administrator\Documents)共享到局域网络上,共享名称为 GX1。

操作方法及步骤如下:

(1) 在用户 Administrator 文件夹中,右击"文档",在弹出的快捷菜单中执行"属性"命令,弹出图 5-11 所示的"文档 属性"对话框。

(2) 单击"共享"标签,单击"高级共享"按钮,弹出"高级共享"对话框,如图 5-12 所示。在此对话框中,将共享名设置为 GX1。

图 5-11　"文档 属性"对话框　　　图 5-12　"高级共享"对话框

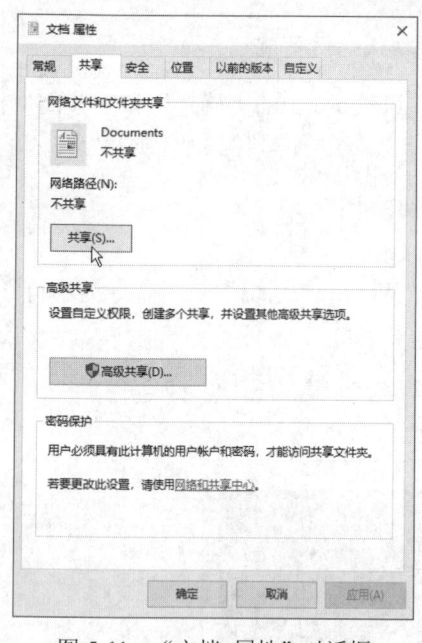

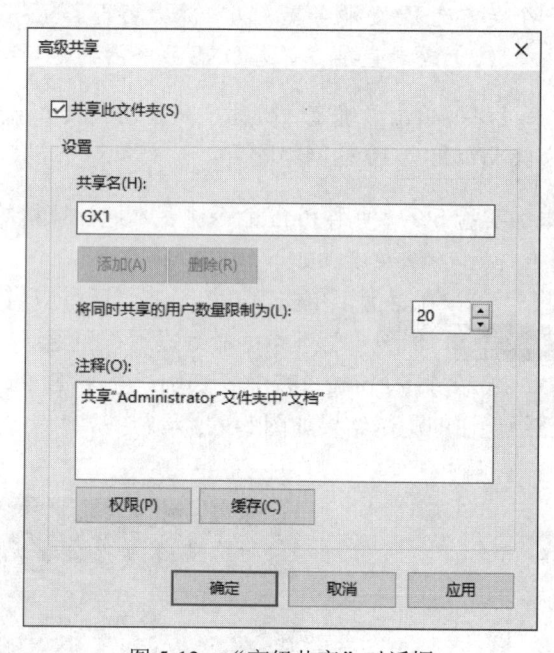

如果单击图 5-12 中的"权限"按钮,则弹出图 5-13 所示"GX1 的权限"对话框。在该对话框中,可以设置用户查看共享文件夹的权限,如完全控制、更改和读取,单击两次"确定"按钮,返回到图 5-11 对话框中。

图 5-13 "GX1 的权限"对话框　　　　图 5-14 "网络访问"对话框 1

（3）在图 5-11 中单击"共享"按钮，系统弹出"网络访问"对话框，如图 5-14 所示。然后在"选择要与其共享的用户"栏中选择要添加的用户，本例是 Everyone。

（4）单击"共享"按钮，弹出"网络访问"设置进程对话框，稍等一会儿，完成设置后，如图 5-15 所示。

图 5-15 "网络访问"对话框 2

（5）单击"完成"按钮，共享设置成功。

实验 5-4　查找局域网络计算机和该计算机上的共享资源，并将所搜索到的 GX1 共享文件夹定义为自己的 G 盘。

操作方法及步骤如下：

（1）在桌面上双击"此电脑"图标，打开"文件资源管理器"窗口。

（2）在"文件资源管理器"地址栏中输入网址\\192.168.7.101 或计算机名，按下 Enter 键。显示的共享文件夹如图 5-16 所示。

（3）双击共享文件夹名 gx1，就可以访问共享文件夹中的文件。

（4）选择共享文件图标，如 gx1，右击并执行快捷菜单中的"映射网络驱动器"命令，系统将打开"映射网络驱动器"对话框，如图 5-17 所示。

图 5-16　共享文件夹的显示结果

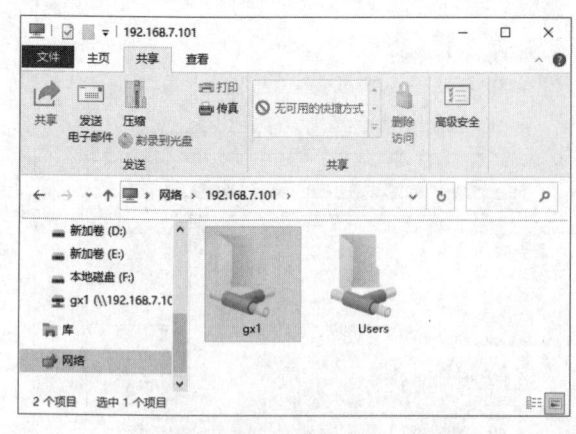

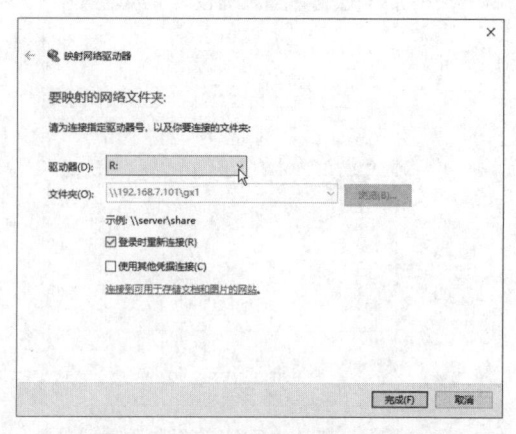

图 5-17　"映射网络驱动器"对话框

（5）在"映射网络驱动器"对话框中的"驱动器"下拉列表处选择将远程的另一台计算机上的共享文件夹资源定义为自己的盘符 R。

（6）单击"完成"按钮，网络映射驱动器设置成功。最后用户即可对 R 盘中的对象进行有关的操作，如移动、复制和建立快捷方式等。

思考题：如何断开前面设置的映射网络驱动器？

实验 5-5　在提供打印机服务的主机上设置共享打印机。

操作方法及步骤如下：

（1）打开"控制面板"窗口并单击"设备和打印机"命令，打开"设备和打印机"窗口，如图 4-1 所示。

（2）在此窗口中，右击需要共享的打印机，如 HP LaserJet 1020，在弹出的快捷菜单中执行"打印机属性"命令，打开"HP LaserJet 1020 属性"对话框，如图 5-18 所示。

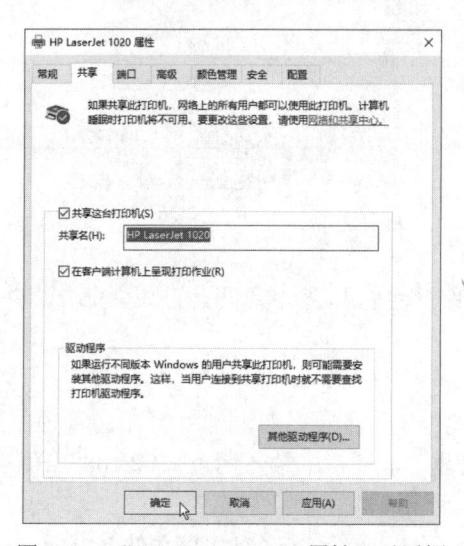

图 5-18　"HP LaserJet 1020 属性"对话框

(3)单击"共享"选项卡,勾选"共享这台计算机"复选框,单击"确定"按钮,则完成打印机共享到局域网络的操作设置。在图 5-16 中按 F5 功能键,刷新后就可以看到打印机 HP LaserJet 1020 成为共享资源。

实验 5-6　在使用网络打印机的计算机上安装打印机的网络驱动程序。
操作方法及步骤如下:
(1)打开使用共享打印机的计算机,在 Windows 10 桌面上双击"网络"图标,打开"网络"窗口,如图 5-19 所示。

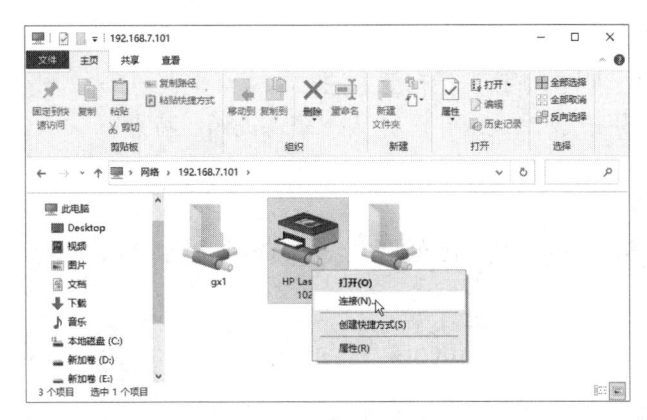

图 5-19　"网络"窗口

(2)打开共享打印机所在的主机,右击共享打印机图标,执行快捷菜单中的"连接"命令,弹出"Windows 打印机安装"对话框,如图 5-20 所示。

图 5-20　"Windows 打印机安装"对话框

(3)Windows 10 系统会自动下载并安装该共享打印机的驱动程序。安装结束后,用户即可使用该共享打印机。

提示:在用户使用的计算机中,有的安装 32 位的 Windows 10,有的安装 64 位的 Windows 10,有的打印机型号比较旧,此时图 5-20 所示的过程不能完成。因此,建议在共享打印机连接前,事先安装好本地计算机使用的与共享打印机型号相同的驱动程序,方便连接。

思考与综合练习

1. 如何配置 TCP/IP 协议?试写出配置 TCP/IP 协议的主要操作步骤。
2. 如何通过"网络"浏览并查看共享文件夹?如何将共享文件夹定义成映射驱动器?如何断开一个映射驱动器?
3. 在局域网中,如何让不同网段的计算机同时访问共享文件夹?

实验 6 Internet 基本使用

实验目的

（1）掌握 Microsoft Edge 浏览器或 360 安全浏览器的启动与退出方法。
（2）掌握 Microsoft Edge 浏览器启动主页的设置。
（3）掌握其他浏览器（如 360 安全浏览器）的使用方法。
（4）掌握搜索引擎或搜索器的使用方法。
（5）掌握网页及图片的下载和保存的方法。
（6）熟悉一些常用的网站地址并理解 Web 资源的组织特点。

实验内容与操作步骤

实验 6-1 启动 Microsoft Edge 浏览器，浏览网易主页（https://www.163.com/）。
操作步骤如下：

（1）在 Windows 桌面上双击 Microsoft Edge 浏览器图标 ，启动 Edge 浏览器。

（2）在 Edge 浏览器的地址栏中输入网站地址 https://www.163.com/，按 Enter 键稍等片刻，Edge 浏览器窗口出现网易网站主页画面，如图 6-1 所示。

图 6-1 网易网站主页画面

（3）单击窗口右上角的"关闭"按钮 （或按 Alt+F4 组合键），可关闭 Edge 浏览器窗口。

实验 6-2 打开 Edge 浏览器窗口，对 Edge 浏览器做以下修改：

（1）删除 Edge 浏览器缓存。
（2）停止自动播放视频。
（3）浏览"百度"（https://www.baidu.com/）主页，将该网站主页设置为默认主页。
（4）使用"百度"的"搜索引擎"查询教学课件"计算机应用基础.ppt"。

具体的操作方法如下：

（1）打开 Edge 浏览器。接着单击窗口右上角的"设置及其他"按钮 … （或按 Alt+X 组合键），打开"设置及其他"任务窗格。

（2）依次单击"设置"→"隐私和安全性"→"选择要清除的内容"，打开图 6-2 所示的"清除浏览数据"面板。

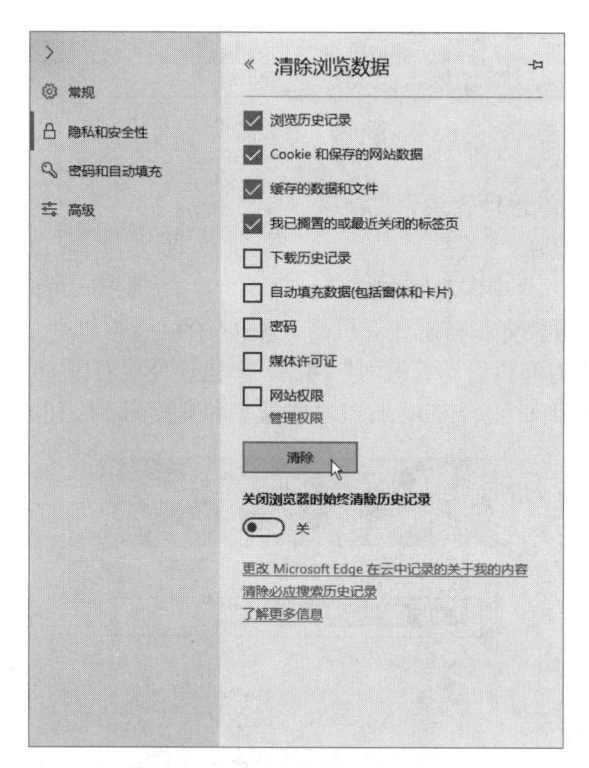

图 6-2 "清除浏览数据"面板

（3）在"清除浏览数据"面板中勾选所要清除的复选项，单击"清除"按钮。

（4）在图 6-2 中，单击左侧导航栏中的"常规"，然后在"常规"面板中，找到"设置您的主页"选项的"输入 URL"文本框并输入 https://www.baidu.com/，单击右侧的"保存"按钮 。

（5）在"百度"网站主页"搜索"栏处输入"Python 爬虫程序设计+PPT"（或 Python 爬虫程序设计.PPT），单击 百度一下 按钮，"百度"搜索引擎开始搜索与词条"Python 爬虫程序设计+PPT"有关的信息，搜索结果如图 6-3 所示。

（6）在出现的众多"Python 爬虫程序设计"条目中，选择自己感兴趣的项，单击可打开相关的内容网页。

图 6-3 搜索结果

实验 6-3 将优秀网站地址收录到收藏夹。

（1）启动 Edge 浏览器。

（2）在地址栏中输入"中国教育和科研计算机网"，然后按 Enter 键，则可以通过实名地址的方法，搜索与"中国教育和科研计算机网"相关的网站。

（3）打开"中国教育和科研计算机网"网站，单击地址栏右侧中的"添加到收藏夹或阅读列表"按钮 ☆（或按 Ctrl+D 组合键），打开"收藏夹和阅读列表"任务窗格，如图 6-4 所示。

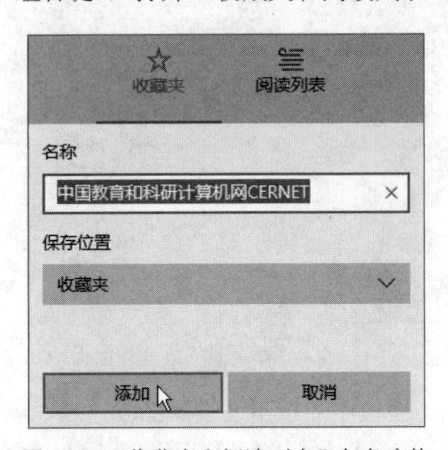

图 6-4 "收藏夹和阅读列表"任务窗格

（4）在"名称"文本框中输入收藏网页的名称，在"保存位置"下拉列表框中选择一个收藏夹的位置。然后单击"添加"按钮，可收藏"中国教育和科研计算机网 CERNET"地址。

（5）单击 Edge 浏览器地址栏右侧的"收藏夹"按钮 ，观察"收藏夹"任务窗格中条目的变化情况；如果单击对话框中的"创建新的文件夹"按钮，则可直接创建一个新的收藏"文件夹"，在第（4）步中，可将一个网站或网页地址添加到新创建的收藏文件夹中。

（6）分别打开 http://www.sohu.com/、http://www.ifeng.com/、https://www.taobao.com/等网站地址并将其添加到收藏夹。

（7）用户可以根据需要将选中的网站地址名称直接拖动至另外一个文件夹中，也可以将其更改名称，或在不需要时将其删除等。

实验 6-4　360 浏览器是互联网上安全好用的新一代浏览器，360 安全浏览器体积小巧、速度快、极少崩溃，并拥有翻译、截图、鼠标手势、广告过滤等几十种实用功能，已成为广大用户上网的优先选择。360 浏览器分为极速浏览器和安全浏览器两种。

使用 360 浏览器浏览网页，下载网页图片、文字和网页全部资源格式。

（1）启动 360 浏览器。

（2）在地址栏中输入 https://python123.io/index/topics，按下 Enter 键后，打开 Python123 学习平台主页，如图 6-5 所示。

图 6-5　Python123 学习平台主页

（3）在网页中，单击"推荐"标签，再在该页面下选择所需要的题目（如"Python Turtle 绘画"）并单击，再选择并打开"Turtle 绘画-《小瓢虫》"页面，如图 6-6 所示。

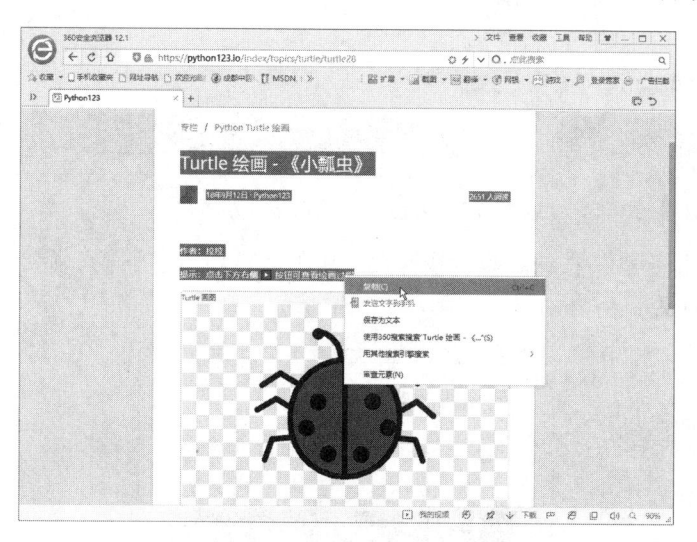

图 6-6　打开所需要的页面

（4）将鼠标指针指向某处，按住鼠标左键拖至另一处，选定所需文本；右击，在弹出的快捷菜单中选择"复制"命令，将信息存入剪贴板；启动 Word 应用程序，再将剪贴板中的信息粘贴到 Word 文档中。如果要保存网页中的全部文字，则可使用"文件"菜单中的"另存为"命令，在弹出的"另存为"对话框中选择保存类型为"文本文件"即可。

（5）右击要保存的图片，在弹出的快捷菜单中选择"图片另存为"命令，打开"保存图片"对话框，指定保存位置和文件名即可保存图片。

（6）若需要保存整个网页，则可选择"文件"菜单中的"另存为"命令，打开"另存为"对话框，在"保存类型"下拉列表框中选择"网页，全部（*.htm;*.html）"选项。

实验 6-5 迅雷 10 下载软件的使用。迅雷 10 是一款下载软件，支持同时下载多个文件，支持 BT、eMule 文件下载，是下载电影、视频、软件、音乐等文件所需的软件。

迅雷 10 软件安装后就可使用了。下面以在万能五笔输入法（http://www.wnwb.com/download/）官方网站下载"万能五笔 9.9.6 正式版"软件为例，介绍迅雷 10 的使用方法。

（1）右键下载。

1）启动 360 安全浏览器。

2）在地址栏中输入 http://www.wnwb.com/download/，按 Enter 键后，打开万能五笔输入法官方网站，如图 6-7 所示。

图 6-7　万能五笔输入法官方网站

3）右击"立即下载"按钮，执行快捷菜单中的"使用迅雷下载"命令，弹出图 6-8 所示的"新建任务"对话框。

图 6-8　"新建任务"对话框

4）选择好下载的软件存放的磁盘和文件夹，单击"立即下载"按钮，打开图 6-9 所示的下载界面。

图 6-9　下载界面

下载完成后的文件会显示在左侧"已完成"的目录内，用户可自行管理。到此步骤为止，一个软件就下载好了。

提示：有时下载某个软件时，该软件旁边有一个 高速下载 按钮。此时要下载该软件，只需要单击此按钮，即可弹出图 6-8 所示的"新建任务"对话框。

（2）直接下载。如果已经知道一个文件的绝对下载地址，例如万能五笔 9.9.6.10129 的地址是 http://download.wn51.com/gf/wnwb9.9.6.10129.exe，那么可以先复制此下载地址，复制之后迅雷 10 会自动弹出"添加下载链接"对话框，如图 6-10 所示。

图 6-10　"添加下载链接"对话框

也可以单击迅雷 10 主界面左上角的"新建任务"按钮✚，将刚才复制的下载地址粘贴在"添加下载链接"地址框中。

最后，单击"立即下载"按钮，下载完成后会显示在左下方"已完成"列表中。

（3）使用网上搜索时提供的链接下载。下面我们以用迅雷 10 下载电影为例，说明使用网上搜索时提供的链接下载内容。

1）打开迅雷 10，在迅雷 10 首页界面的地址栏或搜索框中直接输入要下载的软件名（也可对电影或者电视剧进行搜索），如"万能五笔"，按 Enter 键，显示搜索结果界面，打开要下载的网站，如图 6-11 所示。

图 6-11 迅雷 10 搜索内容与下载

2）单击"立即下载"按钮，开始下载。

思考：迅雷 10 支持传统下载、BT 下载、eMule 下载和磁力链接下载，它们有何区别？请使用 BT 和 eMule 种子下载一部电影。

实验 6-6 Outlook 2016（简称 Outlook）的使用。

Outlook 2016 是 Microsoft Office 2016 中的一个组件，只有在安装了 Microsoft Office 2016 的情况下才能使用。Outlook 2016 的具体的操作方法如下：

第一步：申请一个电子邮箱。

想要收发电子邮件，必须先拥有电子邮箱，用户可以从 http://www.163.com、http://www.sina.com 等网站申请免费邮箱。

如何用户拥有一个 QQ 号，则此 QQ 号就是用户的免费邮箱，具体地址的形式是 123456789@qq.com。

下面我们以某个 QQ 邮箱为例，说明使用 Outlook 2016 查看邮件的方法。

第二步：开启 QQ 邮箱的 POP3/SMTP 服务。

（1）用 Edge 浏览器或 360 安全浏览器打开 mail.qq.com，登录用户的 QQ 邮箱，如图 6-12 所示。

（2）在邮箱首页单击"设置"按钮，打开"设置"页面窗口，如图 6-13 所示。

（3）单击"账户"→"POP3/IMAP/SMTP/…"服务，开启"POP3/SMTP 服务"，最后单击设置界面的最下方左侧的"保存更改"按钮，然后退出 QQ 邮箱。

图 6-12　登录用户的 QQ 邮箱

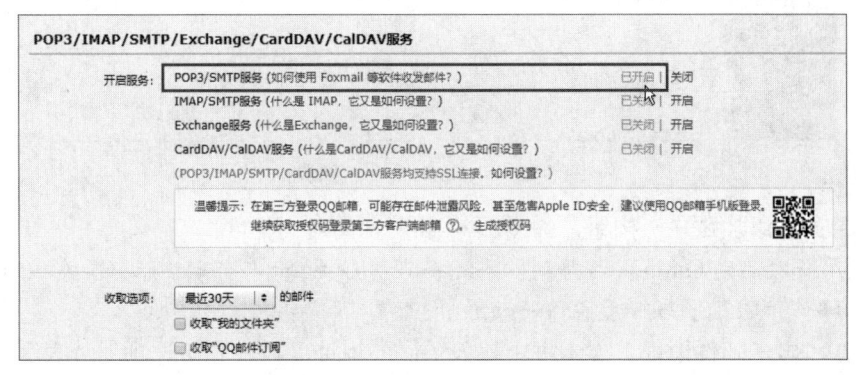

图 6-13　开启 POP3/SMTP 服务

第三步：将 Outlook 与 QQ 邮箱关联。

（1）单击"开始"→"所有应用"→"Outlook 2016"命令，打开 Outlook 2016 工作主窗口，如图 6-14 所示。

图 6-14　Outlook 2016 工作主窗口

（2）单击"文件"选项卡，打开图 6-15 所示的 Outlook 后台视图界面。

图 6-15　Outlook 后台视图界面

（3）单击"添加账户"按钮，弹出图 6-16 所示的对话框。

说明：第一次启动 Outlook 程序时，系统将启动 Outlook 与邮箱（账户）关联的配置向导，配置向导的操作步骤几乎与下面操作一致。

（4）在"电子邮件地址"文本框中输入关联的地址；在"高级选项"列表区勾选"让我手动设置我的账户"复选框；然后单击"连接"按钮，打开图 6-17 所示的"高级设置"对话框。

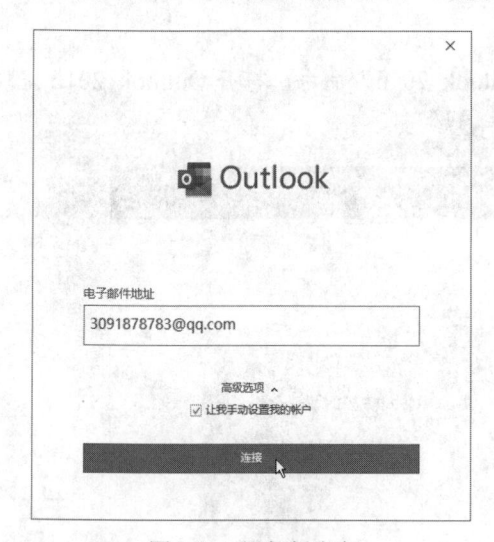

图 6-16　添加新账户

图 6-17　"高级设置"对话框

（5）单击 POP 按钮，打开图 6-18 所示的"POP 账户设置"对话框。

（6）在"接收邮件服务器"文本框中输入 pop.qq.com；在"待发邮件服务器"文本框中输入 smtp.qq.com；单击"下一步"按钮，打开图 6-19 所示的对话框。

图 6-18 "POP 账户设置"对话框　　　　图 6-19 输入 POP3/SMTP 的授权码

注意：这里的密码不是登录 QQ 邮箱的密码，而是 QQ 邮箱开通 POP3/SMTP 的授权码。

（7）单击"连接"按钮，系统进行连接。稍等一会儿，弹出"已成功添加账户"对话框，如图 6-20 所示。

（8）如图 6-15 所示，单击"文件"选项卡，打开 Outlook 后台视图界面。在"信息"面板中，单击"账户设置"按钮 ，执行其列表框中的"账户名和同步设置"命令，打开图 6-21 所示的"POP 账户设置"对话框。

图 6-20 "已成功添加账户"对话框　　　　图 6-21 "POP 账户设置"对话框

（9）在"邮件设置"栏目下，勾选"将邮件副本保留在服务器上"复选项，取消勾选"在此后从服务器删除"复选项。

（10）单击"下一步"按钮，系统将出现"已成功更新账户"对话框，单击"已完成"

按钮,账户更新设置完毕。

用相同的方法,可添加其他账户(其他的电子邮箱)。

第四步:使用 Outlook 发送和接收邮件。

(1)上述设置完成后,先试着给自己发送一封信,步骤如下:

1)在图 6-14 中,打开"开始"选项卡,单击"新建"组中的"新建电子邮件"按钮（或按 Ctrl+N 组合键),打开如图 6-22 所示的"邮件"窗口。

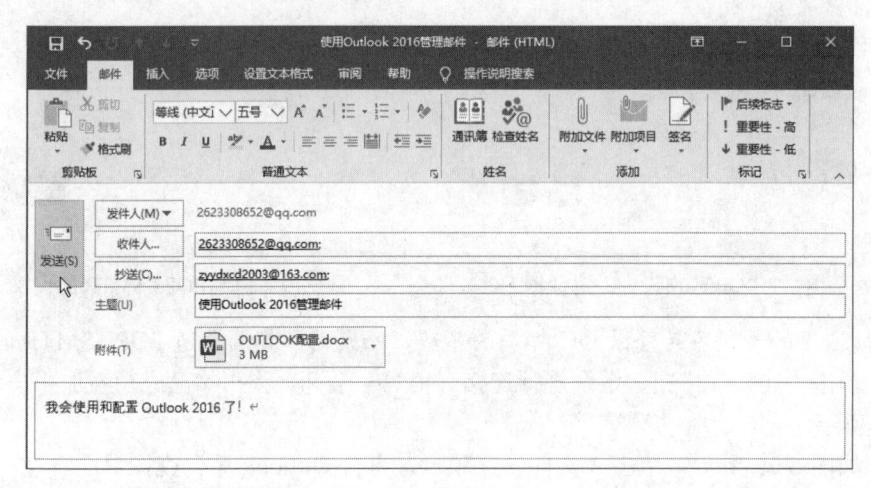

图 6-22 "邮件"窗口

2)依次输入收件人、抄送、主题等项,在内容栏中输入"我会使用和配置 Outlook 2016 了!"。在内容栏中,也可类似在 Word 中编辑,在此不再详述;单击"邮件"选项卡下"添加"组中的"附加文件"按钮，在打开的"插入文件"对话框中选择要插入的附件,也可将要插入的附件(文件)直接拖至"附件"框中。

3)内容和附件准备就绪后,单击"邮件"窗口左上方的"发送"按钮，Outlook 会将邮件发送出去,同时邮件存在该账户中的"发件箱"里。

4)单击"文件"选项卡中的"另存为"命令,可以将当前建立的邮件以文件(*.msg)的形式保存,以便将来再次使用。

(2)接收邮件。单击图 6-14 中的"发送/接收"选项卡中的"发送/接收组"按钮，在弹出命令列表框中选择要接收邮件的账户,在弹出的子菜单中执行接收"收件箱"命令,弹出图 6-23 所示的"Outlook 发送/接收进度"界面。

单击"全部取消"按钮,中断接收,只接收部分邮件;否则将接收全部邮件,这个过程可能较长。

(3)查看邮件。

1)在图 6-14 的导航栏中,单击某账户前的"折叠"按钮▷,展开该账户的邮件管理结构。单击"收件箱"图标,该账户接收的邮件将显示在中部的邮件列表框中。

2)单击上面接收的某邮件,邮件内容显示在右侧的邮件内容查看框中(或者双击该邮件,系统将弹出"邮件"查看窗口,并显示邮件的内容),如图 6-24 所示。

图 6-23 "Outlook 发送/接收进度"界面

图 6-24 在 Outlook 窗口查看邮件

3）双击右侧中的某个附件，可查看附件的内容。如果右击某个附件，在出现的快捷菜单中可选择"预览""打开""另存为""保存所有附件""删除附件"等命令，用户可选择执行。

如果要对邮件中的附件进行处理，也可使用 Outlook 系统主选项卡中的附件工具"附件"选项卡中的相关命令。

（4）回复和转发。打开收件箱阅读完邮件之后，可以直接回复发信人。单击 Outlook 主窗口"开始"选项卡，单击"响应"组中的"答复"按钮 或"全部答复"按钮 ，即可撰写回复内容并发送出去。如果要将信件转给第三方，则单击"转发"按钮 ，显示转发邮件窗口，此时邮件的标题和内容已经存在，只需填写第三方收件人的地址即可。

> **思考与综合练习**

1．如何在 Edge 浏览器中设置默认主页？

2．打开 Edge 浏览器，搜索一些信息，如计算机等级考试、英语考试、mp3 等，打开这些站点，将自己喜爱的网站地址添加到收藏夹。

3．打开 I Tell You 网站（https://msdn.itellyou.cn/），在"应用程序"栏目中找到 Microsoft Office 2019。然后利用迅雷 10 将该软件下载到本地机器的磁盘中。

4．打开 Edge 浏览器，打开网址为 https://www.baidu.com/的网页，在搜索引擎中搜索关键字为"蓝牙技术"的网页。搜索后，打开某个页面，将有关"蓝牙技术"的内容复制到文件名为 Bluetooth.doc 的文件中。

5．利用搜索引擎查找"2018 全国计算机等级考试二级 python 大纲"，并将大纲内容以文件名"二级 Python 大纲.txt"进行保存。

6．利用 Outlook 给自己发送一个邮件，主题为"二级大纲"，内容为"全国计算机等级考试二级 Python 大纲，见附件"，最后插入文件"二级 Python 大纲.txt"。在发送邮件的同时，将此邮件抄送一个收件人、密送一个收件人。

7．使用中国知网，检索主题"用 VB.NET 开发图形数据库"，其他条件均不设置。查询结果显示，选择第一条记录进行查看。

8．使用搜狗电子地图（http://map.sogou.com/），查看延吉市公园路 780 号的二维、三维和卫星电子地图。

第3章 数据的表示与存储

实验 7 数据的远程存储

实验目的

（1）学会创建一个 FTP 服务器，提供文件下载和上传功能。
（2）掌握百度网盘的使用。
（3）了解腾讯微云网盘的使用以及使用 Serv-U 搭建 FTP 服务器的方法。

实验内容与操作步骤

实验 7-1 FTP 服务器配置与使用。

第一步：FTP 配置。

（1）在本地机器上创建一个用户，这些用户是用来登录到 FTP 的。操作方法如下：在 Windows 10 桌面上右击"此电脑"图标，然后执行"管理"→"本地用户和组"→"用户"→"新建用户"→"输入用户名和密码"命令，即创建了一个新用户。

（2）在 D 盘新建"FTP 上传"和"FTP 下载"两个文件夹，并在每个文件夹里放不同的文件，以便区分。

（3）安装 IIS 组件［(这些操作在具有管理员（Administrator）身份的用户账号中进行设置)］，依次单击"开始"→"所有应用"→"Windows 系统"→"控制面板"→"程序和功能"命令，打开"程序和功能"窗口。

（4）单击"程序和功能"左侧导航栏中的"启用或关闭 Windows 功能"，弹出图 7-1 所示的"Windows 功能"对话框。

图 7-1 "Windows 功能"对话框

（5）在 Internet Information Services 项目下，勾选"FTP 服务器""Web 管理工具""万维网服务""Internet Information Services 可承载的 Web 核心"（此项也可不选）复选项，再单击"确定"按钮，完成 FTP 服务器的安装。

第二步：创建下载 FTP 服务器。

该操作在具有管理员（Administrator）身份的用户账号中进行设置。

（1）右击桌面上的"此电脑"图标，执行快捷菜单中的"管理"命令，打开图 7-2 所示的"计算机管理"窗口。

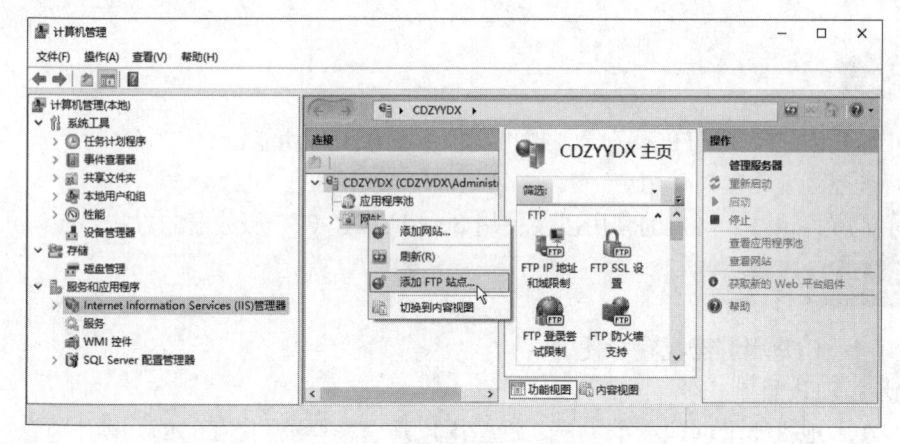

图 7-2 "计算机管理"窗口

（2）在图 7-2 左侧导航窗格中，展开"服务和应用程序"，单击"Internet Information Services (IIS)管理器"选项。右侧显示操作窗格。

（3）在图 7-2 右侧"连接"窗格展开计算机名称（本例为 CDZYYDX），在出现的"网站"项目上右击，在弹出的快捷菜单中执行"添加 FTP 站点"命令，弹出图 7-3 所示的"站点信息"对话框。

（4）输入 FTP 站点的名称（例如"FTP 下载"）和物理路径（例如"D:\FTP 下载"）。

（5）单击"下一步"按钮，弹出"绑定和 SSL 设置"对话框，如图 7-4 所示。

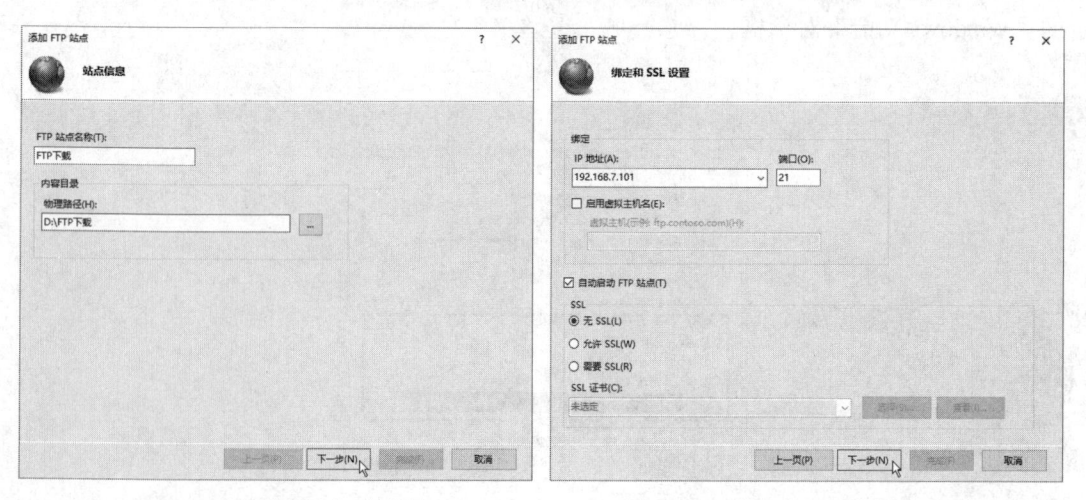

图 7-3 "站点信息"对话框   图 7-4 "绑定和 SSL 设置"对话框

（6）在"IP 地址"文本框中输入本机的 IP 地址（例如 192.168.7.101），然后单击"下一步"按钮，弹出图 7-5 所示的"身份验证和授权信息"对话框（此步操作时要根据实际情况慎重配置），由于本人局域网中的安全问题没有过于敏感的信息，因此在"身份验证"栏中选中"匿名"复选项，并允许所有用户访问，执行"读取"的操作权限。最后单击"完成"按钮。

图 7-5 "身份验证和授权信息"对话框

（7）设置防火墙，以便其他用户通过局域网中的其他计算机访问本计算机中的 FTP 资源。进入"控制面板"→"Windows Defender 防火墙"，在打开的对话框中单击"允许应用通过 Windows Defender 防火墙"，勾选"FTP 服务器"复选项及后面两个复选框，如图 7-6 所示。

图 7-6 "允许的应用"窗口

第三步：创建上传 FTP 服务器。

该操作在具有管理员（Administrator）身份的用户账号中进行设置。

右击网站，选择"添加 FTP 站点"命令，描述可以根据自己的需要填写，IP 地址一般都是自己的 IP 地址，端口默认使用 2121，物理路径指向"D:\FTP 上传"，访问权限要勾选"读取"和"写入"复选项，单击"完成"按钮就创建好上传的服务了。

创建上传 FTP 服务器的步骤如图 7-7 所示。

图 7-7 创建上传 FTP 服务器的步骤

第四步：验证。

（1）在 Edge 中查看 FTP 下载和 FTP 上传文件目录信息。

在 Edge 地址栏中输入 ftp://192.168.7.101（这个地址对每台计算机是不同的），在弹出的身份认证对话框中输入用户名和密码，单击"登录"按钮即可访问 FTP 资源，如图 7-8 所示。

如果不使用匿名登录，则需要有用户的用户账号和密码，登录之前还需要用户输入本实验第一步建立的用户账号及密码：用户名为 jsjjc，密码为××××××（输入平时登录计算机的用户名和密码就可以了），如图 7-9 所示。

提示：登录 FTP 服务器之前，先确保 Microsoft FTP Service 是启动的。若未启动，可右击"此电脑"，选择"管理"→"服务和应用程序"→"服务"命令，找到 Microsoft FTP Service 右击启动即可。

图 7-8　查看下载　　　　　　　　　　　图 7-9　"登录身份"对话框

（2）上传一个文件（夹）。在桌面上双击"此电脑"图标，打开"文件资源管理器"窗口。然后在地址栏中输入 ftp://192.168.7.101:2121，打开图 7-10 所示的界面。

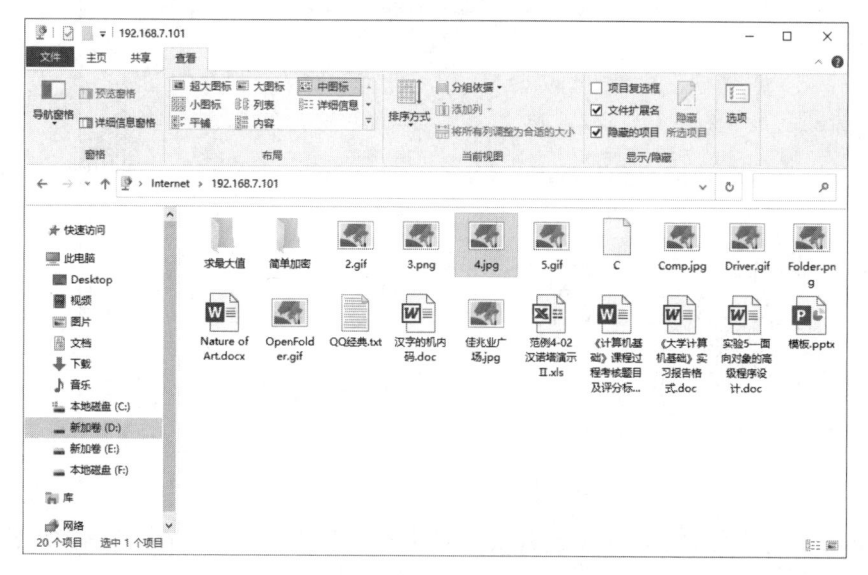

图 7-10　上传一个文件（夹）

直接拖动一个文件（夹）到右侧的文件对象窗口，可上传一个文件（夹）。

实验 7-2　百度网盘的使用。百度网盘电脑版是由百度公司出品的一款个人云服务产品，不仅为用户提供免费存储空间，而且界面简洁，方便用户存储各种类型的资料，并且支持随时随地在计算机和手机上传递数据，还支持添加好友、创建群组，用户可以与小伙伴互相分享需要的资料。百度网盘作为百度易平台的组成部分，为用户提供云端通讯录、日历以及记事本等功能。

百度网盘提供 5G 的免费空间，付费后可扩充至 2T。使用百度网盘的主要步骤如下：

（1）下载并安装百度网盘，然后申请一个用户账号并设置一个密码。

（2）在 Windows 10 桌面上找到百度网盘的图标，双击启动百度网盘。接下来出现百度网盘的登录界面，如图 7-11 所示。

图 7-11 百度网盘的登录界面

（3）登录成功，出现如图 7-12 所示的百度网盘工作主界面。

图 7-12 百度网盘工作主界面

（4）可以新建文件夹，改为自己喜欢的文件名。新建一个文件夹并命名的步骤如图 7-13 所示。

图 7-13 新建一个文件夹并命名的步骤

（5）上传文件。双击上面创建的文件夹 Python_Example，然后上传文件。上传文件的步骤如图 7-14 所示。

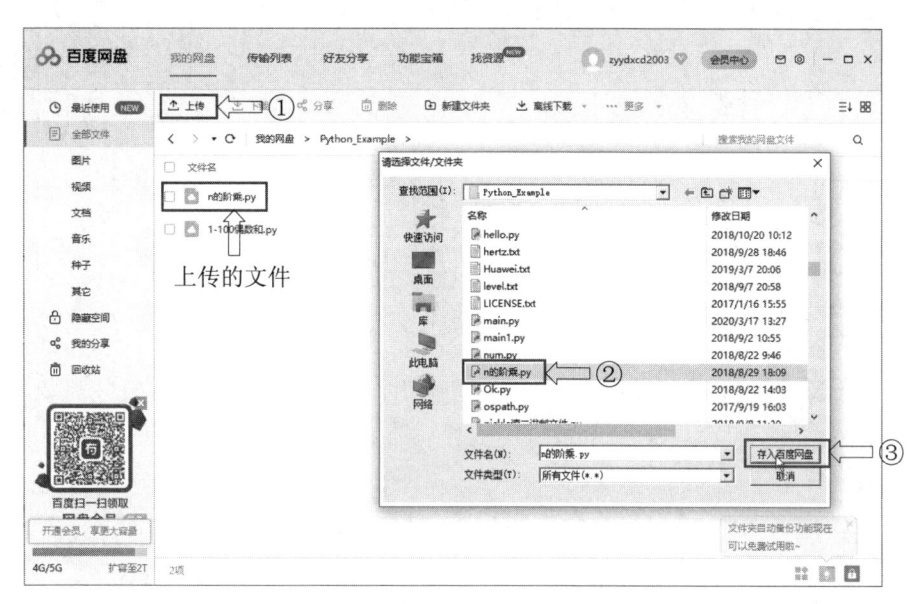

图 7-14　上传文件的步骤

如果是在网上找到所需要的文件，在下载时可能要先将该文件保存到用户的网盘中，其步骤如图 7-15 所示。

图 7-15　将网络上的文件保存至网盘的步骤

（6）下载文件。从百度网盘下载文件的步骤如图 7-16 所示。

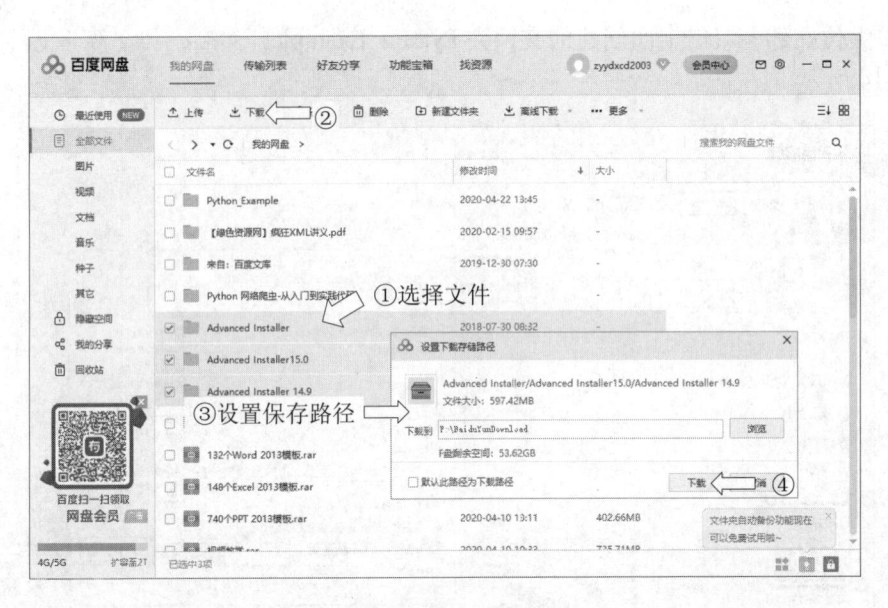

图 7-16 从网盘下载文件的步骤

思考与综合练习

1. 腾讯微云网盘的使用。腾讯微云是腾讯全新推出的网盘服务，通过腾讯微云客户端可以让计算机和手机文件进行无限传输并实现同步，让手机中的照片自动传送到计算机，并可向朋友们共享，功能与苹果的 iCloud 较为类似。腾讯微云包括计算机端、手机端、Web 端，用户只要同时安装手机端和计算机端，即可实现三端信息互通。

（1）登录界面。启动腾讯微云后，首先出现的是登录界面，如图 7-17 所示。

图 7-17 腾讯微云的登录界面

用户可使用 QQ 或微信进行登录，如果没有 QQ 号或微信号，也可注册一个新账号登录。

（2）登录后，出现图 7-18 所示的腾讯微云工作主界面。

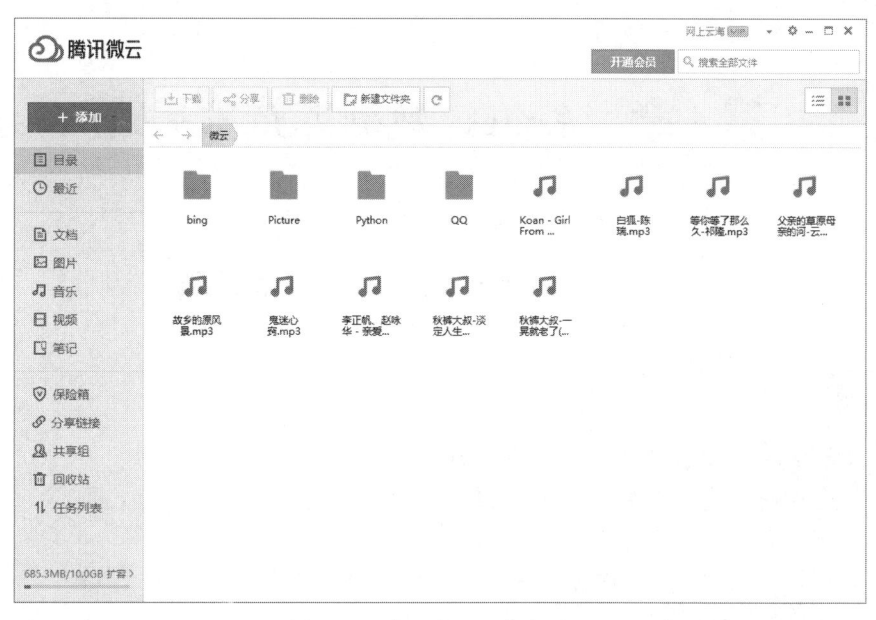

图 7-18 腾讯微云工作主界面

（3）用户可在腾讯微云工作主界面中进行新建文件夹、上传文件、下载文件、和好友分分享或共享文件等操作。

2．用 Serv-U 搭建 FTP 服务器。

FTP 简介：FTP（File Transfer Protocol，文件传输协议）是专门用来传输文件的协议。而 FTP 服务器是在互联网上提供存储空间的计算机，它们依照 FTP 协议提供服务。当它们运行时，用户就可以连接到服务器上下载文件，也可以将自己的文件上传到 FTP 服务器中。因此，FTP 大大方便了网络用户之间远程交换文件资料的需要，充分体现了互联网资源共享的精神。

FTP 搭建工具 Serv-U 是一种被广泛运用的 FTP 服务器端软件，支持全 Windows 系列。其可以设定多个 FTP 服务器、限定登录用户的权限、登录主目录及空间大小等，功能非常完备。它具有十分完备的安全特性，支持 SSL FTP 传输，还支持在多个 Serv-U 和 FTP 客户端通过 SSL 加密连接保护用户的数据安全等。

使用 Serv-U 软件的最新版 Serv-U 15（简称 Serv-U），试搭建一个匿名（Anonymous）FTP 服务器（站点），操作步骤可参考如下资源：

（1）何振林，罗奕，2019．大学计算机基础上机初中教程．5 版．北京：中国水利水电出版社．

（2）使用 Serv-U 搭建 Windows 下的 FTP 服务器，网址如下：https://blog.csdn.net/huangyanlong/article/details/44559063。

（3）Serv-U 搭建 FTP 后提示信息乱码的解决方法，网址如下：https://blog.csdn.net/huangyanlong/java/article/details/44559687。

3．接上题，在不同网段中访问 Serv-U 搭建的 FTP 服务器。

4．利用 FlashFXP 软件访问 Serv-U 搭建的 FTP 服务器。

第 4 章　Access 数据库技术基础

实验 8　Access 数据库技术基础

实验目的

(1) 了解 Access 数据库窗口的基本组成。
(2) 学会如何创建数据库文件以及熟练掌握数据库表的建立方法。
(3) 掌握数据表属性的设置。
(4) 掌握记录的编辑、排序和筛选、索引和表间关系的建立。
(5) 掌握 SQL 查询的使用方法。
(6) 掌握 Access 数据库与外部文件交换数据的两种方法——数据的导入与导出。

实验内容与操作步骤

实验 8-1　利用 Access 2016 中文版创建一个空数据库——"学生管理系统.accdb"。

操作方法及步骤如下：

(1) 启动 Access 2016 中文版，屏幕显示的初始界面，如图 8-1 所示。在此窗口中，用户可以新建（默认）或打开一个数据库，本例创建的是一个空数据库。

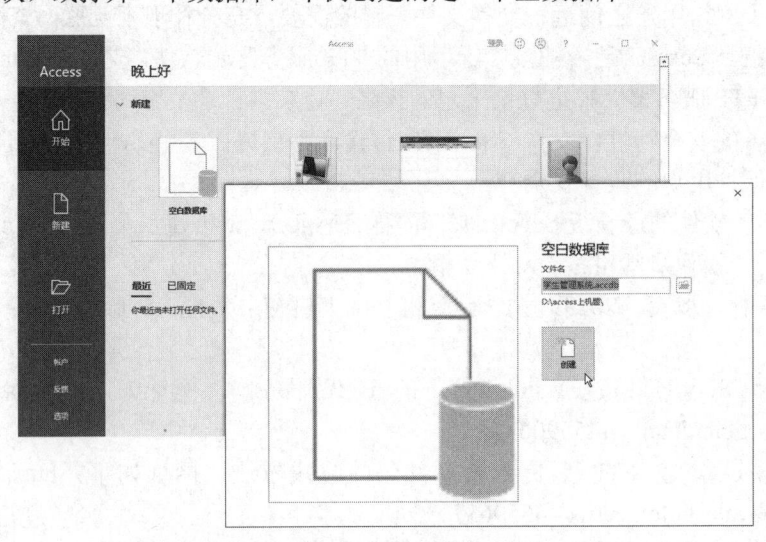

图 8-1　启动 Access 2016 中文版时的初始界面

(2) 单击"空白数据库"按钮，弹出"创建"对话框。单击"文件名"文本框右侧的"浏览"按钮，打开"文件新建数据库"对话框。选择好数据库存放的位置（文件夹），给出正确的文件名，本例是"学生管理系统"，单击"确定"按钮，回到图 8-1。

(3) 单击"创建"按钮 ![创建], 即可创建一个空数据库, 如图 8-2 所示。

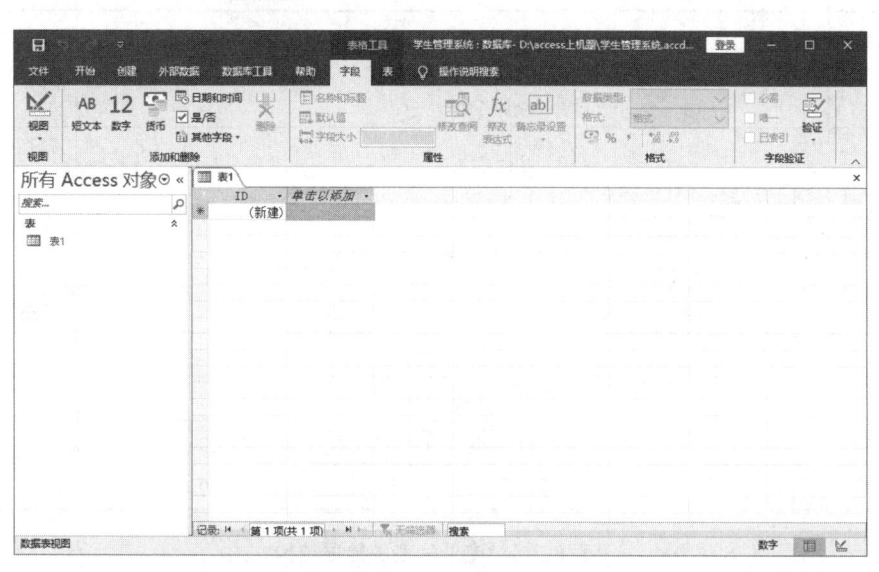

图 8-2 "学生管理系统"数据库窗口及对象控制面板

数据库新建完成后, 新建的数据库文件名为"学生管理系统.accdb", 其中".accdb"是 Access 数据库文件的默认扩展名。

实验 8-2 在已建数据库"学生管理系统.accdb"中, 分别建立三张数据表"学生""成绩" "专业", 其数据结构分别见表 8-1 至表 8-3。

表 8-1 "学生"表的数据结构

字段	数据类型	宽度	主键或索引
学号	文本	8	是
姓名	文本	4	
性别	文本	1	
民族	文本	5	
出生日期	日期/时间	短日期 输入掩码 9999-99-99	
籍贯	文本	3	
电话	文本	11	
QQ 号码	文本	10	
政治面貌	文本	2 查阅属性如下: 显示控件: 组合框 行来源类型: 值列表 行来源: 群众,团员,党员	
专业号	文本	2	有(有重复)

续表

字段	数据类型	宽度	主键或索引
入学总分	数字	整型 小数位：自动 输入掩码 999	
备注	备注		
照片	OLE 对象		

表 8-2 "成绩"表的数据结构

字段	数据类型	宽度	主键或索引
学号	文本	8	是
高等数据	数字	单精度，小数位 1 位，输入掩码 999.9	
大学英语	数字	单精度，小数位 1 位，输入掩码 999.9	
计算机基础	数字	单精度，小数位 1 位，输入掩码 999.9	

表 8-3 "专业"表的数据结构

字段	数据类型	宽度	主键或索引
专业号	文本	2	是
专业名称	文本	10	

操作方法及步骤如下：

（1）打开 Access 数据库。启动 Access，在出现的图 8-2 中单击"文件"选项卡，执行其展开的界面中的"打开"命令。在打开的"打开"面板中找到需要打开的 Access 数据库"学生管理系统.accdb"。

（2）在"学生管理系统.accdb"数据库窗口中，单击"导航窗格"中的"导航窗格开关"按钮，在弹出的命令列表框中选择"表"选项。此时，导航窗格中列表所有已存在的表。

（3）单击"创建"选项卡下"表格"组中的"表"按钮，此时将创建名为"表1"的新表，并以数据表视图方式打开，如图 8-2 所示，同时显示"表格工具"选项卡及功能区。

（4）单击"开始"选项卡下"视图"组中的"视图"按钮，执行其列表框中的"设计视图"命令（或单击 Access 状态栏右侧的"设计视图"按钮），弹出"另存为"对话框，如图 8-3 所示。

图 8-3 "另存为"对话框

（5）在"表名称"文本框中输入表的名称，如"学生"。单击"确定"按钮，打开图 8-4 所示的"表设计"窗口，依照表 8-1 至表 8-3 中的数据结构，建立各张表的数据结构。

图 8-4 "表设计"窗口

数据结构建立后,关闭"表设计"窗口,在 Access 导航窗格"表"组中已创建的各表格对象如图 8-5 所示。

图 8-5 导航窗口中显示已创建的三张表格

(6)在"导航窗格"中,分别双击数据表的名称,打开"数据表视图"窗口,录入图 8-6 至图 8-8 所示的数据。数据录入后,按 Ctrl+W 组合键(或单击编辑窗口右上角的"关闭"按钮),数据存盘退出。

学号	姓名	性别	民族	出生日期	籍贯	电话	QQ号码	政治面貌	专业号	入学总分	备注	照片
s1201001	邹鑫	男	汉族	1995/10/23	北京	13618000123	5823308001	团员	01	520		Bitmap Image
s1201002	陈秋	女	汉族	1994/11/7	吉林	13618000124	5823308002	群众	01	506		
s1201003	王瑞	女	汉族	1995/8/12	上海	13618000125	5823308003	团员	02	518		
s1201004	刘雨	女	白族	1996/1/2	云南	13618000126	5823308004	党员	02	585		Bitmap Image
s1201005	刘杨	男	汉族	1995/7/24	重庆	13618000127	5823308005	团员	03	550		
s1201006	吴心	女	回族	1995/5/12	宁夏	13618000128	5823308006	团员	03	538		
s1201007	杨海	男	蒙古族	1994/12/12	四川	13618000129	5823308007	群众	04	564		
s1201008	高进	男	壮族	1994/3/18	广西	13618000130	5823308008	群众	04	547		
s1201009	金玲	女	壮族	1993/3/20	广西	13618000133	5823308011	群众	05	585		
s1201010	李欢	女	汉族	1995/9/30	云南	13618000131	5823308009	团员	05	521		
s1201011	张元	男	维吾尔族	1995/2/15	新疆	13618000132	5823308010	党员	05	606		
s1201012	吴钢	男	白族	1996/1/30	广西	13618000134	5823308012	团员	01	568		

图 8-6 "学生"表

图 8-7 "成绩"表

图 8-8 "专业"表

实验 8-3 在"学生管理系统"数据库中,使用 SQL 命令完成以下查询。

(1) 从"学生"表中查询学生的所有信息。

(2) 从"学生"表中查询入学总分大于或等于 550 分的学生的信息,输出学号、姓名、性别、入学总分 4 个字段的内容。

(3) 从"学生"表中查询专业号为"02"或"04"且入学总分小于 550 分的记录。

(4) 从"学生"表中查询入学总分在 530~580 分之间的记录。

(5) 从"学生"表中查询专业号为"03"或"05"且入学总分大于或等于 550 分的记录。

(6) 从"学生"表中查询并输出所有年龄 18 岁以上的记录。

(7) 从"成绩"表中查询并输出三门功课中至少有一门不及格的记录。

(8) 从"学生"和"成绩"表中查询并输出数学成绩为 80 分以上的记录,按专业分组。

(9) 从"学生"表中查询入学总分最高的前五名的学生记录,按分数从高到低进行排序,同时指定部分表中的字段在查询结果中的显示标题。

(10) 计算学生"刘雨"所修课程的平均成绩。

操作方法及步骤如下:

(1) 启动 Access 2016 中文版,并打开"学生管理系统.accdb"数据库。

(2) 在打开的"创建"选项卡"查询"组中,单击"查询设计"按钮,并关闭出现的"显示表"对话框,建立一个空查询,如图 8-9 所示。

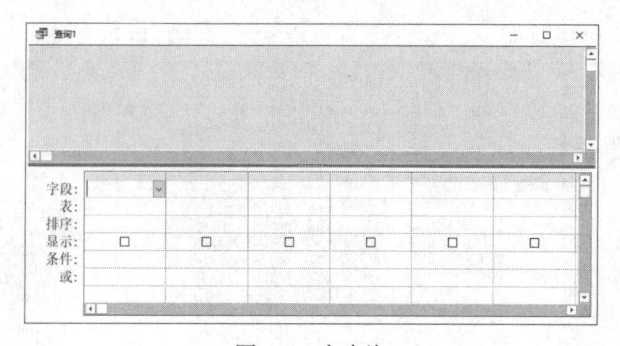

图 8-9 空查询

(3) 在查询"设计视图"窗口上方的空白处弹击右键，在弹出的快捷菜单中选择"SQL 视图"命令，将查询"设计视图"窗口切换到"SQL 视图"窗口，如图 8-10 所示。

(4) 在"SQL 视图"窗口中输入下面的 SQL 命令：

Select 学号,姓名,性别,出生日期,专业号,政治面貌 From 学生 Where 政治面貌 ="党员";

(5) 单击"运行"命令按钮 运行，出现如图 8-11 所示的查询结果。

图 8-10 "SQL 视图"窗口　　　　　　　图 8-11 "运行"结果窗口

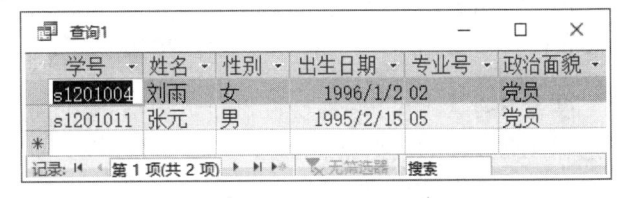

(6) 单击"数据表视图"窗口右上方的"关闭"按钮 ×，关闭窗口。在关闭"数据表视图"窗口时，系统将提示用户是否保存查询，用户可做出相应的选择操作。

同样地，在 SQL 视图分别输入下面的 SQL 命令，可完成查询操作。

(1) 从"学生"表中查询学生的所有信息。

Select * From 学生

(2) 从"学生"表中查询入学总分大于或等于 550 分的学生的信息、输出学号、姓名、性别、入学总分 4 个字段的内容。

Select 学号,姓名,性别,入学总分 From 学生 Where 入学总分>=550;

(3) 从"学生"表中查询专业号为"02"或"04"且入学总分小于 550 分的记录。

Select 学号,姓名,性别,出生日期,入学总分 From 学生 Where (专业号="02" Or 专业号="04") And 入学总分<550;

(4) 从"学生"表中查询入学总分在 530～580 分之间的记录。

Select * From 学生 Where 入学总分 Between 530 And 580;

(5) 从"学生"表中查询专业号为"03"或"05"且入学总分大于或等于 550 分的记录。

Select * From 学生 Where 专业号 In("02" , "05") And 入学总分>=550;

(6) 从"学生"表中查询并输出所有年龄 18 岁以上的记录。

Select 学号,姓名,性别,Year(Date())-Year(出生日期) As 年龄

From 学生

Where Year(Date())-Year(出生日期)>=18;

(7) 从"成绩"表中查询并输出三门功课中至少有一门不及格的记录。

Select 学号,成绩.高等数学, 成绩.大学英语, 成绩.计算机基础

From 成绩

Where 高等数学<60 Or 大学英语<60 Or 计算机基础<60;

(8) 从"学生"和"成绩"表中查询并输出数学成绩为 80 分以上的记录，按专业分组。

Select Count(*) As 各专业高数在 80 以上的人数

From 学生 Inner Join 成绩 On 学生.学号=成绩.学号

Where 高等数学 Between 80 And 100 Group By 学生.专业号;

（9）从"学生"表中查询入学总分最高的前五名的学生记录，按分数从高到低进行排序，同时指定部分表中的字段在查询结果中的显示标题。

Select Top 5 学号 As 学生的学号, 姓名 As 学生的名字, 性别, 入学总分 From 学生 Order By 入学总分 Desc;

（10）计算学生"刘雨"所修课程的平均成绩。

SELECT (大学英语+高等数学+计算机基础)/3 as 平均分 FROM 成绩 where 学号=(select 学号 from 学生 where 姓名="刘雨");

实验 8-4 将电子表格文件"通讯.xlsx"中的数据导入"学生管理系统.accdb"数据库中。"通讯.xlsx"中的数据见表 8-4。

表 8-4 "通讯.xlsx"中的数据

学号	宿舍	家庭详细通讯地址	家长姓名	家长电话	备注
s1201001	C6-2-101	北京市建国门外大街 356 号	邹文涛	13900000001	
s1201002	C7-2-116	吉林遵义东路 369 号	陈江宏	13900000002	
s1201003	C6-2-101	上海市逸仙路 456 号	王大山	13900000003	
s1201004	C7-2-116	昆明人民中路 222 号	刘诗云	13900000004	
s1201005	C6-2-101	重庆市石杨路 333 号	刘兵	13900000005	
s1201006	C7-2-115	银川玉皇阁南街 485 号	吴顺利	13900000006	
s1201007	C4-1-326	成都二仙桥东 568 号	杨秋林	13900000007	
s1201008	C4-1-326	桂林市中山中路 608 号	高进	13900000008	
s1201009	C7-2-116	桂林市龙隐路 963 号	金海水	13900000009	
s1201010	C7-2-116	大理银苍路 321 号	李成就	13900000010	
s1201011	C4-1-326	乌鲁木齐沙友南路 576 号	张铭铭	13900000011	
s1201012	C4-1-326	南宁市竹溪南路 612 号	吴国文	13900000012	

操作方法及步骤如下：

（1）启动 Access 2016 中文版，并打开"学生管理系统.accdb"数据库。

（2）打开"外部数据"选项卡，单击"导入并链接"组中的"新数据源"按钮 ，在打开的类型列表中，单击"文件"→"导入 Excel 电子表格"命令 ，弹出"获取外部数据-Excel 电子表格"对话框，如图 8-12 所示。

（3）单击"浏览"按钮，在弹出的"打开"对话框中，选取要导入的 Excel 文件，本例选择"通讯.xlsx"。在"指定数据在当前数据库中的存储方式和存储位置"栏中选择数据源导入存放的方式，本例选择"将源数据导入当前数据库的新表中"单选项。单击"确定"按钮，系统弹出"导入数据表向导"对话框 1，如图 8-13 所示。

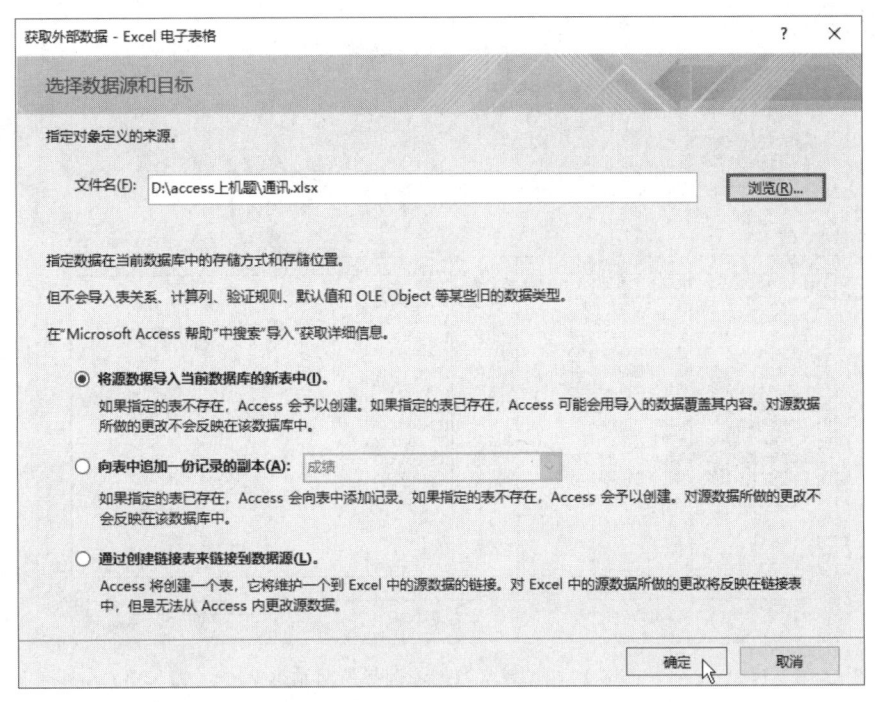

图 8-12 "获取外部数据-Excel 电子表格"对话框

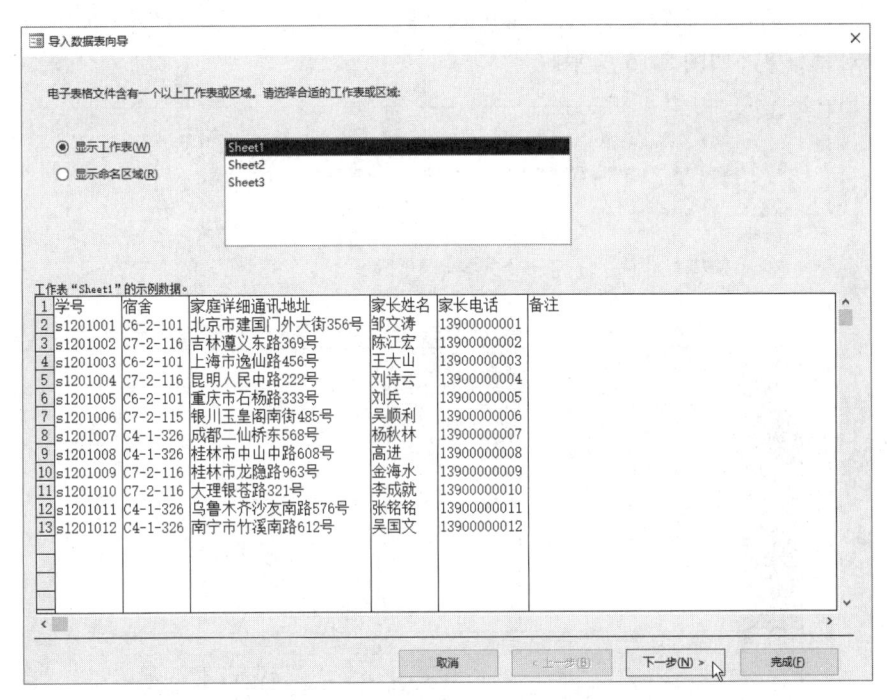

图 8-13 "导入数据表向导"对话框 1

（4）该对话框中的上部罗列了所选工作簿中所有的表名，下部是对应表中的数据。选中所需要的表，本例为 Sheet1。单击"下一步"按钮，弹出"导入数据表向导"对话框 2，如图 8-14 所示。

图 8-14 "导入数据表向导"对话框 2

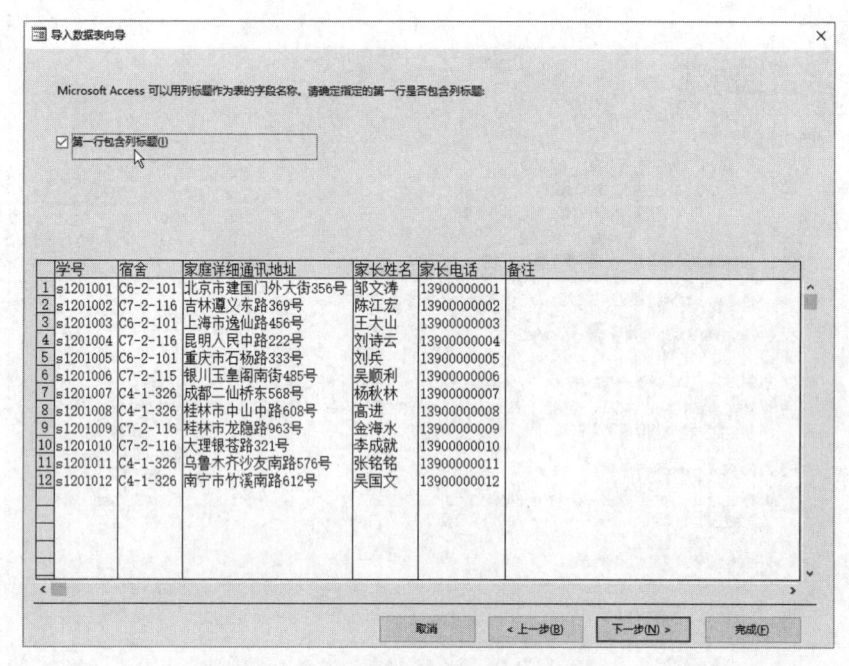

（5）在"导入数据表向导"对话框 2 中，勾选"第一行包含列标题"复选项（即将 Excel 电子表格中的第一行文字标题作为 Access 表的字段名）。单击"下一步"按钮，弹出"导入数据表向导"对话框 3，如图 8-15 所示。

图 8-15 "导入数据表向导"对话框 3

（6）在"导入数据表向导"对话框 3 中，单击对话框下半部的字段信息列表框中的一个字段名，选择一个字段。然后在"字段选项"区域内修改字段信息，为指定的字段设置一定的属性。如果不需要导入该字段，则勾选"不导入字段（跳过）"复选框；如果需要导入全部字段，直接单击"下一步"按钮，系统弹出"导入数据表向导"对话框4，如图8-16所示。

图8-16 "导入数据表向导"对话框4

（7）在"导入数据表向导"对话框4中，可以定义主键。单击"我自己选择主键"右侧的下三角按钮，选择某个字段名来指定主键。单击"下一步"按钮，系统弹出"导入数据表向导"对话框5，如图8-17所示。

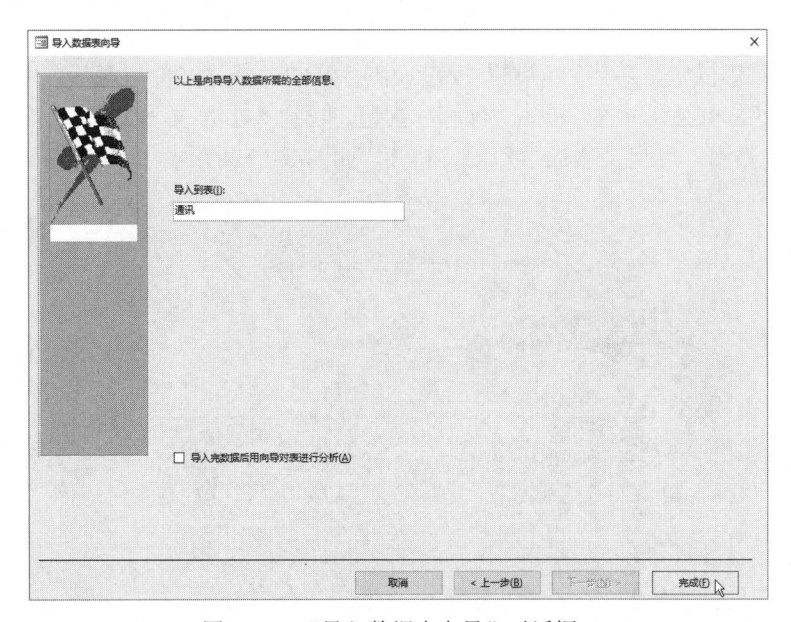

图8-17 "导入数据表向导"对话框5

（8）在该对话框中，为导入后的表命名，本例为"通讯"。单击"完成"按钮，数据导入完成。

实验 8-5 将"学生管理系统.accdb"数据库中的"学生"表数据形成一个文本文件。

操作方法及步骤如下：

（1）启动 Access 2016 中文版，打开"学生管理系统.accdb"数据库。

（2）在"导航窗格"中列出"表"各对象，并选中"学生"表。

（3）打开"外部数据"选项卡，单击"导出"组中的"文本文件"按钮，弹出"导出-文本文件"对话框，如图 8-18 所示。

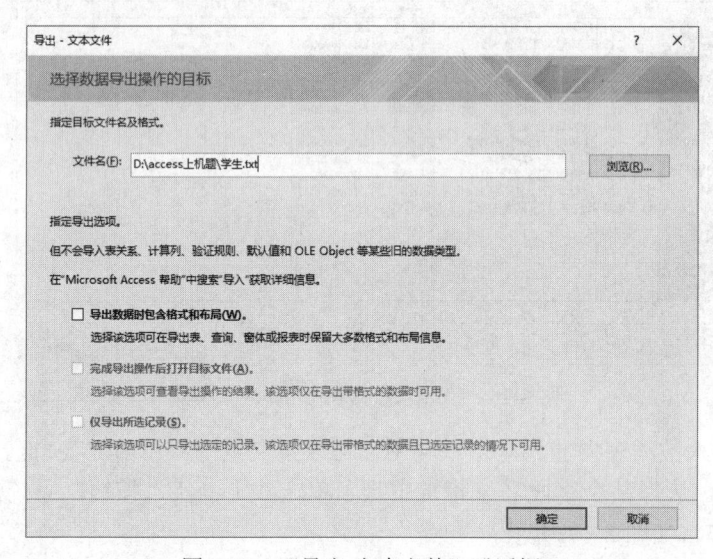

图 8-18 "导出-文本文件"对话框

（4）在此对话框中，单击"浏览"按钮。在打开的"保存文件"对话框中，指定文件名（本例为"学生"）和保存位置，单击"保存"按钮，回到"导出-文本文件"对话框。单击"确定"按钮，系统弹出"导出文本向导"对话框 1，如图 8-19 所示。

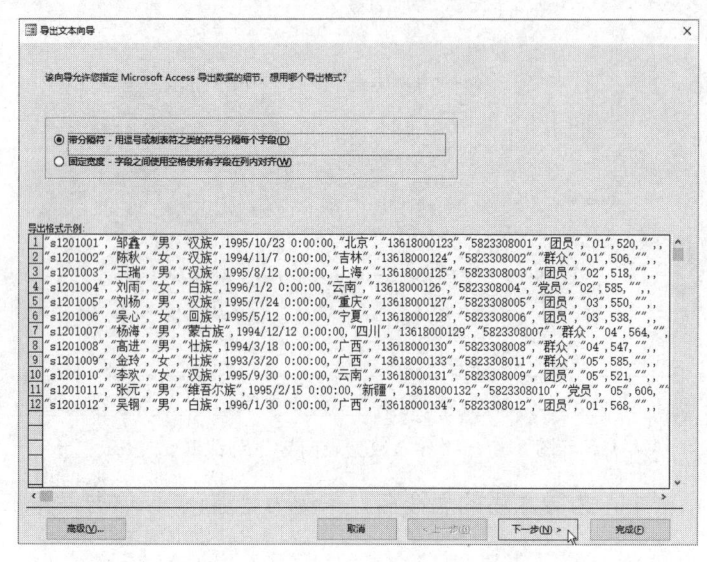

图 8-19 "导出文本向导"对话框 1

(5)在"导出文本向导"对话框 1 中,向导提示导出的数据是否在文本文件中带有分隔符,本例选择"带分隔符"单选项。单击"下一步"按钮,系统弹出"导出文本向导"对话框 2,如图 8-20 所示。

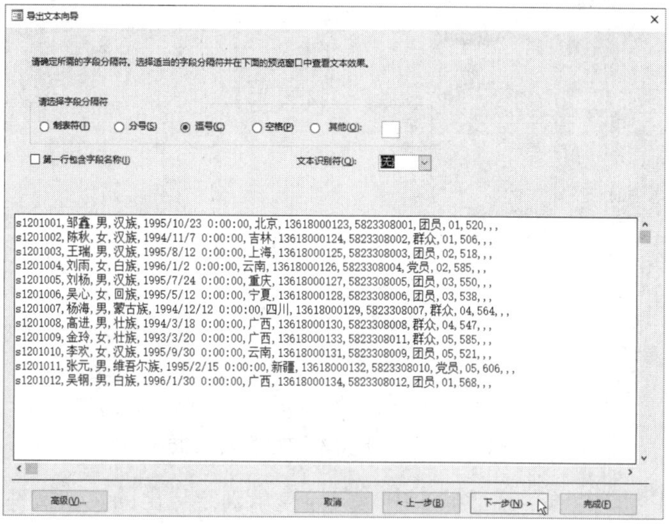

图 8-20 "导出文本向导"对话框 2

(6)在"导出文本向导"对话框 2 中,向导提示导出的字段是否在文本文件中带有分隔符,本例选择"逗号"。勾选"第一行包含字段名称"复选项,选择"文本识别符"为"无"。

如果在"导出文本向导"对话框 1 或 2 中单击"高级"按钮,系统打开图 8-21 所示的"学生 导出规格"对话框,用户可对导出的文本格式做进一步的设置。

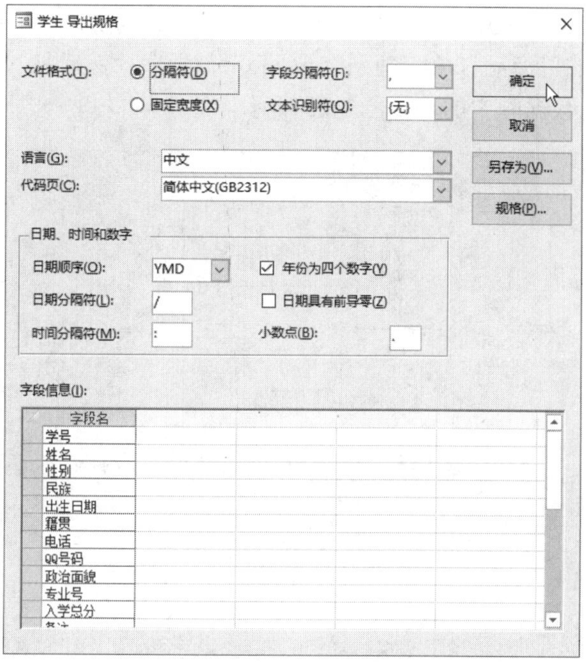

图 8-21 "学生 导出规格"对话框

单击"下一步"按钮,系统弹出"导出文本向导"对话框 3,如图 8-22 所示。

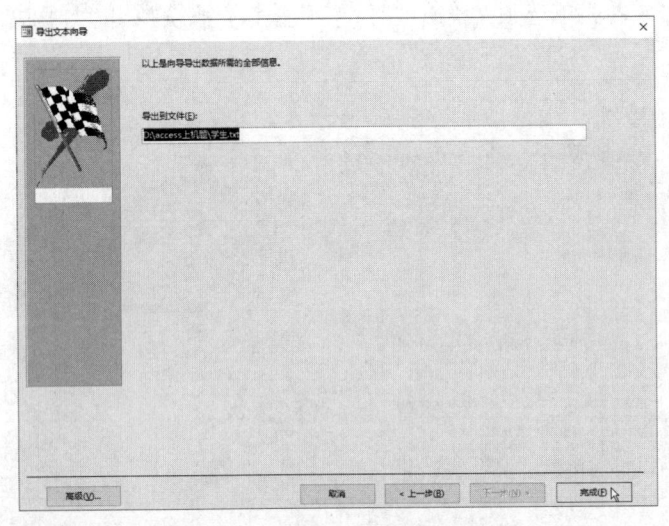

图 8-22 "导出文本向导"对话框 3

(7) 在"导出文本向导"对话框 3 中,向导提示确定导出的文本文件名,用户可输入一个正确的文件名(可包含文件的完整路径,如 D:\Access 上机题\学生.txt)。单击"完成"按钮,完成数据的导出。

(8) 在磁盘上指定的保存位置中,找到已存在的文本文件,双击它可以在记事本中打开。

思考与综合练习

1. 分别将"学生""成绩""专业"三张表的数据导出为 Excel 表。

2. 以下操作均以 Northwind.accdb 数据库中的各表为数据源,完成如下各题的操作。

(1) 创建一个空的"商品订单管理系统 accdb"数据库,然后将 Northwind.accdb 中的各表导入到该数据库中,数据库中的表如图 8-23 所示。

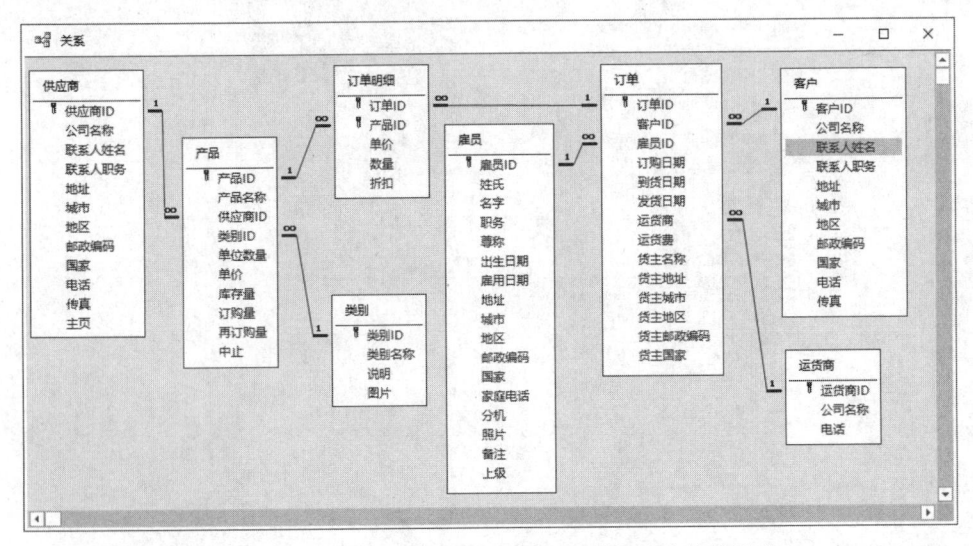

图 8-23 "商品订单管理系统 accdb"数据库中的数据表

(2) 将"订单"表导出为"订单.xlsx"并存放在当前文件夹中。

(3) 利用"订单"表创建一个 SQL 查询,查询订单为 11056 的数据。查询结果如图 8-24 所示。

图 8-24 查询结果

(4) 创建"工资"表,"工资"表的数据结构见表 8-5,部分数据如图 8-25 所示。

表 8-5 "工资"表的数据结构

字段名称	字段类型	小数位数	是否主键
雇员 ID	自动编号		是
基本工资	货币	2	
奖金	货币	2	
补贴	货币	2	

3. 接上题,以"产品""客户""订单""订单明细"为数据源,创建"订单价格",结果显示订单 ID、公司名称、产品名称、数量和价格字段,其中:价格=订单明细.单价×订单明细.折扣,价格保留小数 2 位。查询结果如图 8-26 所示。

提示:使用内置函数 Round(表达式,小数位)设置显示的小数位数。

图 8-25 "工资"表的部分数据

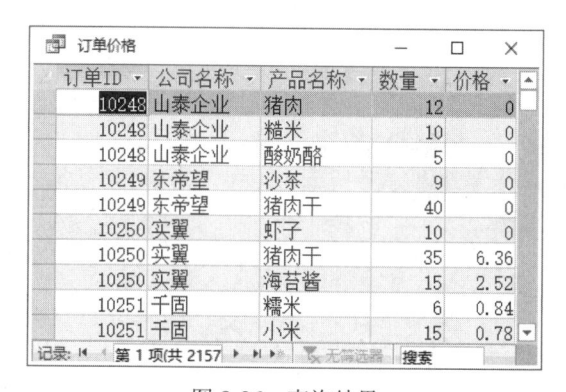

图 8-26 查询结果

4. 接上题,以"产品"表为数据源,创建更新查询"调价",实现将产品 ID=2 的商品价格下调 10%。

5. 接上题,以"产品"表为数据源,创建一个删除查询"删除产品",实现删除"库存量"为 0 的产品。

6. 接上题,以"产品""订单""订单明细"表为数据源,创建"产品利润"查询,统计每种产品的利润。结果显示"产品名称"和"利润",如图 8-27 所示。其中利润的计算公式为"利润=Sum(订单明细.数量×(订单明细.单价×订单明细.折扣−产品.单价))"。

提示：在使用 Sum 聚合函数时，一定要按聚合字段进行分组。

7. 接上题，以"工资"和"雇员"表为数据源，创建一个"工资发放"查询，查询结果如图 8-28 所示。生成的字段为雇员 ID、雇员姓名、基本工资、奖金、补贴、税前和税后字段。其中税前和税后的计算公式如下：

税前=基本工资+奖金+补贴

税后=(基本工资+奖金+补贴)×0.95

图 8-27 查询结果

图 8-28 "产品利润"查询结果

提示：在进行查询前，将"工资"和"雇员"建立一对一的关系。

8. 接上题，以"客户""订单""订单明细"表为数据源，创建查询"客户交易额"，统计每位客户的交易额。结果显示公司名称和交易额字段。

交易额=Sum（订单明细.单价×订单明细.数量×订单明细.折扣）

第 5 章　Python 程序设计基础

实验 9　Python 语言环境的使用

实验目的

（1）理解语言与编译环境的不同。
（2）掌握一种 Python 语言环境的安装方式。
（3）了解 Python 语言的使用方式。
（4）会编写基本的输入、输出和四则运算程序。

实验内容与操作步骤

实验 9-1　分别以命令行方式、图形界面方式和 Windows 命令提示符方式编写一个简单的 Python 程序。要求分别输入两个数，如 x=15，y=60，分别计算出这两个数相加、相减、相乘和相除的值。

分析：Python 安装完毕后，有四种使用 Python 的方式：命令行方式（Command Line）、集成开发环境（IDLE）、IDLE 内置文本编辑器和 Windows 的命令行方式。

（1）命令行方式。

1）使用命令行方式。单击"开始｜所有程序｜Python 3.5|Python 3.8（32-bit）"，打开命令窗口，如图 9-1 所示。

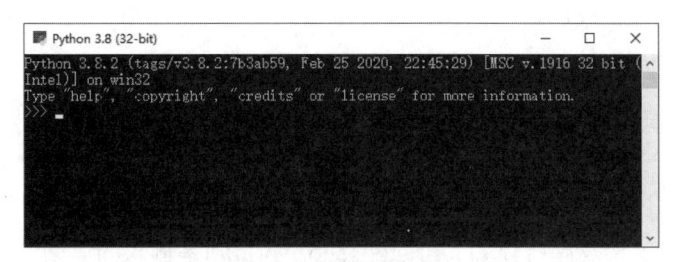

图 9-1　Python 命令窗口

2）在该窗口中，用户可在 ">>>" 提示符下直接输入以下命令语句序列：

>>>a=15
>>>b=60
>>> print("a+b=",a+b)

注意：上面每条命令输入完毕后，一定按 Enter 键。

当最后一条命令输入并按下 Enter 键后，Python 提示符 ">>>" 显示 "a+b=75"。接着在 ">>>" 提示符下输入以下命令：

>>>print("a-b=%d\na×b=%d\na÷b=%f"%(a-b,a*b,a/b))

命令执行后，其命令序列的执行结果如图 9-2 所示。

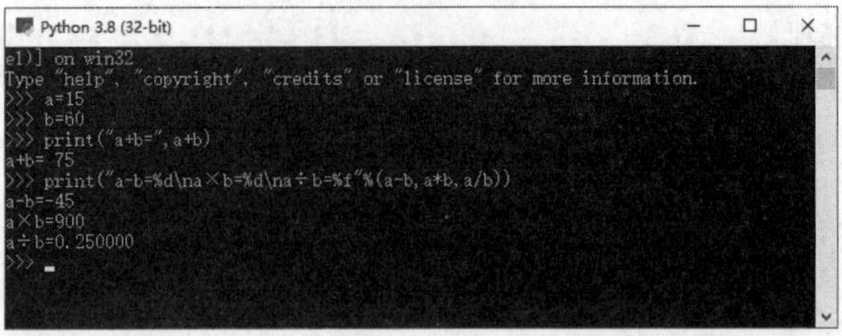

图 9-2　命令序列的执行结果

试一试：在命令提示符下输入以下语句并观察命令序列的执行结果，同时思考语句序列执行后，其表示的程序功能是什么？

   >>> import os
   >>>os.system('cls')

或输入以下语句：

   >>> import os
   >>>i = os.system('cls')

（2）集成开发环境。

1）使用命令行方式。单击"开始"→"所有程序"→Python 3.8→IDLE (Python 3.8 32-bit) 命令，打开集成开发环境（IDLE）窗口，如图 9-3 所示。

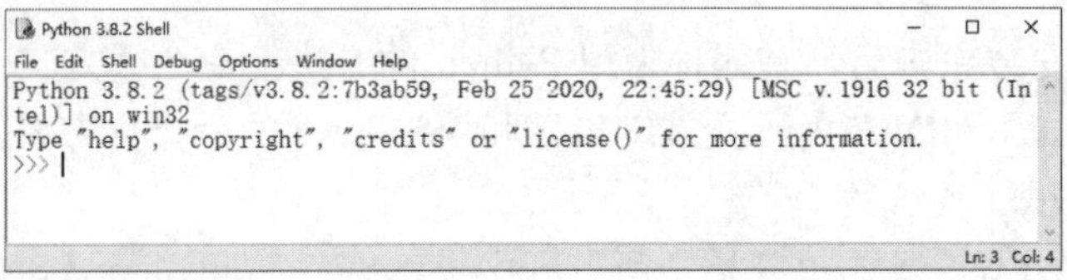

图 9-3　集成开发环境（IDLE）窗口

2）Python 集成开发环境窗口与命令行方式相同，只不过它提供了一系列菜单，还可以完成调试、编辑源文件等功能。

在 ">>>" 提示符下输入 Python 语句，按 Enter 键即可执行该语句，例如：

   >>>print("Hello World!")
   Hello World!
   >>>

其中第 1 行的 ">>>" 是提示符，print("Hello World!")是输入的语句；第 2 行是执行结果；第 3 行是提示符，等待输入其他语句，如图 9-4 所示。

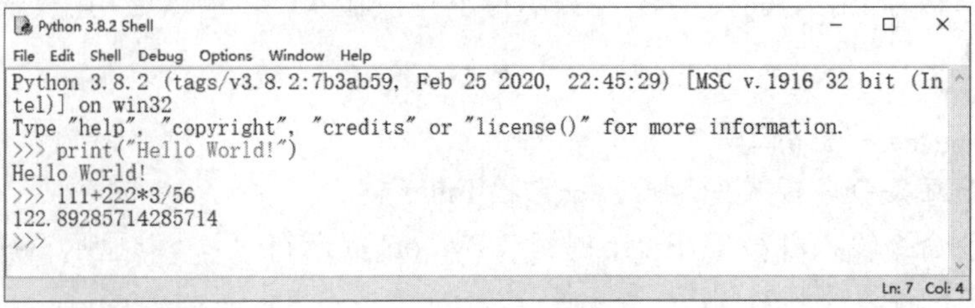

图 9-4　输入语句和执行的结果

又如，输入 111+222*3/56，结果是 122.89285714285714。
按 Ctrl+Q 组合键或使用 File→Exit 菜单命令退出交互方式。
思考题：执行以下命令序列，并观察 d:\1111.txt 文件内容。

  a=15
  b=60
  f=open("d:\\1111.txt","w+")
  print("---a 和 b 两数的加、减、乘、除后值如下---")

  print("a+b=",a+b)
  print("a-b=%d\na×b=%d\na÷b=%.2f"%(a-b,a*b,a/b))
  print("a-b=%d\na×b=%d\na÷b=%.2f"%(a-b,a*b,a/b),file=f)

  f.close()

（3）IDLE 内置文本编辑器。

1）在 IDLE 界面窗口中，单击 File→New File 命令，打开图 9-5 所示的 IDLE 文本编辑器。

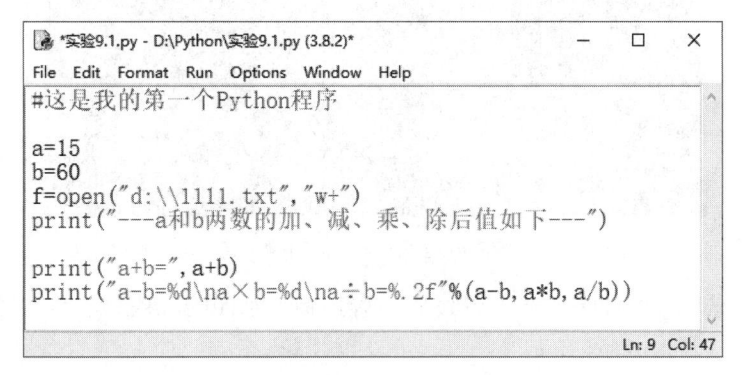

图 9-5 IDLE 文本编辑器

2）单击 File→Save 命令（或按 Ctrl+S 组合键），弹出"另存为"对话框。

3）选择要保存的路径（文件夹），给出要保存文件的文件名（扩展名为.py）"实验 9.1.py"，并单击"保存"按钮，Python 源程序被保存。

4）单击 Run→Run Modeule 命令（或按 F5 功能键），执行该程序，如图 9-6 所示。

图 9-6 运行结果

如果在执行该程序时出现错误，程序编写者可根据错误提示随时返回文本编辑器，修改程序，直到程序运行结果正确为止。

（4）Windows 的命令行方式。

将上面保存的 Python 程序文件"实验 9.1.py"，我们以 Windows 的命令行方式执行，其步骤如下：

1）在 Windows 中单击"开始"按钮，在弹出的开始菜单搜索框中输入 cmd.exe 并按下 Enter 键，进入 Windows 命令提示符方式。

2）为了能找到并执行 Python 程序，在 Windows 命令提示符下输入如下命令：

    cd C:\Program Files\Python\Python38-32

其含义是切换并工作在 Python 安装目录中。

3）直接输入命令"python 实验 9.1.py"。

4）按 Enter 键后，执行该程序，运行结果如图 9-7 所示。

图 9-7 在 Windows 命令提示符下执行 Python 程序

实验 9-2 建立一个程序文件"实验 9.2.py"，输入下面的源代码，其功能是输出一个由 * 组成的矩形：
```
**********
*        *
*        *
*        *
*        *
*        *
**********
```
。

```
#实验 9.2.py
print('*' * 10)
for i in range(5):
    print('*        *')
print('*' * 10)
```

实验 9-3 建立一个程序文件"实验 9.3.py"，随机产生一个三位整数，然后交换百位数和个位数后，输出交换后的三位数。

分析：用语句 n=int(random.random()*900+100)随机产生一个三位整数，然后使用算术运算符"//""-""%"分别求出百位数 b、十位数 s 和个位数 g。

本题使用的代码如下：

```
import math      #导入 math 包
import random    #导入 random 包
print("随机产生一个三位数：")
n=int(random.random()*900+100)
print("产生的一个三位数是："+ str(n))
b=n//100         #b 表示百位数
s=(n-b*100)//10  #s 表示十位数
```

```
g=n%10              #g 表示个位数
n=g*100+s*10+b
print("百位数和个位数交换后的数是:" + str(n))
```

思考与综合练习

1. 输入一个正整数，然后计算该数的平方根。
2. 编写程序，计算半径为 3.14 的圆的周长和面积。
3. 编写程序，在屏幕上打印以"#"为边界的矩形，宽度为 8（字符）。

```
********
*      *
*      *
********
```

4. 输入一个年份，判断是否为闰年。

注意：公历纪年法中，能被 4 整除的是闰年，不能被 100 整除而能被 400 整除的年份是闰年，能被 3200 整除的不是闰年，如 1900 年是平年，2000 年是闰年，3200 年不是闰年。

参考代码：

```
years = int(input('请输入你要查询的年份:'))   #输入你要查询的年份
if ((years%4==0 and years%100!=0) or (years%400==0)):   #判断是否是闰年
    if years%3200==0:   #即被 3200 整除
        print('不是闰年')
    else:
        print (years,"是闰年")
else:
    print('不是闰年')
```

5. 仅使用 Python 基本语法，即不使用任何模块，编写 Python 程序计算下列数学表达式的结果并输出，小数点后保留 3 位。

$$x = \sqrt{\frac{(3^4 + 5 \times 6^7)}{8}}$$

参考代码：

```
x = pow((3**4 + 5*(6**7))/8, 0.5)
print("{:.3f}".format(x))
```

6. 0x4DC0 是一个十六进制数，它对应的 Unicode 编码是中国古老的《易经》六十四卦的第一卦，请输出第五十一卦（震卦）对应的 Unicode 编码的二进制、十进制、八进制和十六进制格式。

print("二进制{①}、十进制{②}、八进制{③}、十六进制{④}".format(⑤))

参考代码：

```
print("二进制{0:b}、十进制{0}、八进制{0:o}、十六进制{0:x}".format(0x4DC0+50))
```

7. 编写 Python 程序，输出一个具有如下风格效果的文本，用作文本进度条样式，程序运行结果如下：

```
 10%@==
 20%@====
100%@==================
```

前三个数字，右对齐；后面字符，左对齐。

部分代码如下：

```
N = eval(input("输入一个 0~100 的整数："))
print("   ①   ".format(N,"="*(N//5)))
```

填写空格处的代码以完善程序（运行三次）。

提示：文本中左侧一段输出 N 的值，右侧一段根据 N 的值输出等号，中间用@分隔，等号数量为 N 与 5 的整除商的值。例如，当 N=10 时，输出两个等号。

参考代码：
```
N = eval(input("输入一个 0~100 的整数："))
print("{:>3}%@{}".format(N,"="*(N//5)))
```

8. 以论语中一句话作为字符串变量 s，补充程序，分别输出字符串 s 中汉字和标点符号的数量。

```
s = "学而时习之,不亦说乎?有朋自远方来,不亦乐乎?人不知而不愠,不亦君子乎?"
n = 0    # 汉字数量
m = 0    # 标点符号数量
___①___  # 在这里补充代码，可以多行
print("字符数为{}，标点符号数为{}。".format(n, m))
```

参考代码：
```
s = "学而时习之,不亦说乎?有朋自远方来,不亦乐乎?人不知而不愠,不亦君子乎?"
n = 0    # 汉字数量
m = 0    # 标点符号数量
m = s.count(',') + s.count('?')
n = len(s) - m
print("字符数为{}，标点符号数为{}。".format(n, m))
```

9. 请补充横线处的代码，让 Python 帮你随机选一个饮品吧，随机输出 listC 列表中的元素。

```
import random
random.①
listC = ['加多宝','雪碧','可乐','勇闯天涯','椰子汁']
print(random. ② (listC))
```

参考代码：
```
import random
random.seed()
listC = ['加多宝','雪碧','可乐','勇闯天涯','椰子汁']
print(random.choice(listC))
```

10. 用户输入的一个字符串，输出其中字母 a 的出现次数。

参考代码：
```
s = input()
print(s.count("a"))
```

11. 输入一个字符串，替换其中出现的字符串"py"为"python"，输出替换后的字符串。

参考代码：
```
s = input()
print(s.replace("py","python"))
```

12. ls 是一个列表，内容如下：
```
ls = [123, "456", 789, "123", 456, "789"]
```

请补充如下代码，在数字 789 后增加一个字符串"012"。

```
ls = [123, "456", 789, "123", 456, "789"]
    ①
print(ls)
```
参考代码：
```
ls = [123, "456", 789, "123", 456, "789"]
ls.insert(3, "012")
print(ls)
```

实验 10　分支结构的使用

实验目的

（1）学会分支语句的应用。
（2）学会从键盘输入数据的语句的使用。

实验内容与操作步骤

实验 10-1　编写程序，用户从键盘输入 x，计算分段函数的值并打印。分段函数如下：

$$f(x) = \begin{cases} x-1, & x<0 \\ 0, & x=0 \\ x+1, & x>0 \end{cases}$$

分析：这是一个条件分支结构的嵌套使用。
（1）编辑如下程序，保存为"实验 10.1.py"，程序代码如下：
```
#计算分段函数的值
x=float(input("请输入 x="))    #输入数据，并转化浮点数
if x>0:
    y=x+1                     #处理 x>0 的情况
else:
    if x<0:
        y=x-1
    else:
        y=0
print("f(x)=",y)              #打印结果
```
（2）按 Ctrl+S 组合键进行保存，程序文件名为"实验 10.1.py"。
（3）按 F5 功能键，执行该程序，执行三次。执行时，分别输入-5、0、5，查看结果。

实验 10-2　输入 a、b、c 三个数，按从大到小的次序显示，保存文件名为"实验 10.2.py"。
分析：本题有很多解法，在此我们使用嵌套的 If 分支结构进行判断排序。首先，判断第一个数 a 和第二个数 b 的大小，若 a<b，则交换位置。

然后，新 b（即原来的 a 值）再与 c 进行比较，若 b>c，则得出结论 a>b>c；否则，c 和 a 进行比较，若 c>a，则 c>a>b。

若 a>b，则比较 b 和 c，若 b>c 则，a>b>c；否则，b 与 c 交换位置。然后比较 a 和 b，若 a>b，则 a>b>c；否则 b>a>c。

编写的程序代码如下：

```
#输入a，b，c三个数，按升序排列
a = int(input("输入数 a="))
b = int(input("输入数 b="))
c = int(input("输入数 c="))
if b > a:    #先比较第一个数和第二个数的大小
    t = a ; a = b ; b = t #交换
    if b > c:    #交换后，再比较第二个数和第三个数
        print("{}>{}>{}".format(a,b,c))
    else:
        t = c ; c = b ; b = t #交换第二个数和第三个数
        if a > b: #交换后，再比较第一个数和第二个数
            print("{}>{}>{}".format(a,b,c))
        else:
            print("{}>{}>{}".format(b,a,c))
else:
    if b > c:
        print("{}>{}>{}".format(a,b,c))
    else:
        t = b ; b = c ; c = t
        if b < a:
            print("{}>{}>{}".format(a,b,c))
        else:
            print("{}>{}>{}".format(b,a,c))
```

程序运行后的结果如下：

输入数 a=12
输入数 b=45
输入数 c=26
45>26> 12

思考与综合练习

1．编写程序，用户从键盘输入 x，计算分段函数的值并打印。分段函数如下：

$$f(x) = \begin{cases} x^2 & 0 \leqslant x \leqslant 1 \\ 2-x & 1 < x \leqslant 2 \end{cases}$$

2．工资个税的计算公式：应纳税额=（工资薪金所得−五险一金−扣除数）×适用税率−速算扣除数。

个税起征点是 5000 元/月（2018 年 10 月 1 日起正式执行）（工资、薪金所得适用），使用超额累进税率的计算方法如下：

缴税=全月应纳税所得额×税率−速算扣除数
实发工资=应发工资−四金−缴税。
全月应纳税所得额=（应发工资−四金）−5000

例如某人的工资扣除五险一金为 12000 元，他应纳个人所得税区间为 12000-5000=7000 元，应缴纳税金为 7000×10%−210=490 元。

级数	全月应纳税所得额	税率/%	速算扣除数
1	不超过 3000 元	3	0
2	超过 3000 元至 12000 元的部分	10	210
3	超过 12000 元至 25000 元的部分	20	1410
4	超过 25000 元至 35000 元的部分	25	2660
5	超过 35000 元至 55000 元的部分	30	4410
6	超过 55000 元至 80000 元的部分	35	7160
7	超过 80000 元的部分	45	15160

参考代码如下：

```
salary = int(input('请输入你的工资'))   #将输入的内容转化成数字
if salary <= 3000:
    print(salary * 0.03)
elif salary <= 12000:
    print(salary * 0.1 - 210)
elif salary <= 25000:
    print(salary * 0.2 - 1410)
elif salary <= 35000:
    print(salary * 0.25 -2660)
elif salary <= 55000:
    print(salary * 0.3 -4410)
elif salary <= 80000:
    print(salary * 0.35 - 7160)
else:
    print(salary * 0.45 - 15160)
```

3．计算学生奖学金等级。以语文、数学、英语（外语）3 门功课的成绩为评奖依据。奖学金分为一等、二等、三等 3 个等级，评奖标准如下：

（1）符合下列条件之一的可获得一等奖学金：

- 3 门功课总分在 285 分以上。
- 有两门功课成绩是 100 分，且第三门功课成绩不低于 80 分者。

（2）符合下列条件之一的可获得二等奖学金：

- 3 门功课总分在 270 分以上。
- 有一门功课成绩是 100 分，且其他两门功课成绩不低于 75 分者。

（3）各门功课成绩不低于 70 分者，可获得三等奖学金。

要求符合条件者就高不就低，只能获得高的那一项奖学金，不能重复获得奖学金。

参考代码如下：

```
a = int(input("请输入语文成绩 a="))
b = int(input("请输入数学成绩 b="))
c = int(input("请输入外语成绩 c="))
if a + b + c >= 285 or (a == 100 and b == 100 and c >= 80) or (a == 100 and b >= 80 and c == 100) or (a >= 80 and b == 100 and c == 100):
```

```
            print("一等奖")
        elif a + b + c >= 270 or (a == 100 and b >= 75 and c >= 75) or (b == 100 and a >= 75 and c >= 75) or (c == 100 and a >= 75 and b >= 75):
            print("二等奖")
        elif a >= 70 and b >= 70 and c >= 70:
            print("三等奖")
        else:
            print("没有获奖")
```

4．根据输入的里程数计算应付的出租车费，并将计算结果显示出来。其中，出租车费的计算公式如下：出租车行驶不超过 4 公里时一律收费 10 元。超过 4 公里时分段处理，具体处理方式如下：15 公里以内每公里加收 1.2 元，15 公里以上每公里收 1.8 元。

参考代码如下：

```
s = eval(input("请输入里程数（单位:公里）"))
if s <= 4:
    f=10
elif s <= 15:
    f=10+(s-4)*1.2
else:
    f=10+(s-4)*1.2+(s - 15) * 1.8
print("应付出租车费{0}元".format(f))
```

5．s="9e10"是一个浮点数形式字符串，即包含小数点或采用科学计数法形式表示的字符串，编写程序判断 s 是否是浮点数形式字符串。如果是则输出 True，否则输出 False。

参考代码如下：

```
s = "9e10"
if type(eval(s)) == type(12.0):
    print("True")
else:
    print("False")
```

6．s="123"是一个整数形式字符串，编写程序判断 s 是否是整数形式字符串。如果是则输出 True，否则输出 False。要求代码不超过两行。

参考代码如下：

```
s = "123"
print("True" if type(eval(s)) == type(1) else "False")
```

7．PyInstaller 库用来对 Python 源程序进行打包。给定一个源文件 py.py，请给出将其打包成一个可执行文件的命令。

参考代码如下：

```
pyinstaller -F py.py
```

8．PyInstaller 库用来对 Python 源程序进行打包。给定一个源文件 py.py 和一个图标文件 py.ico，请利用这两个文件进行打包，生成一个可执行文件。

参考代码如下：

```
pyinstaller -I py.ico -F py.py
```

实验 11 循环的使用

实验目的

（1）熟悉掌握用 while 语句、do-while 语句和 for 语句实现循环的方法。
（2）掌握在程序设计中用循环的方法实现一些常用算法（如穷举、迭代、递推等）。
（3）学会使用调试程序。

实验内容与操作步骤

实验 11-1 计算若干个连续数的和，要求通过键盘输入起始和终止数，保存文件名为"实验 11.1.py"。

分析：产生一个完成从起始数到终止数的连续数，可以使用 range()函数。
实现本例功能的程序如下：

```
#用户通过键盘输入起始和终止数，然后求和

startN=int(input("请输入连续求和的起始数和 startN=:"))
endN=int(input("请输入连续求和的终止数 endN=:"))

#以下使用 for 循环和 range()函数求和
sum=0
for n in range(startN,endN+1):
    sum += n
print("起始数 %d 到终止数 %d 的数字之和是:%d"%(startN,endN,sum))
```

实验 11-2 有如下数字：lst = [1,2,3,4,5,6,7,8,8]，编写代码，查看能组成多少个互不相同且不重复的数字的两位数，保存文件名为"实验 11.2.py"。

分析：采用双循环，然后取出列表中的每个数字并进行比较，如果数字值不相等则配对；否则再取出下一个数字进行比较配对。程序代码如下：

```
#组成不重复的数字对
lst1 = [1,2,3,4,5,6,7,8,8]
lst2 = []
lst3 = []
for i in lst1:
    for x in lst1:
        if i != x:
            a = "%d%d" % (i,x)
            lst2.append(a)
for y in lst2:
    if y not in lst3:
        lst3.append(y)
print(lst3)
print(len(lst3))
```

实验 11-3 列表 ls 中存储了我国 39 所 985 高校所对应的学校类型，请以该列表为数据变量，统计输出各类型的数量，保存文件名为"实验 11.3.py"。

```
ls = ["综合","理工","综合","综合","综合","综合","综合","综合","综合",\
      "师范","理工","综合","理工","综合","综合","综合","综合","理工",\
      "理工","理工","理工","师范","综合","农林","理工","综合","理工","理工", \
      "理工","综合","理工","综合","综合","理工","农林","民族","军事"]
```

分析：首先声明一个空字典 d，然后取列表 ls 的一个值作为关键字 key，关键字相同的，其值增加 1。最后通过 format()打印出结果。

编写的程序代码如下：

```
ls = ["综合","理工","综合","综合","综合","综合","综合","综合", \
      "综合","综合","师范","理工","综合","理工","综合","综合", \
      "综合","综合","理工","理工","理工","理工","师范", \
      "综合","农林","理工","综合","理工","理工","理工","综合", \
      "理工","综合","综合","理工","农林","民族","军事"]
d = {}
for key in ls:
    d[key] = d.get(key, 0) + 1
for k in d:
    print("{}:{}".format(k, d[k]))
```

程序运行结果如下：

军事:1
民族:1
理工:13
综合:20
农林:2
师范:2

实验 11-4 编写程序，其功能是产生并显示一个数列的前 n 项。数列产生的规律如下：数列的前 2 项是小于 10 的正整数，将此两数相乘，若乘积小于 10，则以此乘积作为数列的第 3 项；若乘积不小于 10，则以乘积的十位数为数列的第 3 项，以乘积的个位数为数列的第 4 项。再用数列的最后 2 项相乘，用上述规则形成后面的项，直至产生了第 n 项，保存文件名为"实验 11.4.py"，程序运行结果如图 11-1 所示。

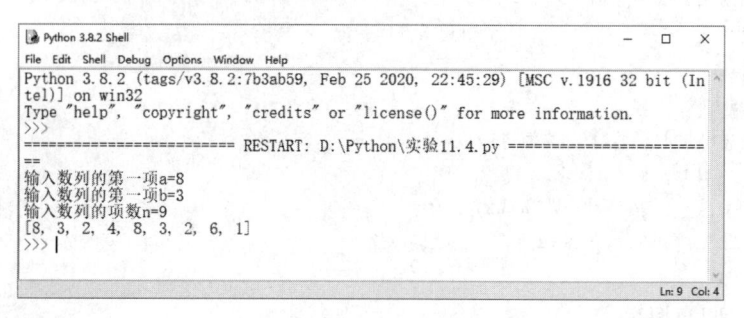

图 11-1 运行结果

分析：输入的数值 n 是数列的项数，a 和 b 表示输入数列的前两项。定义一个变量 k，前两项已经确定，因此 k 的取值范围为 3～n，先计算前两项的积，判断是否小于 10，如果乘积小于 10，则以此乘积作为数列的第 3 项数，如果乘积大于或等于 10，则以乘积的十位数为数列的第 3 项，以乘积的个位数为数列的第 4 项，再用数列的最后 2 项相乘，运用循环语句，用上述规则形成后面的项，直至产生了第 n 项。在这里运用的是 while 语句，与 for 语句有所不同，要注意区分。

编写的程序代码如下：

```
a = int(input("输入数列的第 1 项 a="))
b = int(input("输入数列的第 1 项 b="))
n = int(input("输入数列的项数 n="))
ls=[]
ls.append(a)
ls.append(b)
ls[1]=b
k = 2
while k < n:
    c = a * b
    k = k + 1
    if c < 10:              #判断前两项乘积是否小于 10
        ls.append(c)    #若小于 10，则连接到 ls 末尾
        a = b    #第 2 项作为第 1 项
        b = c    #第 3 项作为第 2 项
    else:
        d = c//10    #若乘积>10，则取整
        ls.append(d)
        a = d
        k = k + 1
        if k <= n:
            #当 k>n，则数列数已够
            d = c % 10
            ls.append(d)
            b = d    #将余数作为下次循环的后一项
print(ls)
```

思考与综合练习

1. 用户从键盘输入 N，计算 1+3+5+…+N（N 为偶数时不含 N）的值并打印。

参考代码如下：

```
n =int(input("请输入一个正整数 n="))
sum=0
if n%2==0:
    for i in range(1,n,2):
        sum+=i
else:
    for i in range(1,n+1,2):
        sum+=i
print("1+3+5+...+",n,"=",sum)
```

2．输出 1～200 之间的所有平方数（平方数或称完全平方数，是指可以写成某个整数的平方的数，即其平方根为整数的数。例如 9=3×3，9 是一个平方数）。

参考代码如下：

```
import math
for n in range(1,200+1):
    x=int(math.sqrt(n))
    if x*x == n:
        print(n , "是一个完全平方数")
```

3．用键盘输入一行字符，输出各字符的编码。

参考代码如下：

```
s=input("请输入一个字符串 s=")
for i in range(0,len(s)):
    a=s[i]                        #a=s[i].encode('utf-8')
    print(ascii(a)," ",end="")
    print(ord(a)," ",end="")      #ord()可以计算字符的 ASCII 值
```

4．统计输入数据数，找出其中的最小值和最大值。

参考代码如下：

```
n=0
max=0
min=10
while True:     #1,3,5,7,9,2,4,6,8,10
    x=eval(input("请输入一个数(输入 0 时结束)x="))
    if x == 0:
        break
    if max<x:
        max=x
    if min>x:
        min=x
    n=n+1
print("最大值=",max,"  ","最小值=",min)
```

5．打印斐波那契序列前 30 个数。

参考代码如下：

```
#打印斐波那契序列前 30 个数
f=[1,1]
for k in range(2,30):
    f.append(f[k - 1] + f[k - 2])
print( "斐波那契数列前" + str(f.count) + "项的值是:")
for k in range(0,30):
    print(str(f[k]) + " ",end="")
    if (k+1)%5== 0:
        print()       #换行
```

6. 使用 while 语句，完成图形

```
    *
   ***
  *****
 *******
*********
 *******
  *****
   ***
    *
```

的输出。

参考代码如下：

```python
#打印上半部分图形
i=1
while  i<=5:
    j=1
    while j<= 6 - i:
        print(" ",end="")
        j=j+1
    j=1
    while j<= 2 * i - 1:
        print("*",end="")
        j=j+1
    print("")
    i=i+1
i=1
#打印下半部分图形
while  i<=4:
    j=1
    while j<= i+1:
        print(" ",end="")
        j=j+1
    j=1
    while j<= 9-2 * i:
        print("*",end="")
        j=j+1
    print("")
    i=i+1
```

7. 现把一元以上的钞票换成一角、两角、五角的毛票（每种至少一张），求每种换法各种毛票的张数。

参考代码如下：

```python
Money = eval(input("输入钞票大小 money="))
for M in range(1,int(Money*10//5)):   #M 表示角的数量
    for L in range(1,int((Money*10-5*M)//2)+1):    #L 表示二角的数量
        Y = 10*Money-5*M-2*L         #Y 表示一角的数量
        if Y>=1:
            print(str(Money)+"元="+str(Y)+"个一角+"+str(L)+"个两角+"+str(M)+ "个五角")
```

8. 用下列表达式计算圆周率π的值。

$$\frac{\pi}{4} = 1 - \frac{1}{3} + \frac{1}{5} - \cdots + (-1)^{n-1} \times \frac{1}{2\times(n-1)+1} - (-1)^n \times \frac{1}{2\times n+1} \quad (n = 0,1,2,3,\cdots)$$

上面公式是德国著名自然科学家、数学家、物理学家、历史学家和哲学家——戈特弗里

德·威廉·凡·莱布尼茨（Gottfriend Wilhelm von Leibniz）于 1674 年提出的，又称莱布尼茨级数。

参考代码如下：

```
#利用公式π/4=1-1/3+1/5-1/7+1/9...
#计算圆周率π的近似值
flag = -1
Pi = 0
for i inrange(1,100000):
    flag = -1 * flag
    Pi = Pi + flag / (2 * i - 1)
Pi = Pi * 4
print("圆周率π的近似值≈"+str(Pi))
```

9. 编写代码，实现输入某年某月某日，判断这一天是这一年的第几天。闰年情况也考虑进去。

注意：公历纪年法中，能被 4 整除但不能被 100 整除的年份是闰年，能被 400 整除的年份是闰年，而能被 3200 整除的年份不是闰年，如 1900 年是平年，2000 年是闰年，3200 年不是闰年。

参考代码如下：

```
all_day = 0
while True:
    month = [31, 28, 31, 30, 31, 30, 31, 31, 30, 31, 30, 31]
    year = input("请输入一个年份（yyyy/mm/dd）year= ")
    y, m, d = year.split("/")
    y = int(y)
    m = int(m)
    d = int(d)
    if y % 400 == 0 or y % 4 == 0 and y % 100 != 0 :
        if y % 3200 !=0:
            month[1] = 29
            if m > 0 and m < 12:
                if d > 0 and d < month[m-1]:
                    for i in month[0:m - 1]:
                        all_day += i
                    all_day = all_day + d
                else:
                    print("超出范围请重试")
            else:
                print("超出范围请重试")
            break
    else:
        if m > 0 and m < 12:
            if d > 0 and d < month[m-1]:
                for i in month[0:m - 1]:
                    all_day += i
                all_day = all_day + d
```

```
            else:
                 print("超出范围请重试")
        else:
             print("超出范围请重试")
        break
print("这是%s 年的第%s 天"%(y,all_day))
```

10．计算用户输入的内容中有几个十进制小数和几个字母。

参考代码如下：
```
content = input(">>> ")
d = 0 ;a = 0
for i in content:
    if i.isdecimal():
        d += 1
    elifi.isalpha():
        a += 1
print("字符串个数是:%s  十进制小数是:%s"%(a,d))
```

11．输出如下数列在 1000000 以内的值，以逗号分隔：

$k(0)= 1, k(1)=2, k(n) =k(n-1)^2+k(n-2)^2$，其中 k(n) 表示该数列

参考代码如下：
```
a, b = 1, 2
ls = [];ls.append(str(a))
while b<1000*1000:
    a, b = b, a**2 + b**2
    ls.append(str(a))
print(",".join(ls))
```

12．编写程序随机产生 20 个长度不超过 3 位的数字，让其首尾相连以字符串形式输出，随机种子为 17。要求输出格式：20 个数字首尾相连以字符串的形式输出。

参考代码如下：
```
import random as r
r.seed(17)
s = ""
for i in range(20):
    s += str(r.randint(0,999))
print(s)
```

13．编写程序，从键盘输入 6 名学生的 5 门成绩，分别求出每名学生的平均成绩，并依次输出。

参考代码如下：
```
score = [[0 for col in range(6)] for row in range(6)]
print(score)
#定义一个 6 行 5 列的列表 score
# score 二维列表用来存放 6 名学生的 5 门成绩，最后一位 score[i][5]用于存放平均成绩
for i in range(0,6):
    sum=0.0
    print("请输入第" + str(i+1) + "个学生的 5 门成绩")
```

```
            for j in range(0,5):
                score[i][j]=int(input("请输入第" + str(j+1) +"门课的成绩:"))
                sum=sum+score[i][j]
            score[i][5]=sum/5.0
    print("6 名学生的成绩及平均分")
    for i in range(0,6):
        for j in range(0,6):
            print(score[i][j]," ",end="")
    print()
```

14. 输出九九乘法口诀。

参考代码如下：

```
    for i in range(1,10):
        for j in range(1,i+1):
    print("""%d*%d=%d""" % (i,j,i*j),end=" ")
    print()
```

15. 打印出所有的"水仙花数"。所谓"水仙花数"是指一个三位数，其各位数字立方和等于该数本身。例如：153 是一个"水仙花数"，因为 $153=1^3+5^3+3^3$。

参考代码如下：

```
    print("三位整数中,水仙花数如下:")
    for k in range(100,999+1):
        h = (k // 100)      #k 表示百位数
        t = (k - (k // 100) * 100) // 10    #表示十位数
        s = k %10   #s 表示个位数
        if k == h ** 3 + t ** 3 + s ** 3:
            print(k)
```

16. 猴子第 1 天摘下若干桃子，当即吃掉一半，又多吃一个；第二天将剩余的部分吃掉一半还多一个；依此类推，到第 10 天只剩余 1 个，问第 1 天共摘了多少桃子？

提示：最后一天的 $D_{n+1}=1$ 个（n+1 表示最后一天），倒推出前一天的个数 D_n，有如下关系：

$$D_n = \begin{cases} 1 & (n=10) \\ 2(D_{n+1}+1) & (1 \leqslant n < 10) \end{cases}$$

参考代码如下：

```
    I=9
    S=1
    while I>0:
        S=(S+1)*2
        I=I-1
    print("猴子一共采了%d 个桃子",S)
```

结果：第一天有 1534 个桃子。

17. ls 是一个列表，内容如下：

ls = [123, "456", 789, "123", 456, "789"]

请补充如下代码，求其各整数元素的和：

```
    ls = [123, "456", 789, "123", 456, "789"]
    s = 0
    for item in ls:
```

```
        if    ①    == type(123):
            s +=   ②
    print(s)
```
参考代码如下：
```
ls = [123, "456", 789, "123", 456, "789"]
s = 0
for item in ls:
    if type(item) == type(123):
        s += item
print(s)
```

18．while True:可以构成一个"死循环"。请编写程序利用这个死循环完成如下功能：循环获得用户输入，直至用户输入字符 y 或 Y 为止，并退出程序，请填空完善之。

参考代码如下：
```
while   ①   :   #构成一个死循环
    s = input()
    if s in   ②   :
        break
```

19．获得用户输入的一组数字，采用逗号分隔（如 8,3,5,7），输出其中的最大值。

参考代码如下：
```
data = input()
a = data.split(",")
b = []
for i in a:
    b.append(int(i))
print(max(b))
```

20．编写程序从用户处获得一个不带数字的输入，如果用户的输入中含数字，则要求用户再次输入，直至满足条件。打印输出这个输入。

输入格式：输入一个带数字的数据，第二次输入一个不带数字的数据。

输出格式：输出用户提示，输出第二次输入的数据。

参考代码如下：
```
while True:
    N = input("请给出一个不带数字的输入: ")
    flag = True
    for c in N:
        if c in   ①   :
            flag = False
      ②
    if flag:
        break
print(N)
```

21．编写代码完成如下功能：

（1）建立字典 d，包含内容是""数学":101, "语文":202, "英语":203, "物理":204, "生物":206"。

(2）向字典中添加键值对"化学":205。
(3）修改"数学"对应的值为 201。
(4）删除"生物"对应的键值对。
(5）打印字典 d 全部信息，参考格式如下（其中冒号为英文冒号，逐行打印）：
201:数学
202:语文
203:(略)

参考代码如下：
```
d = {"数学":101, "语文":202, "英语":203, "物理":204, "生物":206}
d["化学"] = 205
d["数学"] = 201
del d["生物"]
for key in d:
    print("{}:{}".format(d[key], key))
```

实验 12　函数的使用

实验目的

（1）掌握函数的声明和使用。
（2）理解并掌握函数的参数传递。
（3）理解变量的作用域。
（4）理解匿名函数的声明和调用。
（5）了解函数的递归调用。

实验内容与操作步骤

实验 12-1　实现字符串反转输入 str="string"输出'gnirts'，保存文件名为"实验 12.1.py"。
分析：本例题声明一个函数 str_reverse(str)，函数用调用字符串函数 reverse()用于反转字符串。

程序代码如下：
```
#自定义函数实现字符串的反转
def str_reverse(str):
    L=list(str)
    L.reverse()
    new_str=''.join(L)
    return new_str
s="string"
print(str_reverse(s))
```

思考题：本例题是否可以用下面的函数实现？
```
def str_reverse(str):
    return str[::-1]
```

实验 12-2 对 10 个数进行排序，保存文件名为"实验 12.2.py"。

分析：可以利用选择法，即从后 9 个比较过程中，选择一个最小的与第 1 个元素交换，依此类推，即用第 2 个元素与后 8 个进行比较，并进行交换。

```
def main():
    a=[]
    b=[0,0,0,0,0,0,0,0,0,0]
    N=0
    print("请输入十个不重复的 2 位整数，每输入一个数后需按下 Enter 键：")
    for i in range(10):
        x=int(input("请输入第 %d 个 2 位整数:"%(i+1)))
        a.append(x)
    for i in range(10):
        for j in range(10):
            if a[i]>a[j]:
                N=N+1
        b[N]=a[i]
        N=0
    print(a)
    print('\n')
    print(b)
if __name__ == '__main__':
    main()
```

思考题：分析下面的程序的运行结果，要求输入的数有重复。

```
def main():
    a=[]
    print("请输入十个不重复的 2 位整数，每输入一个数后需按下 Enter 键：")
    for i in range(10):
        x=int(input("请输入第 %d 个 2 位整数:"%(i+1)))
        a.append(x)        #12 21 23 32 34 43 45 54 65 56
    count=len(a)
    for i in range(count):
        for j in range(i+1,count):
            if a[i]>a[j]:
                a[i],a[j]=a[j],a[i]
    print(a)
    print('\n')
    print(a)
if __name__ == '__main__':
    main()
```

思考与综合练习

1. 如下函数返回两个数的平方和，请补充横线处代码。

```
def psum(____①____):
    ____②____
a=eval(input())
```

b=eval(input())
print(psum(a,b))

2. 如下函数返回两个数的平方和与 n 的乘积。
   n = 2
   def psum(a, b):
       ___①___
       ___②___
   if __name__ == '__main__':
       print(psum(2, 3))

3. 如下函数同时返回两个数的平方和以及两个数的和，如果只给一个变量，则另一个变量的默认值为整数 10，请补充横线处代码。
   def psum(___①___):
       ___②___ #时返回两个数的平方和以及两个数的和
   a=eval(input())
   print(psum(a))

4. 用函数的方式，获得输入正整数 N，判断 N 是否为质数，如果是则输出 True，否则输出 False。要求输入一个正整数，输出 True 或者 False。下面给出程序，请填空。
   def prime():
       N = eval(input("请输入一个任意整数 N="))
       if N == 1 :
           flag = False
       ___①___
       else:
           flag = True
           for i in range(2,N):
               ___②___:
                   flag = False
                   break
       print(flag)
   def main():
       prime()
   if __name__ == ___③___ :
   main()

5. 编写程序，获得用户输入的数值 M 和 N，求 M 和 N 的最大公约数，请填空。
   def GreatCommonDivisor(a,b):
       if a > b:
   a,b = b,a
       r = 1
       while r != 0:
           ___①___
           a = b
           b = r
       return a
   m = eval(input())
   n = eval(input())
   print(___②___)

6. 编写程序，实现将列表 ls = [23,45,78,87,11,67,89,13,243,56,67,311,431,111,141]中的素数去除，并输出去除素数后列表 ls 的元素数。请结合程序整体框架，补充横线处代码。

```
def is_prime(n):
    for    ①    :
        if n % i == 0:
            return False
    return True
ls = [23,45,78,87,11,67,89,13,243,56,67,311,431,111,141]
for i in ls.copy():
    if is_prime(i) ==    ②    :
           ③
print(len(ls))
```

7. 利用过程调用计算表达式 $\sum_{i=1}^{10} x_i = 1!+2!+3+\cdots+10!$ 的值。代码如下，请填空。

```
def factorial(x):   #x 用于接受主程序传递过来的数据
    a = 0
    b = 1
    while a < x:
        a = a + 1
        b = b * a    #b 为表示某个数字的阶乘
       ①         #返回阶乘数
s=0             #这里 s 代表阶乘和
for    ②    :
    n = k
    s+=    ③
print("1!+2!+...+10!=",str(s))
```

8. 经常会有要求用户输入整数的计算需求，但用户未必一定输入整数。为了提高用户体验，编写 getInput()函数处理这种情况。请补充如下代码，如果用户输入整数，则直接输出整数并输出退出；如果用户输入的不是整数，则要求用户重新输入，直至用户输入整数为止，请完善程序。

```
def getInput():
    txt = input("请输入整数:")       # "请输入整数: "
    while eval(txt) !=    ①    :
        txt = input("请重新输入整数: ")       # "请输入整数: "
        return getInput()
       ②
print(getInput())
```

9. 设计一个应用程序，以调用自定义函数的方式实现不同进制数据之间的相互转换。运行结果如下：

========== RESTART: C:/Program Files/Python/Python38-32/练习 12.9.py==========
请输入要转换的整数：897
请输入要转换的进制(2,8,16):8
1601
>>>

要求从键盘输入待转换的数据，显示转换结果，请填空完善程序。

```
def convert(a,b):
    s=""
    while a != 0:
        temp = a % b
        _____①_____
        if temp >= 10:
            s = _____②_____
        else:
            s = str(temp) + s
    _____③_____
def main():
    x=int(input("请输入要转换的整数："))
    y=int(input("请输入要转换的进制（2,8,16）："))
    if y == 2:
        print(convert(x,y))
    if y == 8:
        print(convert(x,y))
    if y == 16:
        print(convert(x,y))
if __name__ == '__main__':
    main()
```

10．利用子过程 Fibonacci(n)的递归调用，计算斐波那契数。程序运行结果如图 12-1 所示。请填空完善程序。

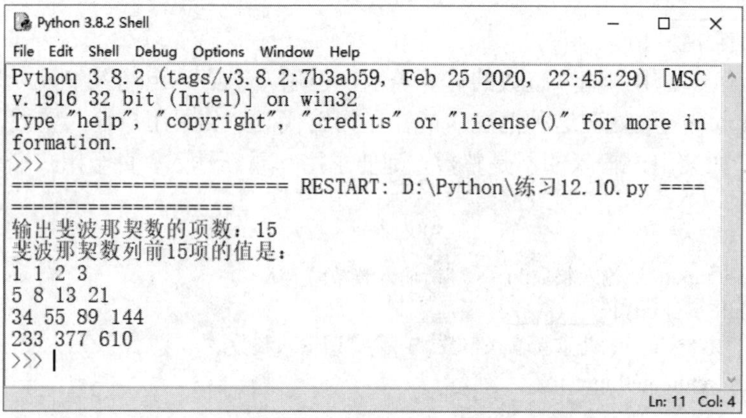

```
Python 3.8.2 Shell
File Edit Shell Debug Options Window Help
Python 3.8.2 (tags/v3.8.2:7b3ab59, Feb 25 2020, 22:45:29) [MSC
v.1916 32 bit (Intel)] on win32
Type "help", "copyright", "credits" or "license()" for more in
formation.
>>>
========================= RESTART: D:\Python\练习12.10.py ====
========================
输出斐波那契数的项数：15
斐波那契数列前15项的值是：
1 1 2 3
5 8 13 21
34 55 89 144
233 377 610
>>>
```

图 12-1　计算并输出斐波那契（Fibonacci）数

程序代码如下：

```
#计算斐波那契数的函数过程代码
def Fibonacci(n):
    if _____①_____ :
        return Fibonacci(n - 1) + Fibonacci(n - 2)
    else:
        _____②_____
```

```
# "计算"指定项数的斐波那契数
def main():
        n = int(input("输出斐波那契数的项数："))
        print("斐波那契数列前" + str(n) + "项的值是：")
for k in range(1,n+1):
            print(Fibonacci(k),end=" ")    #调用 Fibonacci(n)递归函数
            if ③: print("")     #换行
if __name__ == '__main__':
main()
```

第 6 章　Word 2016 文字处理

实验 13　Word 的基本操作和编辑

实验目的

（1）掌握启动 Word 的各种方法。
（2）熟悉 Word 的编辑环境，掌握文本中汉字的插入、替换和删除。
（3）学会用不同方式保存文档。
（4）熟练掌握 Word 文本的浏览和定位。
（5）掌握选定内容长距离和短距离移动复制的方法以及选定内容的删除方法。
（6）掌握一般字符和特殊字符的查找和替换，及部分和全部内容的查找和替换的方法。掌握灵活设置查找条件。

实验内容与操作步骤

实验 13-1　Word 的启动与关闭。
（1）通过"开始"的级联菜单启动 Word，操作步骤如下：
1）依次单击 Windows 桌面左下角的"开始"→"所有应用"→Word 命令。
2）屏幕出现 Word 的启动画面，随后出现"文件"选项卡的"开始"面板视图，单击右侧"新建"模板中的"空白文档"图标，或直接按 Esc 键，界面中打开一个空白的 Word 文档窗口，如图 13-1 所示。

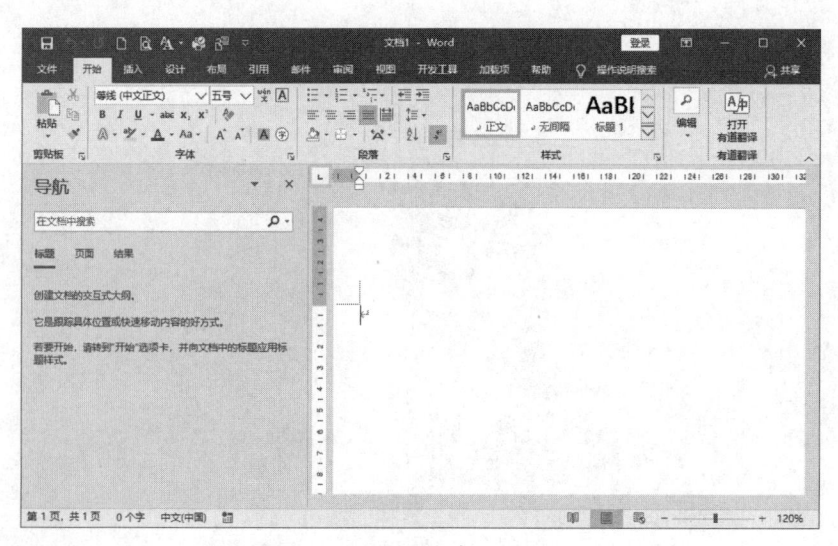

图 13-1　空白的 Word 文档窗口

（2）退出 Word。退出 Word 的方法主要如下：
1）单击右上角的"关闭"按钮 ×。
2）单击"文件"选项卡，执行弹出菜单中的"关闭"命令，结束 Word 程序的运行。
3）按 Alt+F4 组合键。

实验 13-2　创建新文档并录入下面的内容。

计算机经历了五个阶段的演化

回顾计算机的发展，人们总是津津乐道第一代电子管计算机、第二代计算机、第三代小规模集成电路计算机、第四代超大规模集成电路计算机。至于第五代计算机，过去总是说日本的 FGCS，甚至还有第六代、第七代等设想。然而，FGCS 项目（1982 年～1991 年）并未达到预期的目的，与当初耸人听闻的宣传相比，可以说是失败了。至此，第五代计算机的说法便销声匿迹。

这种"直线思维"其实只是对大形主机发展的描述和预测。事物的发展并不以人们的主观意志为转移，它总是在螺旋式上升。最近 20 年的发展，特别是微型计算机及网络创造的奇迹，使"四代论"显得苍白乏力。早就应该对这种过时的提法进行修正了。

我们认为现代电子计算机经历了五个阶段的演化：

一、大形主机（Mainframe）阶段，即传统大型机的发展阶段；

二、小型机（Minicomputer）阶段；

三、微型机（Microcomputer）阶段，即个人计算机的发展阶段；

四、客户机/服务器（Client/Server）阶段；

五、互联网（Internet/Intranet）阶段；

这里有几点需要说明：首先，虽然小型机抢占了大形主机的不少世袭领地，微型机又占据了大型机和小型机的许多地盘，但是它们谁都不能把对方彻底消灭。这五个阶段不是逐个取而代之的串行关系，而是优势互补、适者生存的并行关系。因此，我们没有规定具体的起止时间。粗略地说，第一阶段从 20 世纪 50 年代始，第二阶段从 20 世纪 60 年代始，第三阶段从 20 世纪 70 年代始，第四阶段从 20 世纪 80 年代始，第五阶段从 20 世纪 90 年代开始，这基本上是合适的。

操作方法及步骤如下：

（1）在可读写的磁盘上（如 D 盘）创建一个文件夹（如：D:\上机实验），用来存放上机实践中的 Word 文档。

（2）首次进入 Word，在出现的"文件"选项卡"Office 后台视图"中，单击"开始"或"新建"导航命令，然后在"新建"栏目中单击"空白文档"命令（一旦进入 Word 工作窗口，用户可随时单击"快速访问栏" 上的"新建"按钮，打开一个空白文档窗口。

（3）单击任务栏上的输入法图标，弹出输入法菜单，选择一种汉字输入方式，如"万能五笔输入法"。

（4）输入文字内容。输入时，首行不要用空格键或 Tab 键进行首行缩进，当输入的文本到达一行的右端时，Word 会自动换行，只有一个段落内容全部输入完后，才可按 Enter 键。如果需要在一个段落中间换行，可用 Shift+Enter 组合键产生一个软回车。

（5）文档内容输入完后，单击"快速访问工具栏"中的"保存"按钮（或单击"文件"

选项卡中的"保存"或"另存为"命令），弹出"另存为"面板。指定将文档保存的位置后，弹出"另存为"对话框，如图13-2所示。在"文件名"文本框中输入文件名，如Word1；在"保存类型"下拉列表框中选择"Word文档"选项，单击"保存"按钮，弹出图13-3所示的对话框。最后，退出Word应用程序。

图13-2 "另存为"对话框　　　　图13-3 系统信息提示

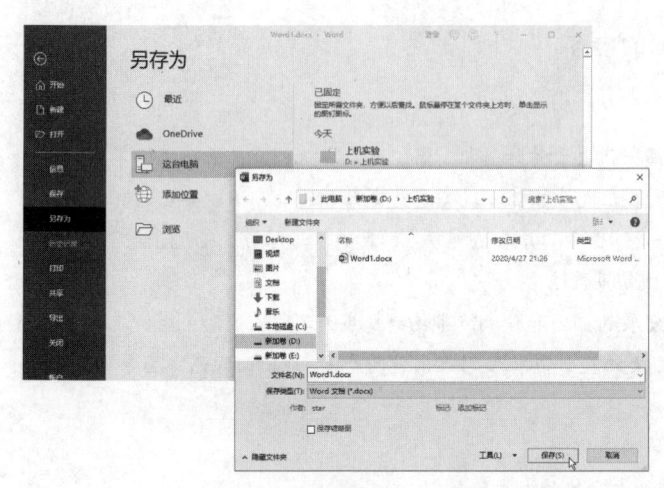

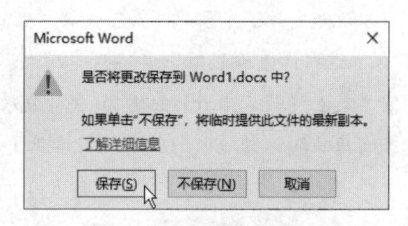

实验13-3 将Word1.docx文档中的"第二代计算机"改为"第二代晶体管计算机"。
操作方法及步骤如下：

（1）单击"快速访问工具栏"中的"打开"按钮 ，选择打开实验13-3中建立的Word文档，本例是Word1.docx。

（2）将插入点移到"计"字的前面，将编辑状态设置为"插入"（单击状态栏上的"插入"按钮 插入 ，进行插入/改写字符的操作转换），输入"晶体管"。

（3）执行"文件"选项卡中的"关闭"命令，弹出图13-3所示的"系统信息提示"对话框，单击"保存"按钮，系统进行保存，然后退出Word系统。

实验13-4 文本的选定、复制和删除。
操作方法及步骤如下：

（1）打开Word1.docx文档，在文章最后输入下列内容。

还有，我们有意忽略了巨型机的发展，并不是因为它不重要，而是因为它比较特殊。巨型机和微型机是同一时代的产物，一个是贵族，一个是平民。在轰轰烈烈的电脑革命中，历史没有被贵族左右，而平民却成了运动的主宰。

其次，把网络纳入计算机体系结构是合情合理的，网络是计算机通信能力的自然延伸，网上的各种资源是计算机存储容量的自然扩充。你可以把网络分为网络硬件和网络软件，而网络硬件又可以分为计算机和通信设备等。但是，从以人为本的观点来看，人们访问网络的界面仍然主要是PC。

（2）在输入过程中，对于文档中已存在的文字可通过复制的方法输入，如复制"微型机"可按下列步骤进行：按住鼠标左键拖拽"微型机"三个字，选中该文字块，按住Ctrl键，把光标指向选定的文本，当光标呈现箭头形左键 ，拖拽虚线插入点到新位置，松开左键和Ctrl键。

(3) 选定"这里有几点需要说明……，这基本上是合适的。"一段文字，可在行左边选定栏中拖拽，或双击该段落旁的选定栏，也可在该段落中任何位置上单击三次。

(4) 按 Delete 键或单击"开始"选项卡下"剪贴板"组中的"剪切"按钮 剪切，选定的文本被删除。

(5) 单击"快速访问工具栏"中的"撤消"按钮 ，撤消本次删除操作。

实验 13-5　使用命令按钮移动或复制文档。

操作方法及步骤如下：

(1) 选定"其次，把网络纳入计算机……仍然主要是 PC。"一段文字。

(2) 单击"开始"选项卡下"剪贴板"组中的"剪切"按钮 剪切，被选中的文本内容送至剪贴板中，原内容在文档中被删除。

(3) 将插入点移到"这基本上是合适的。"的下一行，单击"开始"选项卡下"剪贴板"组中的"粘贴"按钮 粘贴，完成选定文本的移动。

(4) 如果选定文本后选择"复制"按钮 复制，则文本内容送到剪贴板且原内容在文档中仍然保留，此时为复制操作。

(5) 单击两次"快速访问工具栏"中的"撤消"按钮 ，撤消本次删除操作。

实验 13-6　文本的一般查找。

操作方法及步骤如下：

(1) 单击"开始"选项卡，然后单击"编辑"组中的"查找"按钮 查找 （或按 Ctrl+F 组合键），打开图 13-4 所示的"导航"窗格。

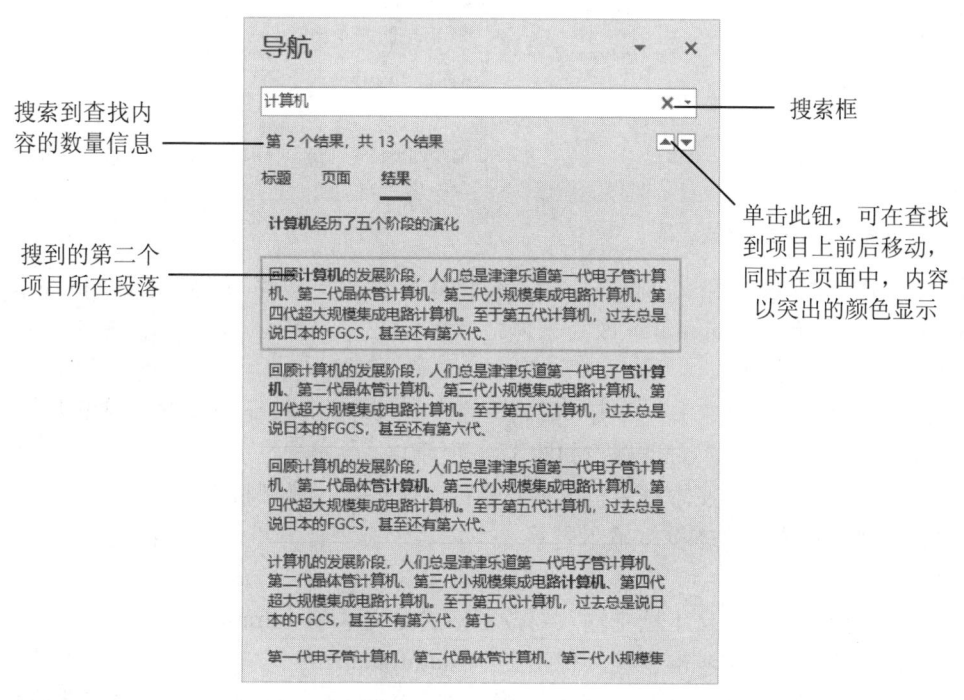

图 13-4　"导航"窗格

（2）在"搜索框"文本框中输入要搜索的文本"计算机"。

（3）按下 Enter 键，开始查找，单击"关闭"按钮 ×，或按 Esc 键可取消正在进行的查找工作。

查找的项目内容找到后，页面上系统会以突出的颜色显示出来，同时在"搜索"对话框中将显示出查找到的第一个项目所在段落。

实验 13-7 文本的高级查找。

（1）打开"开始"选项卡，单击"编辑"组中的"查找"按钮右侧的下拉列表框，执行"高级查找"命令，打开"查找和替换"对话框。

（2）单击"更多"按钮，在图 13-5 所示的扩展对话框中设置所需的选项，如按区分大小写方式查找 Internet，可勾选"区分大小写"复选框；如要查找段落标记，可单击对话框中的"特殊字符"按钮，然后选择其中的"段落标记"选项。

（3）单击"查找下一处"按钮，开始查找。

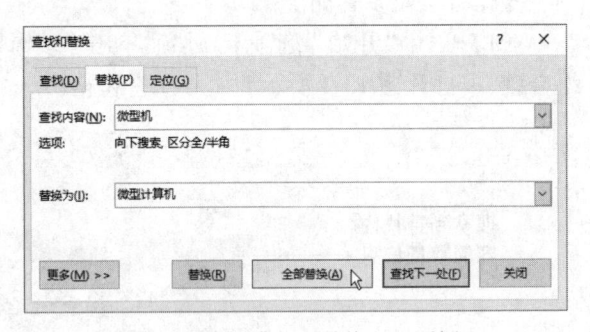

图 13-5　设置查找选项　　　　　图 13-6　"查找和替换"对话框

实验 13-8　替换文本和文本格式，将文本中的"微型机"改写为"微型计算机"，将 Times New Roman 字体的英文 Mainframe 改为宋体。

操作方法及步骤如下：

（1）在"开始"选项卡中，单击"编辑"组中的"替换"按钮 替换（或按下 Ctrl+H 组合键），打开"查找和替换"对话框，如图 13-6 所示。

（2）在"查找内容"文本框中输入要查找的文本内容"微型机"。

（3）在"替换为"文本框中输入替换文本内容"微型计算机"，单击"替换"或"全部替换"按钮。

（4）在"查找内容"文本框中输入要改变格式的文本 Mainframe。

（5）在"替换为"文本框中输入替换文本 Mainframe。

（6）在图 13-6 中，单击左下角的"更多"按钮，展开"查找和替换"更多选项界面。

（7）在"搜索选项"中勾选"区分大小写"复选项。

（8）单击"格式"按钮，在展开的命令列表中执行"字体"命令，打开"查找字体"对话框，如图13-7所示。在"西文字体"下拉列表框中选择"宋体"选项，单击"确定"按钮，回到"查找和替换"对话框，再单击"替换"或"全部替换"按钮。

图13-7 "查找字体"对话框

同样地，可以完成下表中的查找和替换。

原内容	修改后的内容	原内容	修改后的内容
回顾计算机的发展	回顾计算机的发展阶段	大形主机	大型主机
特别是微型计算机	特别是微机	大型机的发展	大型机、中型机的发展
微型机又占据了	微型机又抢占		

思考与综合练习

1. 如何将标尺刻度以厘米为单位显示？（提示：利用"文件"选项卡中的"选项/高级"子命令进行有关设置）

2. 如何对所建文档设置密码保护?在设置密码保护时，如果不使用"审阅"选项卡中的"保护/限制编辑"命令，如何进行保护？如何取消已设置保护密码的文档？

3. 输入下面一段文字。要求：新建空白文档，中文为宋体，英文为Times New Roman，五号字；标点符号用全角，特殊符号用"插入"选项卡下"符号"组中的"符号"按钮 Ω 符号▾ 输入；文档最后输入日期和时间。文件以"励志短句.docx"保存到桌面上。

☆在人生的道路上，从来没有全身而退，坐享其成，不劳而获一说。你不努力，就得出局。
On the road of life, never retreat from the whole body, enjoy its achievements and get

something for nothing. If you don't work hard, you're out.

☆别人再好，也是别人。自己再不堪，也是自己，独一无二的自己。只要努力去做最好的自己，一生足矣。为自己的人生负责，为自己的梦想买单。

No matter how good others are, they are others. I can't bear it anymore, but I am also my unique self. As long as you work hard to be the best of yourself, life is enough. Be responsible for your life and pay for your dreams.

2020 年 5 月 21 日

4. 新建 Word 文档（以 Word2.docx 为文件名进行保存），并输入以下文本内容：

量子纠缠与量子通信

"量子纠缠"证实了爱因斯坦的幽灵超距作用（spooky action in a distance）的存在，它证实了任何两种物质之间，无论距离多远，都有可能相互影响，不受四维时空的约束，是非局域的（nonlocal），宇宙在冥冥之中存在深层次的内在联系。

"量子纠缠"现象是说，一个粒子衰变成两个粒子，朝相反的两个方向飞去，同时会发生向左或向右的自旋。如果其中一个粒子发生"左旋"，则另一个必定发生"右旋"。两者保持总体守恒。也就是说，两个处于"纠缠态"的粒子，无论相隔多远，同时测量时都会"感知"对方的状态。

1993 年，美国科学家 C.H.Bennett 提出了"量子通信"（Quantum Teleportation）的概念，所谓"量子通信"是指利用"量子纠缠"效应进行信息传递的一种新型的通信方式。经过二十多年的发展，量子通信这门学科已逐步从理论走向实验，并向实用化发展，主要涉及的领域包括量子密码通信、量子远程传态和量子密集编码等。

2010 年 7 月，经过中国科学技术大学和安徽量子通信技术有限公司科研人员历时一年多的努力，合肥城域量子通信试验示范网建设成功并运行。此后，我国北京、济南、乌鲁木齐等城市的城域量子通信网也在建设之中，未来这些城市将通过量子卫星等方式连接，形成我国的广域量子通信体系。

5. 接上题，将正文第 2 自然段（"量子纠缠证实了爱因斯坦……内在联系。"）与第 3 自然段对调。

6. 接上题，从第二行开始，将"量子纠缠"，并替换为"量子纠缠（Quantum Entanglemen）"；删除第 4 自然段的部分内容，即将"经过二十多年的发展……量子密集编码等。"删除。

7. 插入当前日期和时间的方法有哪两种？

8. 分页有何作用？如何插入一个分页符？

9. 分别利用"插入"选项卡中的"对象"和"公式"命令，插入下面的数学和化学公式：

（1）$Q = \sqrt{\dfrac{x+y}{x-y} - \left(\int_{\frac{\pi}{4}}^{\frac{3\pi}{4}} (1-\cos^2 x)dx + \sin 30° \right) \times \prod_{i=1}^{N}(x_i - y_i)}$

（2）设 $f(x+y, x-y) = x^3 - y^3$，求 $\dfrac{\partial f(x,y)}{\partial x} + \dfrac{\partial f(x,y)}{\partial y}$

10. 如何将另外一篇文档的内容插入当前文档的光标所在处？

实验 14　文档格式设置和页面布局

实验目的

（1）正确理解设置字符格式和段落格式的含义。
（2）通过使用工具按钮快速进行字符和段落格式的编排。
（3）正确使用对话框对字符或段落进行格式设置和编排。
（4）掌握首字下沉的设置，并了解图文框的概念。
（5）正确设置页边距，以便得到所要求的页面大小。
（6）掌握分栏排版的使用方法。
（7）正确设置页眉和页脚，学会插入页码。
（8）熟练掌握纸张大小、方向和来源，页面字数和行数等页面设置的方法。
（9）熟练掌握打印预览文档的功能，学会打印机的设置和文档的打印。

实验内容与操作步骤

实验 14-1　对 Word1.docx 文档，设置字符和段落格式，要求如下：

（1）从第二到第十二自然段，设置为正文字号为五号，首行 0.75 厘米，行距为最小值——15.6 磅。

（2）第一段：隶书，二号，加粗；居中，段后 1.5 行，行间距为最小值——15.6 磅；文字加框，0.5 磅、黑色；底纹为标准色-黄色；图案样式为浅色网格，颜色为标准色-浅绿。

（3）第二段：行距为 1.5 倍，首行：0.75 厘米；首字下沉 3 行，华文新魏，79.5 磅。

（4）第三段：行距为 23 磅，首行：0.75 厘米；底纹为标准色-黄色；图案样式为深色上斜线，颜色为标准色-红色。

（5）第十段：对"粗略地说，第一阶段从 20 世纪 50 年代始，……，这基本上是合适的。"加下划线（波浪线）。行距为单倍行距。

（6）第十一段：行距为 16 磅；两栏，有分隔线；设置蓝色，个性色 1，淡色 60%底纹。

（7）第十二段：行距为固定值，22 磅，小四号；文本效果，标准红色轮廓，右上透视；18 磅，橙色，主题色 2 发光效果。

（8）第五—第九段，段落加项目符号"　"，左括号"（"前的字符加粗。

操作方法及步骤如下：

步骤一

（1）启动 Word 并打开 Word1.docx 文档。

（2）选中第二—第十二自然段，单击"开始"选项卡下"样式"组中"快翻"按钮，在弹出的内置样式列表框中选择"正文"样式，如图 14-1 所示。

（3）单击"开始"选项卡下"段落"组右下角的"启动对话框"按钮，打开"段落"对话框，如图 14-2 所示。

（4）单击"缩进和间距"选项卡，在"缩进"栏中的"特殊"下拉列表框中选择"首行"选项，在"缩进量"文本框中输入 0.75 厘米（也可使用 2 字符）；在"间距"栏中的"行距"

下拉列表框中选择"最小值"选项,在"设置值"文本框中输入"15.6 磅"。最后,单击"确定"按钮。

图 14-1 "样式"列表

图 14-2 "段落"对话框

步骤二

(1)选择第一自然段,单击"开始"选项卡下"段落"组中的"居中"按钮。

(2)单击"开始"选项卡下"字体"组中的"字体"下拉列表框,从中选择"隶书"选项;在"字号"下拉列表框中选择"二号"选项;单击"加粗"按钮。

(3)利用图 14-2,设置第一段的段后距离为 1.5 行,行间距为"最小值",值为 15.6 磅。

(4)单击"开始"选项卡下"段落"组中的"边框"按钮,在下拉列表框中执行"边框和底纹"命令,打开图 14-3 所示的"边框和底纹"对话框。

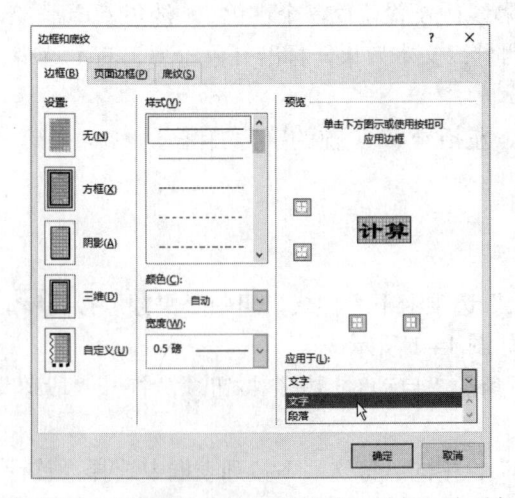

图 14-3 "边框和底纹"对话框之"边框"选项卡

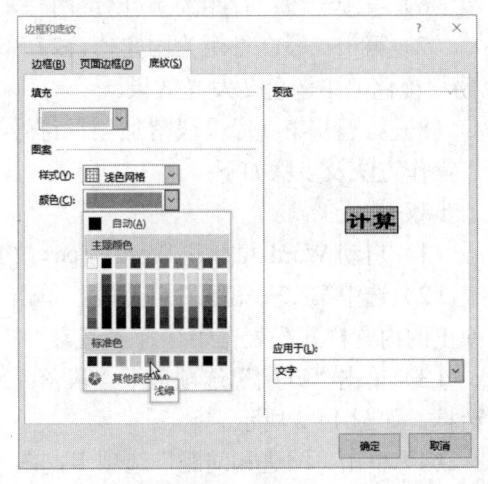

图 14-4 "边框和底纹"对话框之"底纹"选项卡

(5) 单击"边框"选项卡,在"样式"列表框中选择"实线"选项,在"宽度"下拉列表框中选择"0.5磅"选项,在对话框右下角"应用于"下拉列表框中选择"文字"选项。

(6) 单击"底纹"选项卡,如图14-4所示。在"填充"下拉列表框中选择颜色为"标准色-黄色";在"图案"栏下的"样式"下拉列表框中选择"浅色网格"选项;在"颜色"下拉列表框中选择颜色为"标准色-浅绿";在对话框右下角的"应用于"下拉列表框中选择"文字"选项。最后,单击"确定"按钮。

步骤三

(1) 选择第二自然段,利用图14-2设置1.5倍的行距。

(2) 选中第二段(或将插入点移到第二段中任意处)。打开"插入"选项卡,单击"文本"组中的"首字沉"按钮,执行"首字下沉选项"命令,打开"首字下沉"对话框,如图14-5所示。

图14-5 "首字下沉"对话框   图14-6 "栏"对话框

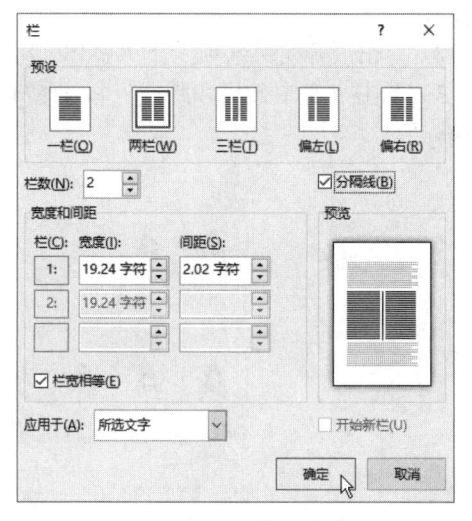

(3) 在"选项"栏中设置下沉字的字体为"华文新魏";下沉的行数为3。设置完成后,单击"确定"按钮。

步骤四

(1) 选中第三段,打开图14-2所示的对话框,设置行间距为23磅。

(2) 打开图14-4所示的对话框界面。设置第三段底纹为"标准色-黄色";图案样式为"深色上斜线",颜色为"标准色-红色"。

(3) 在对话框右下角的"应用于"下拉列表框中选择"段落"选项。最后单击"确定"按钮。

步骤五

(1) 选中第十自然段中的"粗略地说,第一阶段从20世纪50年代始,……,这基本上是合适的。"文本内容,单击"开始"选项卡下"字体"组中的"下划线"按钮,在弹出的列表项中执行"波浪线"命令。

(2) 选中第十段,打开图14-2所示的对话框,设置行间距为"单倍行距"。

步骤六

（1）选定第十一段（倒数第二段），打开图 14-2 所示的对话框，设置行间距为"单倍行距"。

（2）单击"布局"选项卡下"页面设置"组中的"栏"按钮 右侧下拉按钮，在弹出的列表项中执行"更多栏"命令，打开图 14-6 所示的"栏"对话框。

（3）单击"预设"中的"两栏"图标 ；勾选"分隔线"复选项；选择"应用于"下拉列表框中的"所选文字"选项。最后单击"确定"按钮。

（4）利用图 14-4 所示对话框，设置段落底纹为"蓝色，个性色 1，淡色 60%"。

步骤七

（1）选中第十二段（最后一段），利用图 14-2 所示的"段落"对话框设置行距为"固定值，22 磅"。

（2）单击"开始"选项卡下"字体"组中的"字号"下拉列表按钮，设置字号为小四号。

（3）单击"文本效果和版式"按钮 右侧的下拉列表按钮，展开命令下拉列表，如图 14-7 所示。

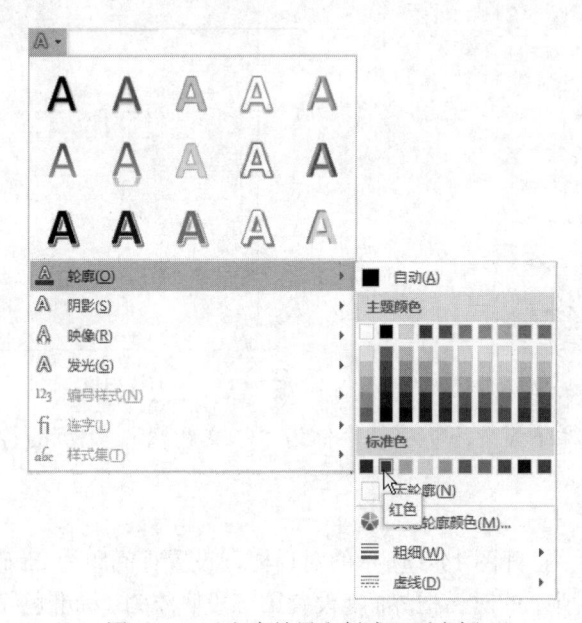

图 14-7 "文本效果和版式"列表框

（4）单击"轮廓"菜单，在级联菜单中单击"标准色"色块中的"红色"；单击"阴影"菜单，在级联菜单中单击"透视"栏中的"透视：右上"图标 。

（5）单击"发光"菜单，在级联菜单中单击"发光变体"列表中的"发光：18 磅；橙色，主题色 2"图标。

步骤八

（1）选定第五—第九段中的开始文本"大型主机""小型机""微型机""客户机/服务器""互联网"，单击"开始"选项卡下"字体"组中的"加粗"按钮 。

（2）选定第五—第九自然段，单击"开始"选项卡下"段落"组中的"项目符号"按钮，该自然段前自动添加符号"●"。

至此，文档 Word1.docx 格式效果如图 14-8 所示。

图 14-8　Word1.docx 格式效果

实验 14-2　对 Word1.docx 文档页面进行如下设置。

（1）为整个页面设置一个艺术边框。

（2）设置纸张大小的"宽度"和"高度"分别为 22 厘米和 28 厘米。上、下、左、右边距分别为 2 厘米、1.5 厘米、1.5 厘米、1 厘米。"装订线位置"靠上。

（3）"页眉"和"页脚"位置距离上下边距分别为 1.0 厘米和 1.0 厘米。

（4）"页眉"使用"空白"样式，页眉文字为"四代突变，还是五段演化"并居中。

（5）页脚插入一个页码，样式为"加粗显示的数字 2"，并修改页码格式为"第 X 页，共 Y 页"。

（6）使用手动双面打印并预览文档。

操作步骤如下：

步骤一

（1）打开图 14-3 所示的"边框和底纹"对话框。

(2) 单击"页面边框"选项卡，如图 14-9 所示。单击"设置"导航条下的"自定义"命令。然后在"艺术型"下拉列表框中找到所需艺术边框。

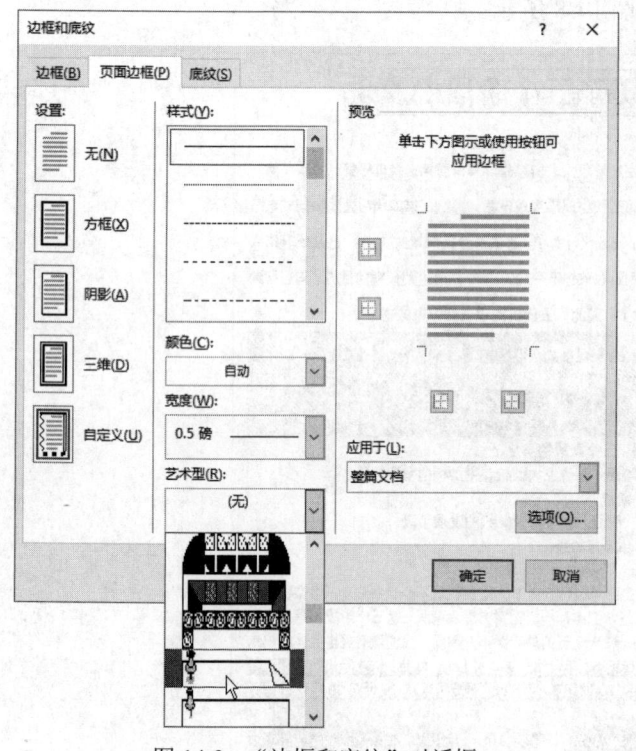

图 14-9 "边框和底纹"对话框

图 14-10 "页面设置"对话框

(3) 在右下角"应用于"下拉列表框中选择"整篇文档"选项，最后单击"确定"按钮。

步骤二

(1) 单击"布局"选项卡下"页面设置"组右下角的"页面设置"按钮，弹出图 14-10 所示的"页面设置"对话框（用户也可使用"页面设置"组中的相关命令，如"纸张大小"按钮）。

(2) 选中"纸张"选项卡，在"宽度"和"高度"文本框中分别输入 22 厘米和 28 厘米，在"应用于"下拉列表框中选定"整篇文档"选项。

(3) 在图 14-10 所示的对话框中，单击"页边距"选项卡，显示"页边距"设置界面。

(4) 在上、下、左、右文本框中分别输入 2 厘米、1.5 厘米、1.5 厘米、1 厘米，在"装订线"文本框中输入 0 厘米，在"装订线位置"下拉列表框中选择"靠上"选项。

(5) 在左下角"应用于"下拉列表框中选定"整篇文档"选项。

步骤三

(1) 在图 14-10 所示的对话框中，单击"布局"选项卡，显示"布局"设置界面。

(2) 在"页眉和页脚"栏目中，设置"页眉"和"页脚"位置距离上下边距分别为 1.0 厘米和 1.0 厘米。

(3) 在左下角"应用于"下拉列表框中选定"整篇文档"选项。

步骤四

（1）打开"插入"选项卡，单击"页眉和页脚"组中的"页眉" 或"页脚" 按钮，在弹出的"页眉"或"页脚"命令列表框中选择合适项目，本例"页眉"使用"空白"。

（2）在页眉区"[在此处输入]"位置处输入文字"四代突变，还是五段演化"，并删除下面一段的回车符号。

（3）此时系统出现页眉和页脚工具选项卡"设计"，单击"导航"组中的"转至页脚"按钮 ，使插入点移到页脚区。

（4）单击"页眉和页脚"组中的"页码"按钮 ，在弹出的列表框中选择"页面底端"→"加粗显示的数字 2"命令。

（5）修改页码格式为"第 X 页，共 Y 页"。在数字"1"前后（删除 1 前面的空格）分别输入文字"第"和"页"；将符号"/"（注意前后均有一个空格）改为中文逗号"，"；在数字"2"前后分别输入文字"共"和"页"。

（6）选定"第 1 页，共 2 页"，单击"开始"选项卡下"字体"组中的"字号"下拉列表框按钮，选择字号为 5 号。删除下面一段的回车符号，最后效果如图 14-11 所示。

图 14-11 设计后的"页脚"

（7）单击"设计"选项卡下"关闭"组中的"关闭页眉和页脚"按钮 ，关闭"页眉和页脚"编辑状态，回到页面编辑状态。

步骤五

（1）从"文件"选项卡中选择"打印"命令（或按 Ctrl+P 组合键），进入"打印"预览界面，如图 14-12 所示。

（2）单击"导航"条中的"上一页"按钮 或"下一页"按钮 ，可显示不同的页面；单击"显示比例"工具条中的"缩小"按钮"－"或"放大"按钮"＋"，可缩小或放大预览的页面；单击"缩放到页面"按钮 ，预览的页面可以完整显示。

（3）在"打印"栏目处，在"份数"文本框中设置要打印的份数；在"打印机"下拉列表框中选择要使用的打印机，默认为 Windows 下的默认打印机。

（4）在"设置"项目处，在"单面打印"下拉列表框中选择"手动双面打印"选项，另外还可设置要打印的页（默认打印所有页）、打印所选内容以及打印页面范围（打印范围，可使用"1,2,3-5"）等。

（5）单击"打印"按钮 ，开始打印文档。

（6）按 Esc 键或再次单击"文件"选项卡，关闭"打印"预览界面。

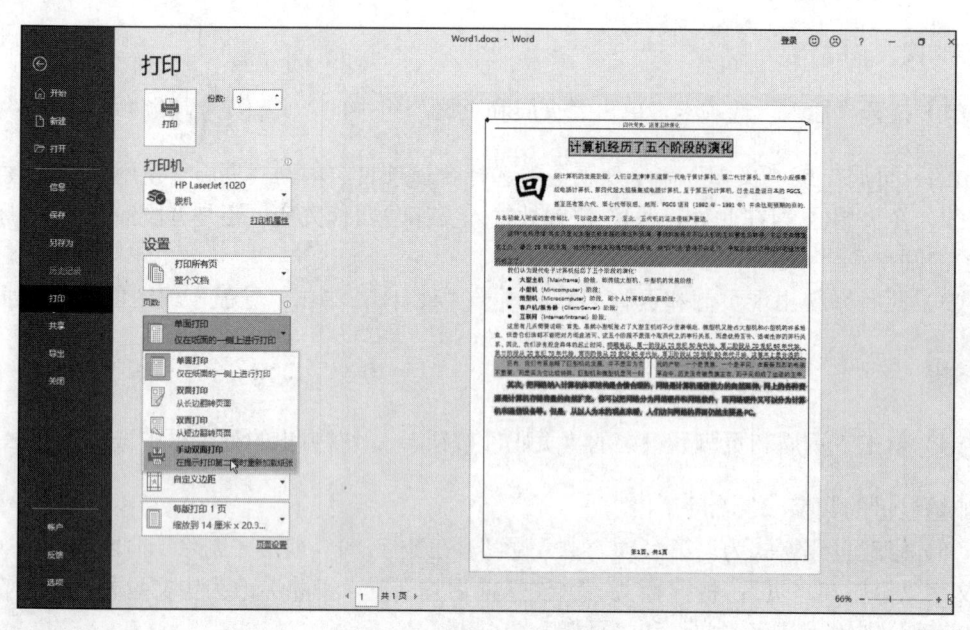

图 14-12 "打印"预览界面

> 思考与综合练习

1. 如何对选定的文本段落设置项目符号（编号）或多级符号（编号）？
2. 如何使用"格式刷"按钮 格式刷 复制字符和段落格式？
3. 录入下面的短文，并按要求完成操作。

宾至如归

里根和加拿大总理皮埃尔·特鲁多私交甚笃。因此，在美加外交关系上，两位首脑就没少利用这个优势"求同"。里根以美国总统的身份第一次访问加拿大期间，自然少不了发表演讲。可加拿大的百姓一点也不给他们的总理留面子，许多举行反美示威的人群不时打断里根的演说。

特鲁多总理对此深感不安，倒是里根洒脱，笑着对陪同他的特鲁多说："这种事情在美国时有发生，我想这些人是特意从美国赶来贵国的，他们想使我有一种宾至如归的感觉。"

（1）将标题段（"宾至如归"）文字设置为红色、四号、楷体、居中，并添加绿色边框、黄色底纹。

（2）设置正文各自然段（"里根和加拿大总理……宾至如归的感觉"）右缩进 1 字符、行距为 1.3 倍、段前间距 0.7 行。

（3）设置正文各自然段首行缩进 2 字符。

（4）将正文第 1 自然段（"里根和加拿大总理……打断里根的演说"）首字下沉 2 行，黑体；正文第 2 自然段分等宽三栏，栏间有分隔线。

（5）最后，以文件名 Word3.docx 将文件存盘。

最后，以文件名 Word3.docx 将文件存盘。

4. 输入图 14-13 所示的文本内容，文档文件名为"显示器的选择.doc"。然后按下面要求进行页面设置。

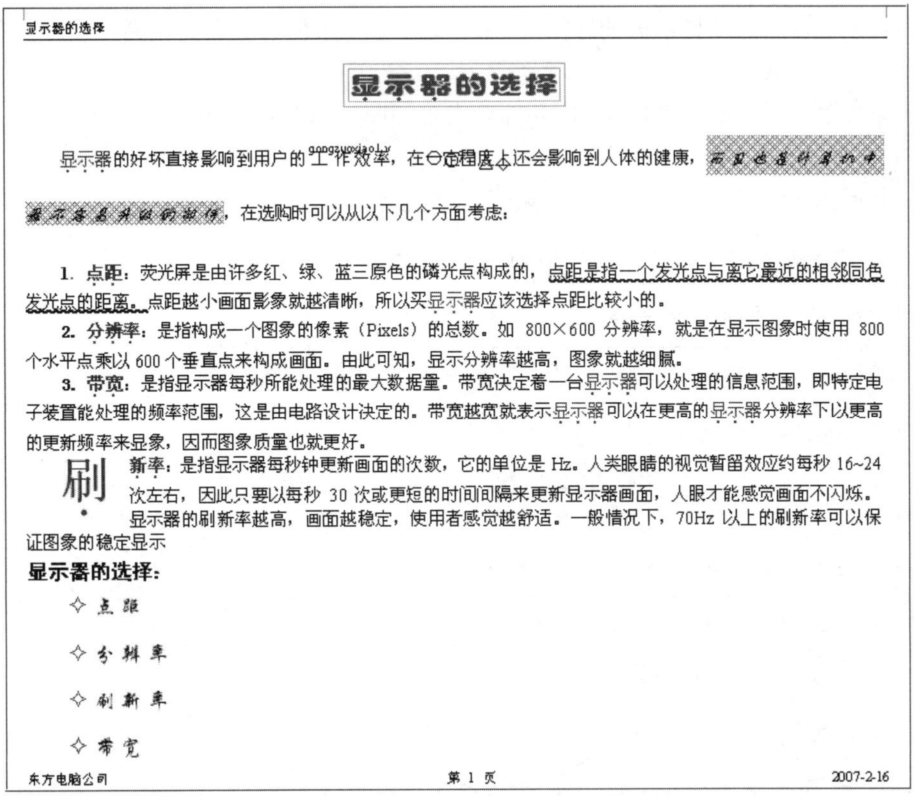
显示器的选择

显示器的选择

显示器的好坏直接影响到用户的工作效率，在一定程度上还会影响到人体的健康，而且也是电脑中最不容易升级的部件，在选购时可以从以下几个方面考虑：

1. 点距：荧光屏是由许多红、绿、蓝三原色的磷光点构成的，点距是指一个发光点与离它最近的相邻同色发光点的距离。点距越小画面影象就越清晰，所以买显示器应该选择点距比较小的。

2. 分辨率：是指构成一个图象的像素（Pixels）的总数。如 800×600 分辨率，就是在显示图象时使用 800 个水平点乘以 600 个垂直点来构成画面。由此可知，显示分辨率越高，图象就越细腻。

3. 带宽：是指显示器每秒所能处理的最大数据量。带宽决定着一台显示器可以处理的信息范围，即特定电子装置能处理的频率范围，这是由电路设计决定的。带宽越宽就表示显示器可以在更高的显示器分辨率下以更高的更新频率来显象，因而图象质量也就更好。

刷新率：是指显示器每秒钟更新画面的次数，它的单位是 Hz。人类眼睛的视觉暂留效应约每秒 16~24 次左右，因此只要以每秒 30 次或更短的时间间隔来更新显示器画面，人眼才能感觉画面不闪烁。显示器的刷新率越高，画面越稳定，使用者感觉越舒适。一般情况下，70Hz 以上的刷新率可以保证图象的稳定显示

显示器的选择：

- 点距
- 分辨率
- 刷新率
- 带宽

东方电脑公司　第 1 页　2007-2-16

图 14-13　第 4 题样张

（1）将排版后的文档以“显示器的选择.docx”文件名进行保存。

（2）页面设置：自定义纸张，大小为 25 厘米×21 厘米；方向：横向；上、下、左、右边距分别为 1.6 厘米、1.6 厘米、2.1 厘米和 2.1 厘米；页眉为 1.2 厘米。

（3）标题“显示器的选择”的设置：格式为居中，字体“华文琥珀”，三号，字为红色，放大到 150%，加紫色双线三维 3 磅边框。

（4）第一段：在文本“工作效率”上加上拼音标注，拼音为 8 磅，拼音字体为 Arial；将文本“一定程度上”分别设置成如样张所示不同的带圈字符，其中“一”为“缩小文字”，其余为“增大圈号”；将文本“而且也是电脑中最不容易升级的部件”设置为“方正舒体”，倾斜，四号，字符间距加宽，磅值为 1.5 磅。底纹为图案式样 30%，颜色为灰色-50%，应用范围为文字。

（5）将第一段设置为段前间距 1 行，段后间距 1 行，首行缩进 2 字符。

（6）“点距”设置成字为红色，加粗，加着重号；用“格式刷”工具将以下每段的开头设置为与“点距”相同的格式；将“点距是指……”设置为如样张所示加蓝色下划线。

（7）中间 3 段加如样张所示的编号，“编号位置”左对齐，“文字位置”缩进 0.74 厘米，“点距”一段为无特殊格式；“分辨率”一段为左缩进 2 字符，悬挂缩进 0.74 厘米。

（8）将“刷新率”所在段首字下沉 3 行，字体为宋体，距正文 0.5 厘米。

（9）在正文最后添加“显示器的选择：点距、分辨率、刷新率、带宽。”格式：“显示器的选择”为样式中的“标题 2”；其余为小四号、黑色、华文行楷，字符缩放 150%，字符间距加宽 2 磅；同时加红色项目符号，左缩进 1 厘米，左对齐。

（10）设置页眉为"显示器的选择"，字体为小五号宋体。在页面底端（页脚）右边位置插入内容"东方电脑公司　　　　　第1页　　　　2007-2-16"。

5．（综合题）有文档Word.docx，其部分内容如图14-14所示。

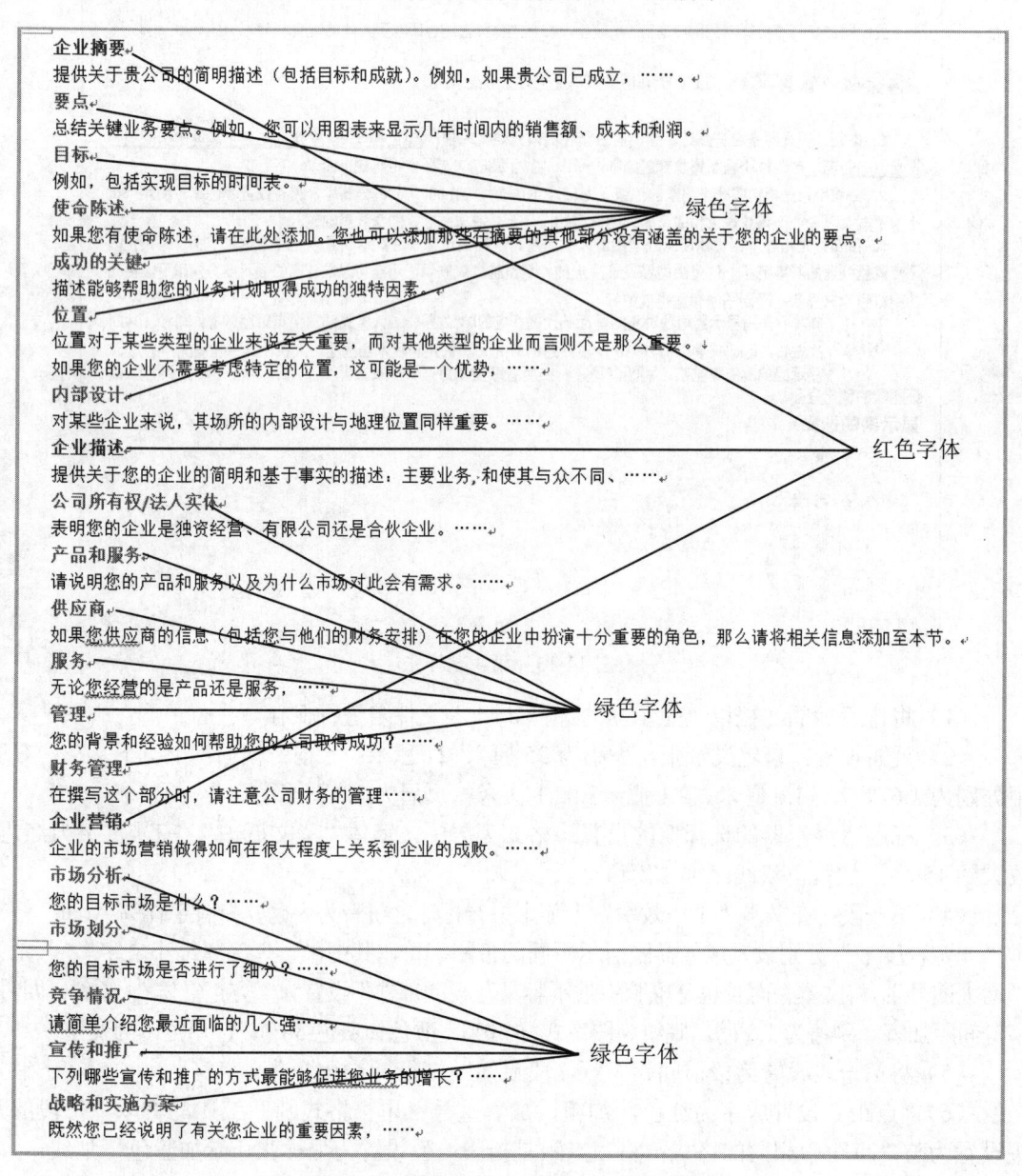

```
企业摘要
提供关于贵公司的简明描述（包括目标和成就）。例如，如果贵公司已成立，……。
要点
总结关键业务要点。例如，您可以用图表来显示几年时间内的销售额、成本和利润。
目标
例如，包括实现目标的时间表。                                          绿色字体
使命陈述
如果您有使命陈述，请在此处添加。您也可以添加那些在摘要的其他部分没有涵盖的关于您的企业的要点。
成功的关键
描述能够帮助您的业务计划取得成功的独特因素。
位置
位置对于某些类型的企业来说至关重要，而对其他类型的企业而言则不是那么重要。
如果您的企业不需要考虑特定的位置，这可能是一个优势，……。
内部设计
对某些企业来说，其场所的内部设计与地理位置同样重要。……
企业描述                                                              红色字体
提供关于您的企业的简明和基于事实的描述：主要业务，和使其与众不同、……
公司所有权/法人实体
表明您的企业是独资经营、有限公司还是合伙企业。……
产品和服务
请说明您的产品和服务以及为什么市场对此会有需求。……
供应商
如果您供应商的信息（包括您与他们的财务安排）在您的企业中扮演十分重要的角色，那么请将相关信息添加至本节。
服务
无论您经营的是产品还是服务，……
管理                                                                  绿色字体
您的背景和经验如何帮助您的公司取得成功？
财务管理
在撰写这个部分时，请注意公司财务的管理……
企业营销
企业的市场营销做得如何在很大程度上关系到企业的成败。……
市场分析
您的目标市场是什么？……
市场划分
您的目标市场是否进行了细分？……
竞争情况
请简单介绍您最近面临的几个强……
宣传和推广                                                           绿色字体
下列哪些宣传和推广的方式最能够促进您业务的增长？……
战略和实施方案
既然您已经说明了有关您企业的重要因素，……
```

图14-14　第5题Word.docx文档部分内容

为了更好地介绍公司的服务与市场战略，市场部助理王某需要协助制作完成公司战略规划文档，并调整文档的外观与格式。

现在，请你按照如下需求，在Word.docx文档中完成制作工作：

（1）调整文档纸张大小为A4幅面，纸张方向为纵向；并调整上、下页边距为2.5厘米，左、右页边距为3.2厘米。

（2）建立"Word_样式标准.docx"文件，在该文档中建立两个标题样式，要求如下：
1）标题样式一。
字体：（中文）黑体，西文（Cambria），小二号，字体颜色为蓝色，强调文字颜色 1。
行距：多倍行距 1.25 字行。
段后：10 磅，孤行控制，与下段同页，段中不分页。
2）标题样式二。
字体：（中文）楷体，西文（Calibri），13 磅，加粗，字体颜色为深蓝，文字 2。
行距：单倍行距。
段前：6 磅。
段后：6 磅，孤行控制，与下段同页，段中不分页。
（3）将其文档样式库中的"标题,标题样式一"和"标题,标题样式二"复制到 Word.docx 文档样式库中。
Word_样式标准.docx"文件的样式设置如下：
（1）将 Word.docx 文档中的所有红颜色文字段落应用为"标题,标题样式一"段落样式。
（2）将 Word.docx 文档中的所有绿颜色文字段落应用为"标题,标题样式二"段落样式。
（3）将文档中出现的全部"软回车"符号（手动换行符"↓"）更改为"硬回车"符号（段落标记）。
（4）修改文档样式库中的"正文"样式，使得文档中所有正文段落首行缩进 2 个字符。
（5）为文档添加页眉，并将当前页中样式为"标题,标题样式一"的文字自动显示在页眉区域。

实验 15　图文混排

实验目的

（1）掌握如何创建、编辑和格式化图形对象。
（2）掌握艺术字和文本框的设置和使用。
（3）学习并掌握表格的制作方法、表格的修改与调整。
（4）学会文本转换成表格及将表格转换成普通文本的方法。
（5）理解在表格中进行简单的计算和排序。
（6）掌握对表格进行格式化。

实验内容与操作步骤

实验 15-1　为 Word1.docx 文档设置字符和段落格式，要求如下：
（1）文本框：无边框，无填充色；高度×宽度为 2.5 厘米×8.3 厘米；文本内容为"四代突变，还是五段演化"，分为两行；文本字体和大小分别设置为幼圆、小二号，加粗且斜体；文本框水平居中，垂直距离上边距为 7.19 厘米。
（2）画一个椭圆，高度×宽度为 4.94 厘米×6.07 厘米，无边框；图片填充；紧密四周型；

相对左边距，水平距离为 14.51 厘米；相对于上边距，垂直距离为 16.04 厘米。

（3）在文档最后添加一个表格，样式为"网格表 5 深色-着色 6"，表格第一列内容居中，表格内容如下：

年代，时间，名称
第一代，1946 年—1956 年，电子管计算机的时代
第二代，1957 年—1964 年，晶体管计算机
第三代，1965 年—1970 年，中小规模集成电路计算机
第四代，1971 年至今，大规模或超大规模集成电路计算机
第五代，1985 年，具有一定人工智能的计算机

步骤一

（1）打开实验 14 中保存的文档 Word1.docx。

（2）打开"插入"选项卡，单击"文本"组中的"文本框"命令 ，在其显示的列表框中执行"绘制文本框"命令，鼠标指针变为"╋"字形。

（3）按下鼠标左键，绘制一个大小合适的文本框。

（4）在文本框中输入文字内容"四代突变，还是五段演化"，分为两行。文本字体和大小分别设置为幼圆、小二号，加粗且斜体。

（5）选择整个文本框，单击"绘图工具|格式"选项卡下"大小"组右下角的"启动对话框"按钮 ，打开图 15-1 所示的"布局"对话框。

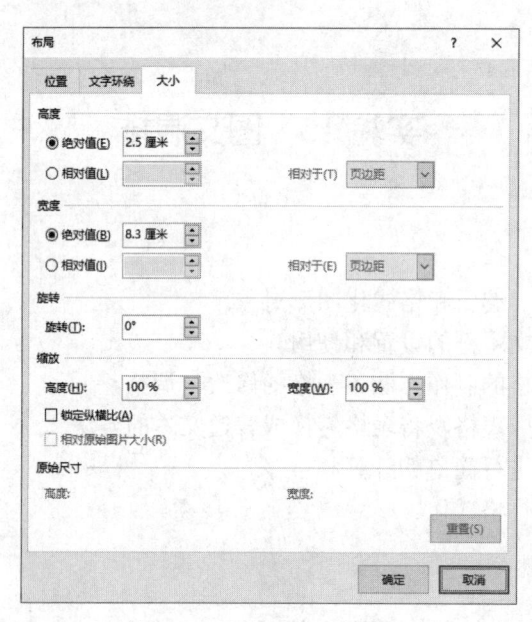

图 15-1 "布局"对话框

（6）在"大小"选项卡中，设置文本框的高度和宽度分别为 2.5 厘米和 8.3 厘米。

（7）单击"文字环绕"选项卡，"环绕方式"为"紧密型"。

（8）单击"位置"选项卡，在"水平"栏处，将"对齐方式"设置为"居中"；在"相对于"下拉列表框中选择"栏"选项。

(9) 在"垂直"栏处,将"绝对位置"设置为 7.19 厘米;在"下侧"下拉列表框中选择"上边距"选项。最后单击"确定"按钮,文本框及效果设置完毕。

步骤二

(1) 打开"插入"选项卡,在"插图"组中单击"形状"按钮,出现"形状"列表框,如图 15-2 所示。

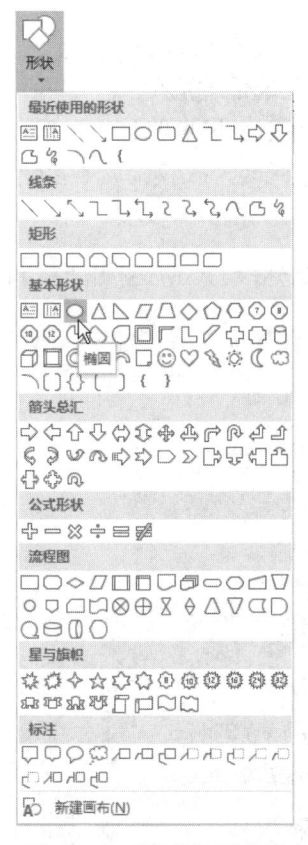

图 15-2 "形状"列表框

(2) 在"基本形状"栏中单击"椭圆"按钮,此时鼠标指针变为"十"字形(按 Esc 键可取消绘画状态),按住 Shift 键的同时(绘制正圆),按下鼠标左键并将线条拖拽到合适的大小,松开左键,绘制一个椭圆。

(3) 单击"绘图工具 | 格式"选项卡下"形状样式"组右上角的"形状填充"按钮,执行弹出的命令列表中的"图片"命令,打开"插入图片"对话框。

(4) 利用"必应图像搜索"搜索工具,搜索名称为 Computer 的一幅图片,并将合适的图片插入到椭圆形状中。

(5) 单击"绘图工具 | 格式"选项卡下"形状样式"组右上角的"形状轮廓"按钮,执行弹出的命令列表中的"无轮廓"命令。

(6) 单击"绘图工具 | 格式"选项卡下"大小"组右下角的按钮,打开图 15-1 所示的"布局"对话框。

（7）在"布局"对话框中设置椭圆大小，高度×宽度为 4.94 厘米×6.07 厘米；"文字环绕"效果为"紧密四周型"；利用"位置"选项卡，设置椭圆相对左边距，水平距离为 14.51 厘米；相对于上边距，垂直距离为 16.04 厘米。

步骤三

（1）按 Ctrl+End 组合键，将插入点定位到 Word1.docx 文档的最后，按 Enter 键，插入一个自然段，并输入以下内容：

年代，时间，名称
第一代，1946 年—1956 年，电子管计算机的时代
第二代，1957 年—1964 年，晶体管计算机
第三代，1965 年—1970 年，中小规模集成电路计算机
第四代，1971 年至今，大规模或超大规模集成电路计算机
第五代，1985 年，具有一定人工智能的计算机

（2）选定最后插入的六行（自然段）。然后打开"插入"选项卡，单击"表格"按钮，弹出"表格"列表框。执行"文本转换成表格"命令，弹出"将文字转换成表格"对话框，如图 15-3 所示。

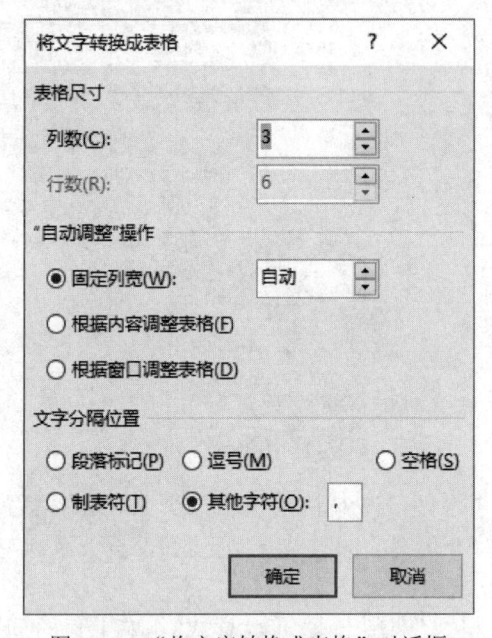

图 15-3 "将文字转换成表格"对话框

（3）在"文字分隔位置"栏中单击"其他字符"单选项，并在其右侧的文本框中输入中文逗号"，"。此时"表格尺寸"的右侧框中自动出现数字"6"。单击"确定"按钮，生成一张 3×6 的表格。

（4）将插入点定位在表格中的任何一个单元格内，打开"表格工具 | 设计"选项卡，单击"表格样式"组中的"其他"按钮。在弹出的"表格样式"列表框中选择"网格表 5 深色-着色 6"表格样式。

(5) 将鼠标指针移动到表格第一列的上方,鼠标指针变为↓,单击选定第一列。然后,单击"开始"选项卡下"段落"组中的"居中"按钮,使其第一列的内容居中显示。

(6) Word1.docx 文档界面如图 15-4 所示。

图 15-4 Word1.docx 文档界面

实验 15-2 增加特殊文字效果——艺术字的使用。

操作步骤如下：

（1）打开"插入"选项卡，单击"文本"组的"艺术字"命令，打开"艺术字"列表框，如图 15-5 所示。

（2）在"艺术字"列表框中单击选择一种样式，文档中出现一个艺术字编辑框，如图 15-6 所示。输入要设置艺术字的文字，如"大学计算机基础"。

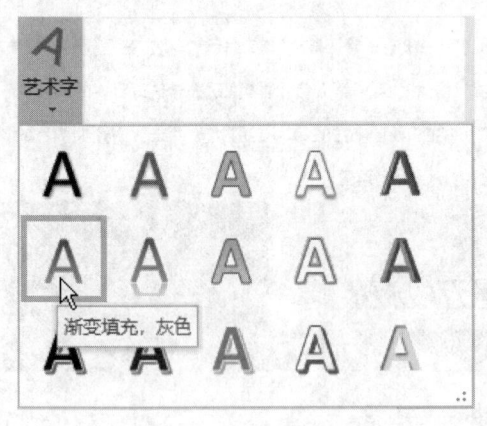

图 15-5　"艺术字"列表框　　　　　　　图 15-6　艺术字编辑框

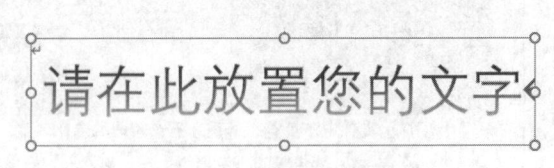

（3）单击要更改的艺术字，打开"绘图工具 | 格式"选项卡，用户可利用选项卡中的相关命令修改其形状样式、艺术字样式等，如将艺术字设置如下。

- "文本效果"：双波形：上下。
- "文本填充"：蓝色，个性化 1，淡色 25%。
- "文本轮廓"：红色、长划线－点、粗细 0.75 磅。
- "大小"：高为 2.1 厘米，宽为 11.6 厘米。
- "位置"：上下型，水平居中。
- "字体"：楷体，小初，加粗。

（4）最终形成的艺术字效果如图 15-7 所示。

图 15-7　最终形成的艺术字效果

实验 15-3 使用 SmartArt 插入一个企业组织结构图，效果如图 15-8 所示。

（1）打开"插入"选项卡，在"插图"组中单击 SmartArt 按钮，弹出"选择 SmartArt 图形"对话框，在左侧列表框中选择"层次结构"选项，如图 15-9 所示。

（2）选择"层次结构"中的"组织结构图"，插入一个组织结构图，如图 15-10 所示。

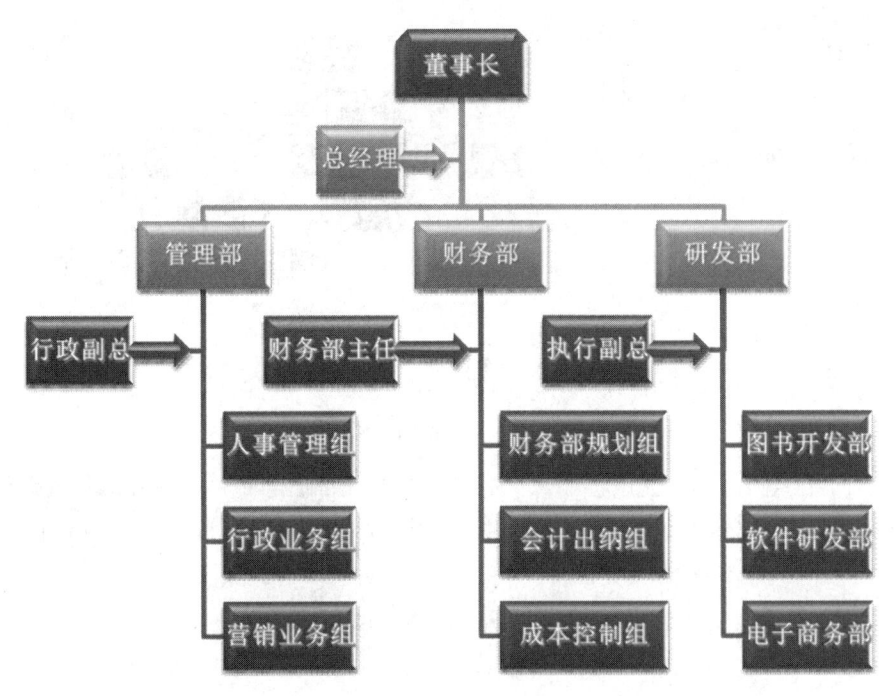

图 15-8　最终形成的企业组织结构

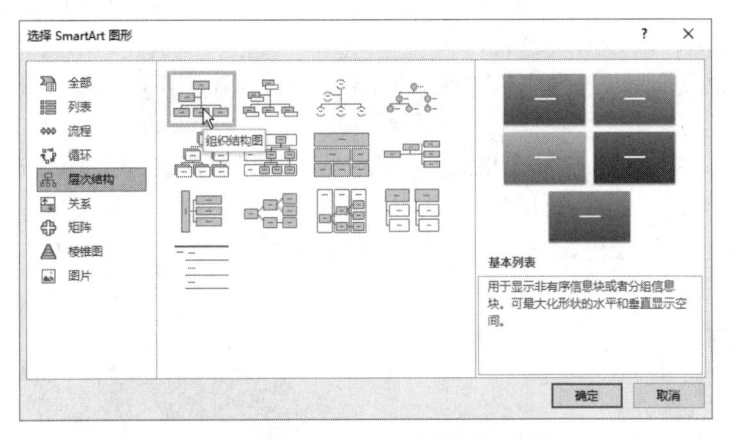

图 15-9　"选择 SmartArt 图形"对话框 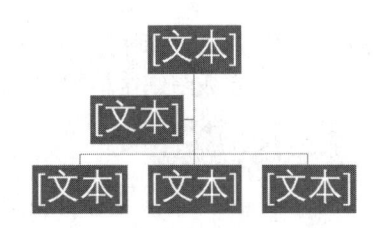　　　　图 15-10　插入的组织结构图

（3）在组织结构图中输入文本内容。

（4）双击结构图中的任意一个蓝色框架，会出现"SmartArt 工具｜设计"选项卡。

（5）单击"管理部"形状，再单击"创建图形"组中的"添加形状"下拉按钮，选择"添加助理"选项（或右击，在弹出的快捷菜单中执行"添加形状"命令）。

（6）再次选中"管理部"形状，单击"添加形状"中的"在下方添加形状"，按此步骤在"管理部"下方添加三个部门（可根据实际情况选择个数），输入内容。

（7）用相同的方法，可在"财务部"和"研发部"下方分别加一个"添加助理"选项；然后在"财务部"和"研发部"下方分别添加三个形状，如图 15-11 所示。

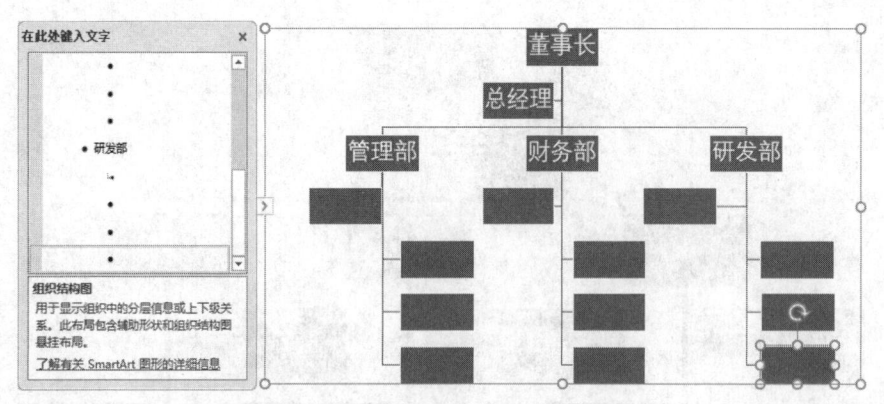

图 15-11 插入下级部门的组织结构图

（8）此时组织图已基本完成，输入文字内容，设置合适的字体、字号，适当调整其大小。

（9）设置组织结构图具体颜色，依次单击"SmartArt 工具｜设计"选项卡，在"SmartArt 样式"组中选择一种样式，如"优雅"。

（10）单击"更改颜色"按钮，选择与组织结构图相配醒目的颜色，如"颜色范围 — 个性色 3 至 4"。

（11）为了使需要突出的部门一目了然，可以将结构图的方块形状改变一下。选中需要更改的方块（如"董事长"），依次单击"格式"→"形状"→"更改形状"下拉按钮，在下拉菜单中选择"剪去左右顶角"矩形。

（12）选中"总经理""行政副总""财务部主任""执行副总"，重复上述操作，将其形状更改为"标注：右箭头"。

（13）设置艺术字的样式，在"SmartArt 工具｜格式"选项卡下"艺术字样式"组中单击下拉按钮，出现下拉菜单，选择文本的外观样式，如"填充：黑色，文本色 1；边框：白色，背景色 1；清晰阴影：水绿色，主题色 5"。

至此，完成组织结构图的制作。

> 思考与综合练习

1. 绘制图 15-12 所示的样式。

要求如下：

（1）插入文本框：位置任意；高度为 2.2 厘米，宽度为 5 厘米；内部边距均为 0；无填充色、无线条色。

（2）在文本框内输入文本"迎接 2008 奥运会""中国"；楷体、粗体、小二号、红色；单倍行距，水平居中。

（3）插入一幅"足球"图片，位置任意；锁定纵横比，高度为 5 厘米。

（4）绘制圆形：直径为 4.5 厘米，填充浅黄色、无线条色。

（5）将文本框置于顶层；圆形置于底层；三个对象在水平与垂直方向相互居中，然后进行组合。

（6）调整位置：水平页边距为 5 厘米，垂直页边距为 1 厘米。

2. 利用"自选图形"绘制图 15-13 所示的流程图。

图 15-12　第 1 题图　　　　　　　　　图 15-13　流程图

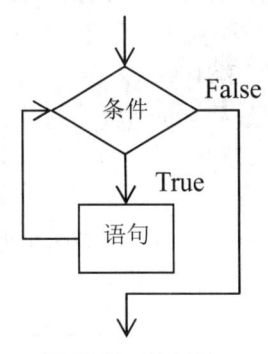

3. 新建 Word 文档，输入下面的文本内容，然后以文件名"布达拉宫的藏族建筑"进行保存。对输入文本进行格式化，样张如图 15-14 所示。

中国西藏的艺术宝殿

布达拉宫是藏族建筑的精华，也是我国乃至世界著名的宫堡式建筑群。宫内拥有无数的珍贵文物和艺术品，使它成为名副其实的艺术宝库。

布达拉宫起基于山的南坡，依据山势蜿蜒修筑到山顶，高达 110 米。全部是石木结构，下宽下窄，镏金瓦盖顶、结构严谨。

布达拉宫修建的历史

布达拉宫始建于公元 7 世纪，至今已有 1300 多年的历史。布达拉宫为"佛教圣地"。据说，当时吐蕃王国朝正处于强盛时期，吐蕃王松赞干布与唐联姻，为迎接文成公主，松赞干布下令修建这座有 999 间殿堂的宫殿，"筑一城以夸后世"。布达拉宫始建时规模没有这么大，以后不断进行重建和扩建，规模逐渐扩大。

辉煌壮观的灵塔

布达拉宫主楼有 13 层。宫内有宫殿、佛堂、习经堂、寝宫、灵塔殿、庭院等。红宫是供奉佛神和举行宗教仪式的地方。红宫内有安放前世达赖遗体的灵塔。塔身以金皮包裹，宝玉镶嵌，金碧辉煌。

具体要求如下：

（1）页面设置：16 开（18.4×26 厘米）；方向：纵向；上、下、左、右边距分别为 2.2 厘米、2.2 厘米、2.2 厘米和 2.2 厘米；页眉与页脚 1.2 厘米。

（2）页面边框设置为艺术型（样式自选）。

（3）设置标题格式为艺术字，要求如下：

- 文本：黑体、粗体、28 磅。
- 文字环绕：四周型。
- 水平对齐：右对齐；相对于：栏。
- 垂直对齐方式：顶端对齐；相对于：页边距。
- 文本效果：阴影（透视｜左上对角透视）。
- 大小：高 9.2 厘米；宽：2.1 厘米。

（4）正文为单倍行距；第 2～6 自然段首行缩进 2 字符，第 1 自然段不缩进；字体为隶书、四号；第 4 段行间距为 30 磅，加有阴影的边框和 25%的前景为红色的底纹，边框和底纹距离正文 0 厘米。在第 3 和 5 段前加一个符号，文字改为黑体、加粗；前两段正文首字为文字加如样张所示的圈。将最后一段正文前两句放入一个文本框里。

（5）按样张插入一张图片，图片具有浮动性，放在第一段的左侧。图片大小：高度为 2.86 厘米，宽度为 3.81 厘米；位置：水平相对栏左对齐，垂直相对段落的绝对位置 0.3 厘米。

（6）在最后一自然段左侧添加一个文本框，输入如图 15-14 所示的文本内容。文本框大小：高度为 3.73 厘米，宽度为 6.22 厘米；位置：水平相对于栏绝对位置 0 厘米，垂直相对于段落 0.34 厘米。

（7）页眉内容为"中国西藏的艺术宝殿"；页脚内容为文本"创建日期："和一个当天日期及时间的一个组合。

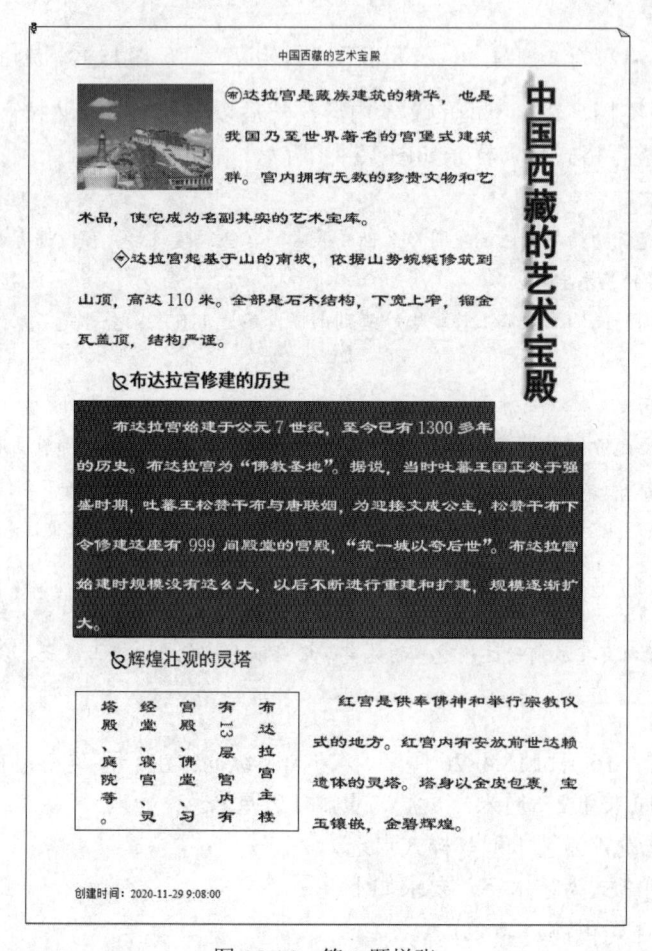

图 15-14　第 3 题样张

4．输入下面的文字并按图 15-15 所示的样张排版，要求如下：

（1）标题文字：隶书，一号；文本"无"填充色；轮廓为"橙色，个性色 2"的实线；阴影颜色为"标准色/红色"，居中。

（2）正文文字：正文所有段落，楷体，四号，加向右偏移阴影效果。

（3）正文第一段，紫色，左对齐；文第二段中，高明同学为浅黄色，日期、大礼堂为蓝色，两端对齐；正文最后两段，右对齐。

（4）段落：正文第二段，首行缩进 2 个字符；正文第一段，段前间距 1 行。

(5) 行距：各段行距均为 1.5 倍行距。
(6) 底纹：为所有文字加底纹，浅绿色。
(7) 横线：为正文上下加花边效果。

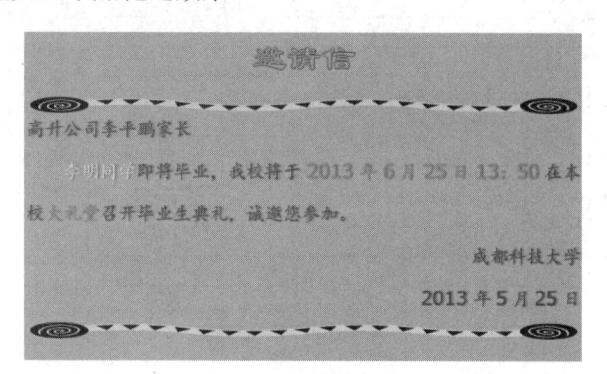

图 15-15　第 4 题样张

5. 在实验 15-1 完成的基础上，完成如下文本框链接的操作。链接的各文本框水平和垂直均平均距离分布，完成文件保存 Word3.docx，最终效果如图 15-16 所示。

图 15-16　创建"文本框链接"效果

6. 接实验 14 "思考与综合练习"中的第 5 题，完成下面的操作。
(1) 在文档的第 4 个段落后（标题为"目标"的段落之前）插入一个空段落，在此空段落中插入一个折线图图表，将图表的标题命名为"公司业务指标"，如图 15-17 所示。

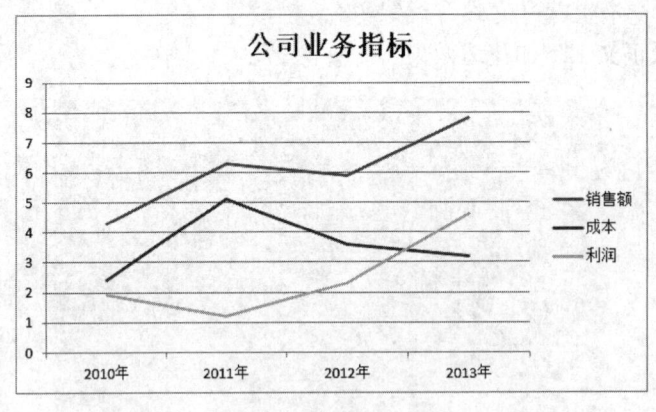

图 15-17　创建一个图表

（2）折线图图表所需的数据见表 15-1。

表 15-1　销售成本和利润

年份	销售额	成本	利润
2010 年	4.3	2.4	1.9
2011 年	6.3	5.1	1.2
2012 年	5.9	3.6	2.3
2013 年	7.8	3.2	4.6

7．如图 15-18 所示，完成以下操作。

成绩表

学号	姓名	性别	专业	大学英语	高等数学	平均分
A10	周俊	男	化工 1	49	61	
A08	张伟	男	电子 2	66	50	
A02	李英	女	电子 2	68	56	
A03	王涛	男	化工 1	69	75	
A01	兰晓	女	通信 1	79	82	
A07	钱程	男	通信 1	74	90	
A06	李艳	女	通信 2	86	83	
A09	王英	女	化工 1	100	76	
A04	陈强	男	通信 2	95	90	
A05	刘波	男	通信 1	100	91	
			平均			

2013 年 6 月 20 日

图 15-18　表格样图

要求如下：

（1）将表格的第一行的行高设置为 20 磅（最小值），文字为黑体、粗体、小四、水平、水平居中；其余各行的行高为 16 磅（最小值），学号、姓名、性别和专业等所在列文字"靠下居中对齐"，各科成绩及使用公式计算后的平均分"靠右对齐"。

（2）调整表格的各列宽度到最适合为止，按每个人的平均分从高到低排序，然后将整个表格居中。

（3）将表格的外框线设置为 1.5 磅的粗线，内框线为 0.75 磅的细线，第一行和第二行的下线与第四列的右框线为 1.5 磅的双线，然后对第一行和最后一行添加 10%的底纹。

（4）在表格的上面插入一行，合并单元格，然后输入标题"成绩表"，格式为黑体、三号字、水平居中；在表格下面插入当前日期，格式为粗体、倾斜。

8．现有文件名"WORD.DOCX"的文档，文档内容如下。

"领慧讲堂"就业讲座
报告题目：大学生人生规划
报告人：
报告日期：2010 年 4 月 29 日(星期五)
报告时间：19:30—21:30
报告地点：校国际会议中心
欢迎大家踊跃参加！
主办：校学工处
"领慧讲堂"就业讲座之大学生人生规划活动细则
日程安排：
报名流程：
报告人介绍：
赵蕈先生是资深媒体人、著名艺术评论家、著名书画家。曾任某周刊主编，现任某出版集团总编、硬笔书协主席、省美协会员、某画院特聘画家。他的书法、美术、文章、摄影作品千余幅（篇）已在全国 200 多家报刊上发表，名字及作品被收入至多种书画家辞典。书画作品被日本、美国、韩国等的一些海外机构和个人收藏，在国内外多次举办专题摄影展和书画展。

按照下面题目要求完成操作。

某高校为了使学生更好地进行职场定位和职业准备，提高就业能力，该校学工处将于 2013 年 4 月 29 日（星期五）19:30—21:30 在校国际会议中心举办题为"领慧讲堂——大学生人生规划"的就业讲座，特别邀请资深媒体人、著名艺术评论家赵蕈先生担任演讲嘉宾。

请根据上述活动的描述，利用 Word 制作一份宣传海报，宣传海报的参考样式如图 15-19 和图 15-20 所示。

要求如下：

（1）调整文档版面，要求页面高度为 35 厘米，页面宽度为 27 厘米，页边距（上、下）为 5 厘米，页边距（左、右）为 3 厘米，并设置海报背景（自定义）。

（2）根据海报参考样式，调整海报内容文字的字号、字体和颜色。

（3）根据页面布局需要，调整海报内容中"报告题目""报告人""报告日期""报告时间""报告地点"信息的段落间距。

（4）在"报告人："位置后面输入报告人姓名（赵蕈）。

（5）在"主办：校学工处"位置后另起一页，并设置第 2 页的页面纸张大小为 A4，纸张方向设置为"横向"，页边距为"普通"页边距定义。

图 15-19　第 1 页设计参考　　　　　　　图 15-20　第 2 页设计参考

（6）在新页面的"日程安排"段落下面，复制本次活动的日程安排表，见表 15-2。如表格中的内容发生变化，Word 文档中的日程安排信息随之发生变化。

表 15-2　日程安排表

时间	主题	报告人
18:30—19:00	签到	
19:00—19:20	大学生职场定位和职业准备	王老师
19:20—21:10	大学生人生规划	特约专家
21:10—21:30	现场提问	王老师

（7）在新页面的"报名流程"段落下面，利用 SmartArt 制作本次活动的报名流程（学工处报名、确认坐席、领取资料、领取门票）。

（8）设置"报告人介绍"段落下面的文字排版布局为图 15-19 和图 15-20 所示的样式。

（9）保存本次活动的宣传海报设计为 Word.docx。

实验 16　提取目录与邮件合并

实验目的

（1）了解大纲视图的工作方式。
（2）学会使用大纲工具栏生成大纲。
（3）学会使用 Word 中的邮件合并功能。

实验内容与操作步骤

实验 16-1　现有文档“Word 素材.docx”，如图 16-1 所示。按照要求完成下列操作并以文件名“Word.docx”保存文档。

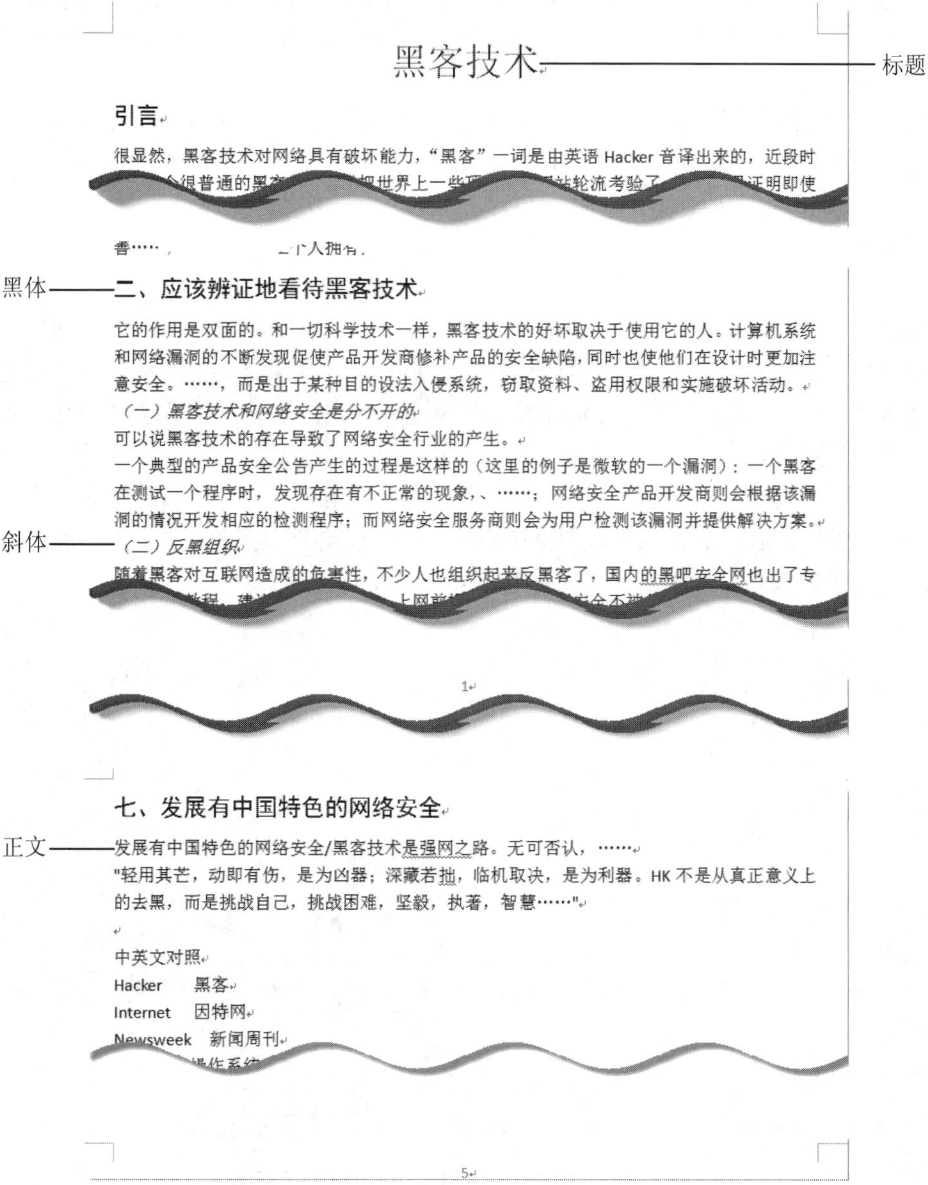
黑客技术

引言

很显然，黑客技术对网络具有破坏能力，“黑客”一词是由英语 Hacker 音译出来的，近段时

二、应该辨证地看待黑客技术

它的作用是双面的。和一切科学技术一样，黑客技术的好坏取决于使用它的人。计算机系统和网络漏洞的不断发现促使产品开发商修补产品的安全缺陷，同时也使他们在设计时更加注意安全。……，而是出于某种目的的设法入侵系统，窃取资料、盗用权限和实施破坏活动。

（一）黑客技术和网络安全是分不开的

可以说黑客技术的存在导致了网络安全行业的产生。

一个典型的产品安全公告产生的过程是这样的（这里的例子是微软的一个漏洞）：一个黑客在测试一个程序时，发现存在有不正常的现象，、……；网络安全产品开发商则会根据该漏洞的情况开发相应的检测程序；而网络安全服务商则会为用户检测该漏洞并提供解决方案。

（二）反黑组织

随着黑客对互联网造成的危害性，不少人也组织起来反黑客了，国内的黑吧安全网也出了专

1

七、发展有中国特色的网络安全

发展有中国特色的网络安全/黑客技术是强网之路。无可否认，……

"轻用其芒，动即有伤，是为凶器；深藏若拙，临机取决，是为利器。HK 不是从真正意义上的去黑，而是挑战自己，挑战困难，坚毅，执著，智慧……"

中英文对照

Hacker　黑客

Internet　因特网

Newsweek　新闻周刊

5

图 16-1　原始文档部分内容

（1）调整纸张大小为 B5，页边距的左边距为 2cm，右边距为 2cm，装订线为 1cm，对称页边距。

（2）将文档中第一行“黑客技术”为 1 级标题，文档中黑体字的段落设为二级标题，斜体字段落设为三级标题。

（3）将正文部分内容设为华文楷体，英文字符为 Times New Roman，四号字，每个段落设为 1.2 倍行距且首行缩进 2 个字符。

（4）将正文第一段落的首字"很"下沉 2 行。

（5）在文档的开始位置插入只显示二级和三级标题的目录，并用分节方式令其独占一页。

（6）文档除目录页外均显示页码，正文开始为第 1 页，奇数页码显示在文档的底部靠右，偶数页码显示在文档的底部靠左。文档偶数页加入页眉，页眉中显示文档标题"黑客技术"，奇数页页眉没有内容。

（7）将文档最后行转换为 2 列 5 行的表格，倒数第 6 行的内容"中英文对照"作为该表格的标题，将表格及标题居中，如图 16-2 所示。

（8）为文档应用一种合适的主题。

操作步骤如下：

步骤一

（1）打开本例文件夹下的"WORD 素材.DOCX"，然后另存为"Word.docx"。

（2）单击"布局"选项卡下"页面设置"组中的"对话框启动器"按钮，弹出"页面设置"对话框（参考实验 15 有关页面设置）。切换至"纸张"选项卡，选择"纸张大小"组中的"B5（JIS）"选项。

（3）单击"页面设置"对话框中的"页边距"选项卡，在"左"微调框和"右"微调框中皆设置"2 厘米"，在"装订线"微调框中设置"1 厘米"，在"多页"下拉列表框中选择"对称页边距"选项。设置好后单击"确定"按钮，如图 16-3 所示。

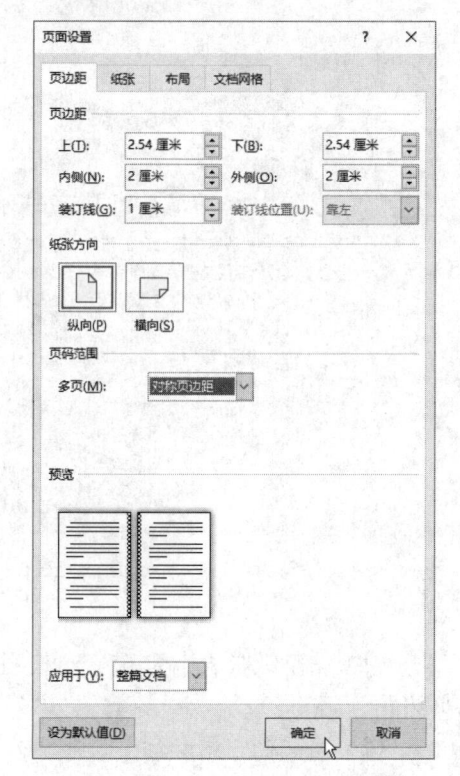

中英文对照	
Hacker	黑客
Internet	因特网
Newsweek	新闻周刊
Unix	一种操作系统
Bug	小缺陷

图 16-2 转换形成的表格

图 16-3 "页面设置"对话框

步骤二

(1) 选中第一行"黑客技术"文字,单击"开始"选项卡"样式"组中的"标题 1"命令。

(2) 选中文档中的黑体字,单击"开始"选项卡下"样式"组中的"标题 2"命令。

(3) 选中文档中的斜体字,单击"开始"选项卡下"样式"组中的"标题 3"命令,如图 16-4 所示。

图 16-4 "样式"列表框

步骤三

(1) 选中正文第 1 段,单击"开始"选项卡下"编辑"组中右下角的"对话框启动器"按钮,打开"字体"对话框,分别在"中文字体""西文字体""字号"下拉列表框中选择"华文楷体"、Times New Roman 和"四号"选项,如图 16-5 所示。

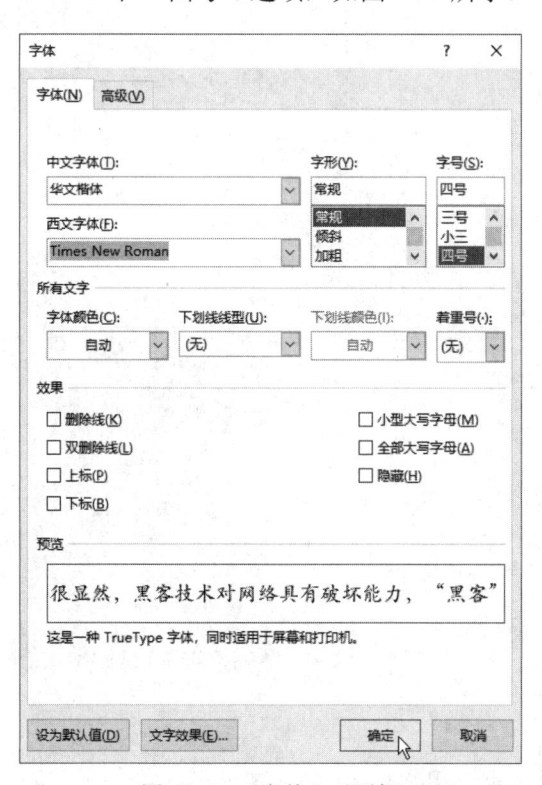

图 16-5 "字体"对话框

(2)单击"开始"选项卡下"段落"组中右下角的"对话框启动器"按钮，弹出"段落"对话框。

(3)切换至"缩进和间距"选项卡，单击"缩进"选项中"特殊"下拉按钮，在弹出的下拉列表框中选择"首行"选项，在"缩进量"微调框中调整磅值为"2 字符"。在"间距"选项中单击"行距"下拉按钮，在弹出的下拉列表框中选择"多倍行距"选项，设置"设置值"微调框为"1.2"。

(4)单击"开始"选项卡下"剪贴板"剪贴板组中的"格式刷"按钮 格式刷，将第正文第一段的格式应用于所有正文。

(5)按 Esc 键，结束"格式刷"的功能。

步骤四

(1)选中正文第一段，单击"插入"选项卡下"文本"组的"首字下沉"按钮 首字下沉，在下拉列表中执行"首字下沉选项"命令。

(2)在弹出的"首字下沉"对话框中，在"位置"组中选择"下沉"，在"下沉行数"微调框中设置"2"。

步骤五

(1)将鼠标光标移至标题"黑客技术"最左侧，单击"引用"选项卡下"目录"组中的"目录"按钮 目录，在弹出的下拉列表中选择"自动目录1"命令，如图16-6所示。此时系统自动生成一个目录，如图16-7所示。

图 16-6 "目录"下拉列表　　　　　　图 16-7 插入的目录

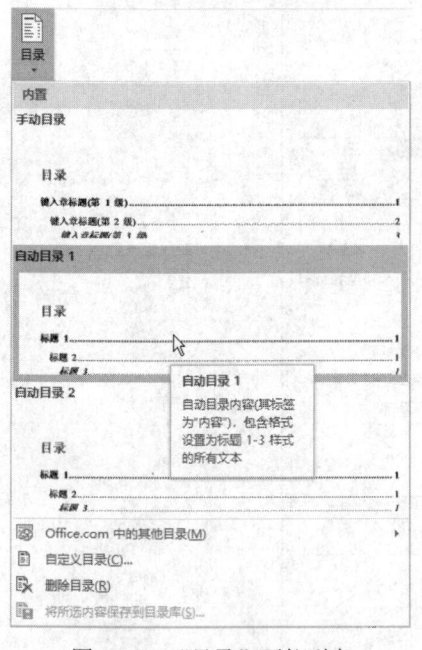

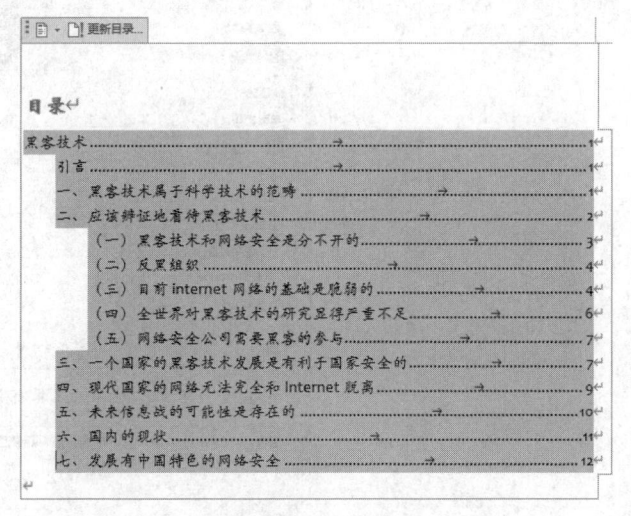

(2)在生成的目录中将"黑客技术"一行删除。

(3)将鼠标光标移至"黑客技术"最左侧，在"布局"选项卡下"页面设置"组中单击

"分隔符"按钮 ，在弹出的下拉列表中选择"下一页"分节符，如图16-8所示。

图16-8 "分隔符"下拉列表

步骤六

（1）双击目录页码处，在"页眉和页脚工具｜设计"选项下的"选项"组中勾选"首页不同"复选项，之后目录页即不显示页码，如图16-9所示。

图16-9 "页眉和页脚工具"选项卡

（2）光标移至正文第1页页码处，在"页眉和页脚工具｜设计"选项下的"选项"组中勾选"奇偶页不同"复选项。

（3）将鼠标光标定位在正文第一页页码处，单击"插入"选项卡下"页眉和页脚"组中的"页码"按钮，在弹出的下拉列表中选择"页面底端"→"普通数字3"选项。

（4）在"页眉和页脚"组中单击"页码"下拉按钮，在弹出的下拉列表中选择"设置页码格式"选项，弹出"页码格式"对话框，选中"起始页码"单选按钮，设置为"1"，如图16-10所示。

（5）将鼠标光标移至正文第二页中，单击"插入"选项卡下"页眉和页脚"组中的"页码"按钮，在弹出的下拉列表中选择"页面底端"→"普通数字1"选项。

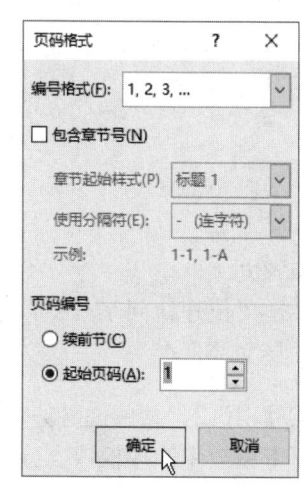

图16-10 "页码格式"对话框

（6）双击第二页页眉处，在页眉输入框中输入"黑客技术"。

步骤七

（1）选中文档最后5行文字，单击"插入"选项卡下"表格"组中的"表格"下拉按钮，在弹出的下拉列表中单击"文本转换成表格"选项。

（2）在弹出的"将文字转化为表格"对话框中，选中"文字分隔位置"中的"空格"单选按钮。在"列数"微调框和"行数"微调框中分别设置"2"和"5"。设置好后单击"确定"按钮即可。

（3）选中表格，单击"开始"选项卡下"段落"组中"居中"按钮。

（4）选中倒数第6行的表格标题，单击"开始"选项卡下"段落"组中的"居中"按钮。

步骤八

单击"设计"选项卡下"主题"组中的"主题"按钮，在弹出的下拉列表中选择一个合适的主题，此处我们选择"视差"主题，如图16-11所示。

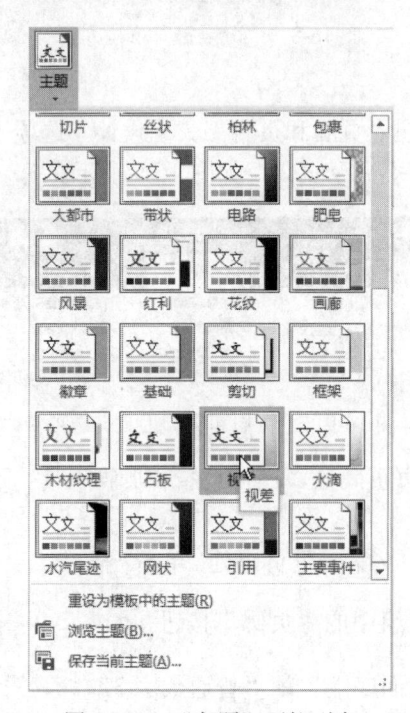

图16-11 "主题"下拉列表

步骤九

单击"快速访问工具栏"中的"保存"按钮（或执行"文件"选项卡中的"保存"命令），将文档保存。

实验 16-2 某单位财务处工作人员设计了《经费联审结算单》模板，以提高日常报账和结算单审核效率。模板内容分别保存到"Word 素材 1.docx"和"Word 素材 2.docx"文件中，"Word 素材 1.docx"和"Word 素材 2.docx"文档内容分别如图16-12和图16-13所示。

经费联审结算单					
单位：			经办人：		
预算科目					
项目代码			单据张数		
开支内容			金额（小写）		
报销金额（大写）					
经办单位意见					
财务部门意见					
转账		转入	单位		科目
资产科目			预借款		
资产金额			结算后退（补）		
公务卡号			公务卡（借/贷）		
支票号			银行（借/贷）		
借据号			现金（借/贷）		

××研究所科研经费报账须知
（粘贴单据封底）
1．经费支出必须符合批准的项目执行预算和科研经费开支范围，严格按照审批程序及权限规定逐级办理经费开支报销审批手续。
2．结算报销时必须提供真实、合法、要素齐全的原始凭证，不得超过3个月的有效期，跨年度的票据须在翌年3月31日前完成报销，每张发票背面均要有经办人签字。
3．购买单价在1000元以上，使用年限超过一年且在使用中基本保持原来物资形态的物资属于固定资产，需同时填写《××研究所科研经费固定资产增（减）报告单》。
4．科研经费报账基本流程：
（1）专职人员填写经费联审结算单
（2）研究室领导审批，超过5000元追加分管副所长审批
（3）财务科审核窗口审批
（4）财务科结算窗口结算

图 16-12 "Word 素材 1.docx"文档内容

序号	单位	经办人	填报日期	预算科目	项目代码	单据张数	开支内容	金额（小写）	金额（大写）
1	第一研究室	张三	1/18/2015	XX管理信息系统国产化迁移技术研究	2014RW29	4	计算机配件	3482.20	叁仟肆佰捌拾贰元贰角整
2	第二研究室	李四	1/19/2015	XX型通信电台综合检测仪研制	2015SC01	6	电子元器件	8364.67	捌仟叁佰陆拾肆元陆角柒分整
3	第三研究室	王五	1/19/2015	XX波段小功率雷达研制需求论证	2015YY08	3	办公耗材	460.00	肆佰陆拾元整
4	第一研究室	张三	1/28/2015	XX站综合管理信息系统软件开发	2015RW04	1	技术服务费	120000.00	壹拾贰万元整
5	第二研究室	李四	1/28/2015	XX型通信电台综合检测仪研制	2015SC01	1	机箱定制费	28500.00	贰万捌仟伍佰元整
6	第三研究室	王五	1/29/2015	XX型便携式微型激光监听仪需求论证	2014JJ31	2	专家咨询费	4800.00	肆仟捌佰元整
7	第一研究室	张三	2/8/2015	XX站综合管理信息系统软件开发	2015RW04	2	计算机配件	825.00	捌佰贰拾伍元整
8	第二研究室	李四	2/9/2015	XX型红旗轿车行车电脑综合检测仪研制	2015SC03	1	总线接口	384.00	叁佰捌拾肆元整
9	第三研究室	王五	2/9/2015	XX波段小功率雷达研制需求论证	2015YY08	1	打印机	2658.00	贰仟陆佰伍拾捌元整
10	第二研究室	李四	2/10/2015	XX型红旗轿车行车电脑综合检测仪研制	2015SC03	2	台式计算机	36800.00	叁万陆仟捌佰元整

图 16-13 "Word 素材 2.docx"文档内容

请根据"Word 素材 1.docx"和"Word 素材 2.docx"文档内容完成制作任务，具体要求如下：

（1）将素材文件"Word 素材 1.docx"另存为"结算单模板.docx"，后续操作均基于此文件。

（2）将页面设置为 A4 幅面、横向，页边距均为 1 厘米。设置页面为两栏，栏间距为 2 字符，其中左栏内容为《经费联审结算单》表格，右栏内容为《××研究所科研经费报账须知》文字，要求左右两栏内容不跨栏、不跨页。

（3）设置《经费联审结算单》表格整体居中，所有单元格内容垂直居中对齐。参考图16-14所示的"结算单样例.jpg"，适当调整表格行高和列宽，其中两个"意见"的行高不低于2.5厘米，其余各行行高不低于0.9厘米。设置单元格的边框，细线宽度为0.5磅，粗线宽度为2.25磅。

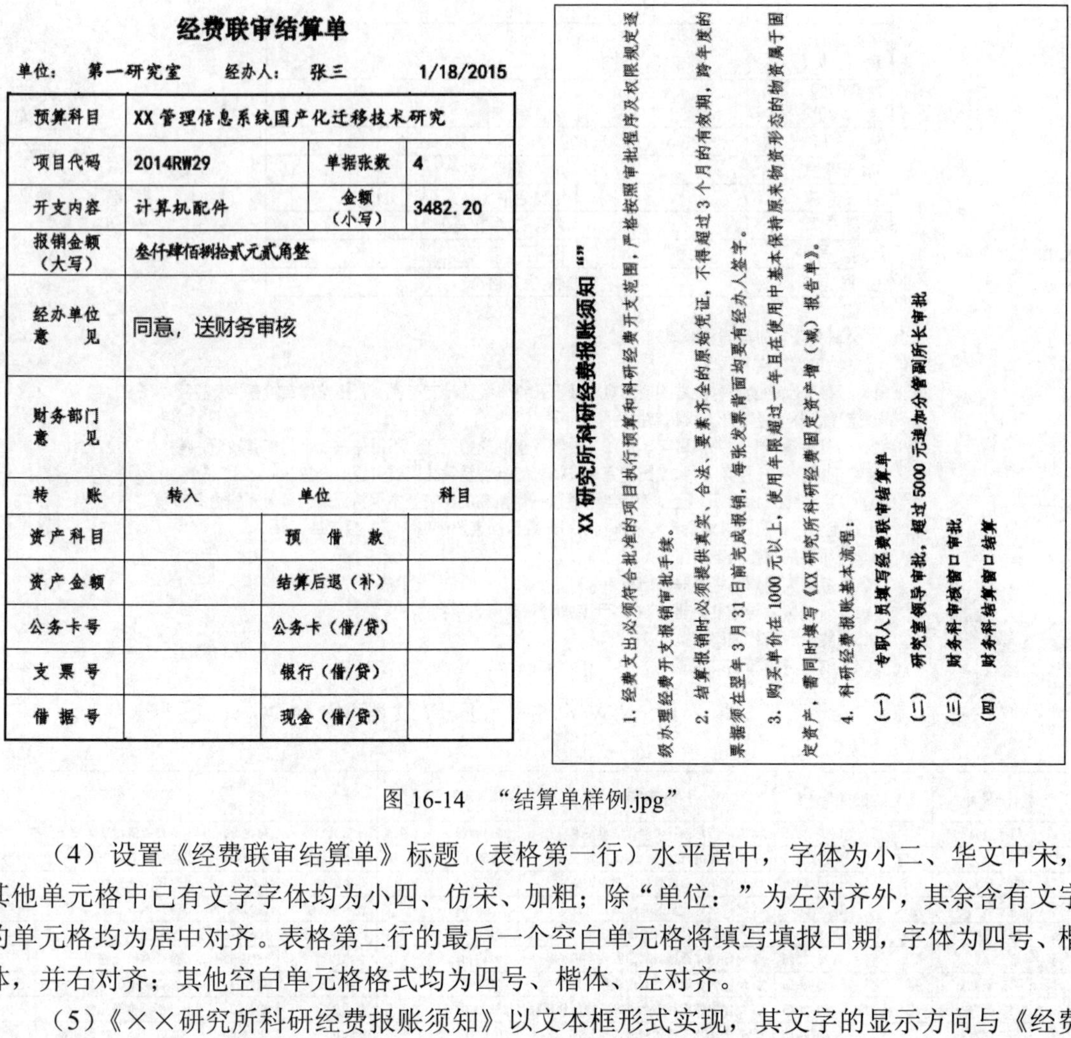

图16-14 "结算单样例.jpg"

（4）设置《经费联审结算单》标题（表格第一行）水平居中，字体为小二、华文中宋，其他单元格中已有文字字体均为小四、仿宋、加粗；除"单位："为左对齐外，其余含有文字的单元格均为居中对齐。表格第二行的最后一个空白单元格将填写填报日期，字体为四号、楷体，并右对齐；其他空白单元格格式均为四号、楷体、左对齐。

（5）《××研究所科研经费报账须知》以文本框形式实现，其文字的显示方向与《经费联审结算单》相比，逆时针旋转度。

（6）设置《××研究所科研经费报账须知》的第一行格式为小三、黑体、加粗，居中；第二行格式为小四、黑体，居中；其余内容为小四、仿宋，两端对齐、首行缩进2字符。

（7）将"科研经费报账基本流程"中的四个步骤加粗并添加中文数字符号。

（8）"Word素材2.docx"文件中包含了报账单据信息，需使用"结算单模板.docx"自动批量生成所有结算单。其中，对于结算金额为5000（含）以下的单据，"经办单位意见"栏填写"同意，送财务审核"；否则填写"情况属实，拟同意，请所领导审批"。另外，因结算金额低于500元的单据不再单独审核，需在批量生成结算单据时将这些单据记录自动跳过。生成的批量单据存放在本例文件夹下，以"批量结算单.docx"命名。

操作步骤如下：

步骤一

打开本例文件夹下的"Word 素材 1.docx"，另存为"结算单模板"。

步骤二

（1）切换到"布局"选项卡，打开页面设置对话框，设置页面大小为 A4，横向，页边距均为 1 厘米。

（2）选中页面所有内容，单击"页面设置"组中的"栏"按钮，在弹出的下拉列表中执行"更多分栏"命令，在弹出的对话框中选择"两栏"，栏间距设置为 2 字符。

（3）光标定位于"××研究所科研经费报账须知"前面，单击"布局"选项卡下"页面设置"组中的"分隔符"按钮，执行下拉列表中的"分栏"命令。

步骤三

（1）选中表格，在"开始"选项卡下"段落"组中单击"居中"按钮。

（2）选中表格，切换到"表格工具 | 布局"选项卡，在"对齐方式"组中单击"水平居中"按钮。

（3）选中表格，切换到"表格工具 | 布局"选项卡，在"单元格大小"组中设置"高度"为 0.9 厘米。选中"经办单位意见"行，在"单元格大小"组中设置"高度"为 2.5 厘米，选择"财务部门意见"行；在"单元格大小"组中设置"高度"为 2.5 厘米。

（4）选择表格第一行，切换到"表格工具 | 设计"选项卡，单击"边框"组的"无框线"。

（5）选择表格第二行，切换到"表格工具 | 设计"选项卡，单击"边框"组的"无框线"。

（6）选择表格除第 1 行和第 2 行以外的所有行，设置"边框"组中的线条大小为 0.5 磅；单击"边框"组中的"内部框线"；设置"边框"组中的线条大小为 1.5 磅，单击"边框"组中的"外侧框线"。

步骤四

（1）选中表格第一行，切换到"开始"选项卡，在"字体"组中设置字体为"华文中宋"，字号为"小二"。

（2）按住 Ctrl 键，选择除第一行外的所有文字的单元格，设置字体为"仿宋"，字号为"小四"，加粗；选择"单位"单元格，设置对齐方式为"左对齐"。

（3）按住 Ctrl 键，选择除所有没有文字的空白单元格，设置字体为"楷体"，字号为"四号"，对齐方式为"左对齐"，选择第二行最后一个空白单元格，设置对齐方式为右对齐。

（4）选择"红办人："""结算后退（补）""公务卡（借/贷）""银行（借/贷）""现金（借/贷）"，适当调整这些单元格，使之文字显示为一行。

步骤五

（1）选中《××研究所科研经费报账须知》所有文字，切换到"插入"选项卡，单击"文本"组中的"文本框"按钮，执行下拉列表中的"绘制横排文本框"命令。

（2）选中文本框，切换到"绘图工具 | 格式"选项卡，单击"文本"组中的"文字方向"按钮，执行列表框中的"将所有文字旋转 270°"命令。

步骤六

（1）选中《××研究所科研经费报账须知》第一行文字，设置字体为"黑体"，字号为"小三"，加粗，对齐方式为"居中"。

（2）选中《××研究所科研经费报账须知》第二行文字，设置字体为"黑体"，字号为"小四"，对齐方式为"居中"。

（3）选中《××研究所科研经费报账须知》其他文字，设置字体为"仿宋"，字号为"小四"，对齐方式为"两端对齐"。

（4）单击"开始"选项卡下"段落"组中右下角的"启动对话框"按钮，打开其对话框。在"缩进和间距"选项卡中，设置"特殊"格式为"首行"，磅值为"2个字符"。

（5）选中《××研究所科研经费报账须知》及后面所有段落，设置行间距为26磅。

（6）选中倒数四行，单击"开始"选项卡下"段落"组中的"项目符号"按钮，设置默认的项目编号；单击"开始"选项卡下"字体"组中的"加粗"按钮 B ，将这四行文字加粗。

步骤七

（1）切换到"邮件"选项卡，单击"开始邮件合并"组中的"开始邮件合并"按钮，在下拉列表中执行"邮件合并分布向导"命令，打开"邮件合并"任务窗格，如图16-15所示。

（2）在"邮件合并"任务窗格中，单击"下一步：开始文档"超链接，打开图16-16所示的"邮件合并-第2步"任务窗格界面。

图16-15 "邮件合并"任务窗格

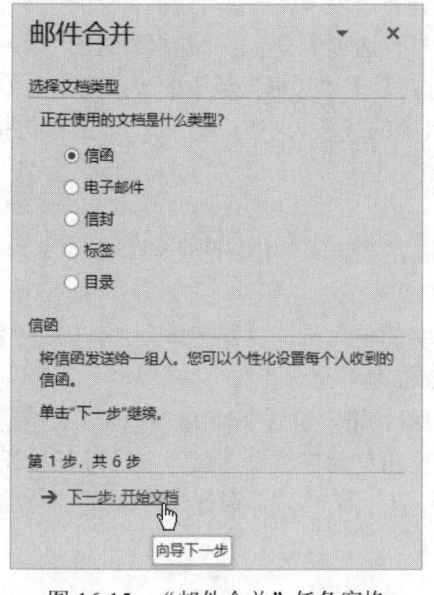

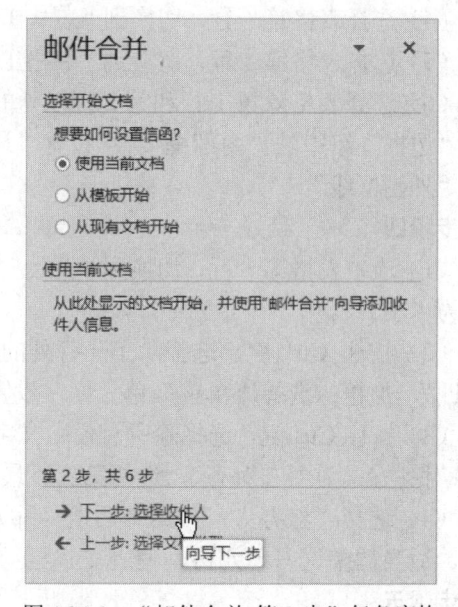

图16-16 "邮件合并-第2步"任务窗格

（3）单击"使用当前文档"单选项，单击"下一步：选择收件人"超链接，打开图16-17所示的"邮件合并-第3步"任务窗格界面。

（4）在"选择收件人"组中，单击"使用现有列表"单选项；在"使用现有列表"组中，单击"浏览…"按钮，选择"Word素材2.docx"，单击"下一步：撰写信函"超链接，打开图16-18所示的"邮件合并-第4步"任务窗格。

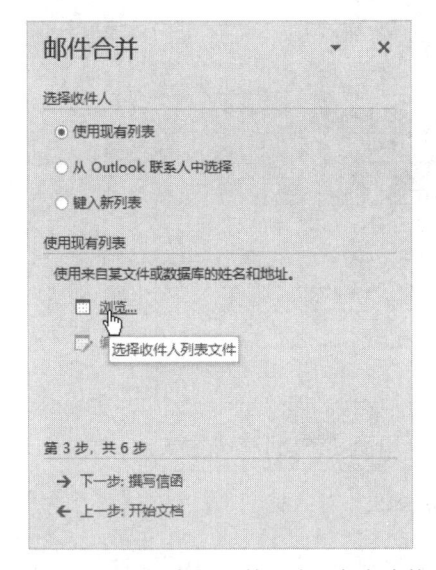

图 16-17 "邮件合并-第 3 步"任务窗格 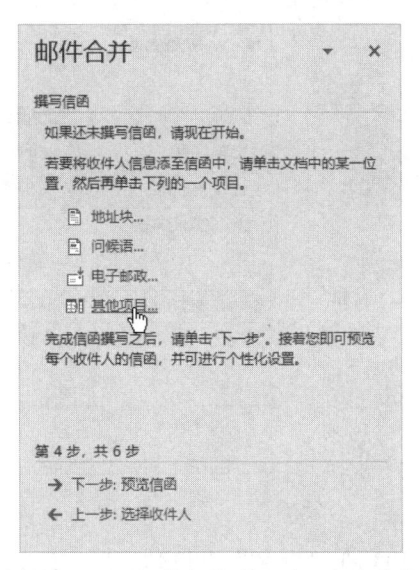　　　　图 16-18 "邮件合并-第 4 步"任务窗格

（5）光标定位于"单位"后面的空白单元格，的"撰写信函"组中单击"其他项目"按钮，打开图 16-19 所示的"插入合并域"对话框。

（6）选择"单位"插入。在相应的位置分别插入"经办人""填报日期""预算科目""项目代码""单据张数""开支内容""金额（小写）""金额（大写）"。

（7）在图 16-18 所示的任务窗格中，单击"下一步：预览信函"超链接，打开图 16-20 所示"邮件合并-第 5 步"任务窗格，同时可预览合并效果。

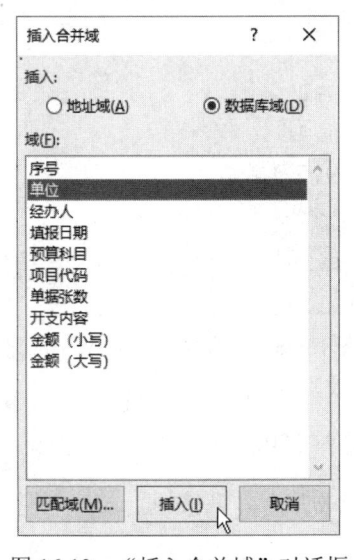

图 16-19 "插入合并域"对话框 　　　　图 16-20 "邮件合并-第 5 步"任务窗格

（8）在图 16-20 所示的任务窗格中，单击"下一步：完成合并"超链接，完成合并。

（9）光标定位于"经办单位意见"右边单元格，切换到"邮件"选项卡，单击"编写和插入域"组中的"规则"按钮 规则，执行下拉列表中的"如果...那么...否则"命令。弹出图 16-21 所示"插入 Word 域：如果"对话框。

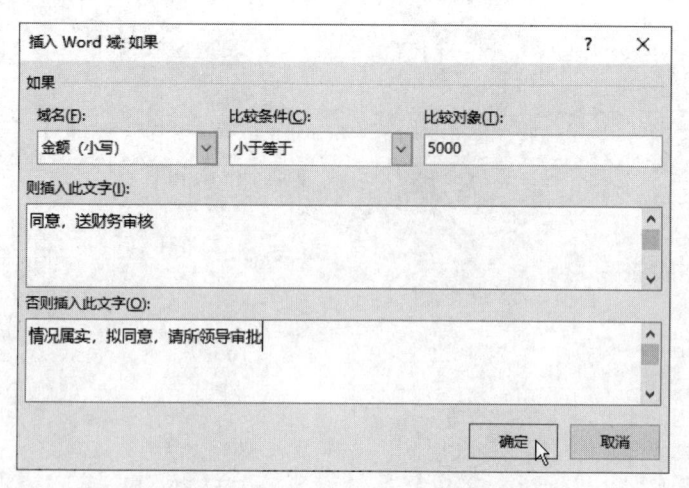

图 16-21 "插入 Word 域：如果"对话框

（10）在"域名"下拉列表框中选择"金额（小写）"选项；在"比较条件"下拉列表框中选择"小于等于"选项；在"比较对象"文本框中输入 5000；在"则插入此文字"文本框中输入"同意，送财务审核"；在"否则插入此文字"文本框中输入"情况属实，拟同意，请所领导审批"。同时，将多余的一个回车符号删除。

（11）切换到"邮件"选项卡，单击"编写和插入域"组中的"规则"按钮，执行下拉列表中的"跳过记录条件"命令，弹出图 16-22 所示的"插入 Word 域:Skip Record If"对话框。

图 16-22 "插入 Word 域：Skip Record If"对话框

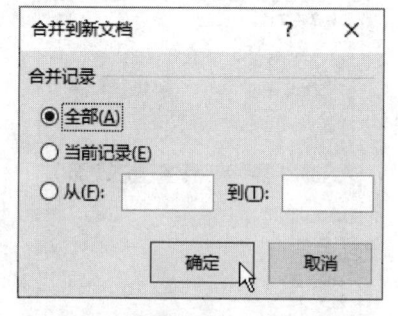

图 16-23 "合并到新文档"对话框

（12）在"域名"下拉列表框中选择"金额（小写）"选项；在"比较条件"下拉列表框中选择"小于等于"选项；在"比较对象"文本框中输入 500，单击"确定"按钮。

（13）单击"邮件"选项卡下"完成"组中的"完成并合并"按钮，并执行下拉列表中的"编辑单击文档"命令，弹出图 16-23 所示的"合并到新文档"对话框，选择"全部"单选项，生成的新文档保存在本例所用文件夹中，名为"批量结算单.docx"。

思考与综合练习

1. 某单位工作人员的薪金资料的部分数据见表 16-1。

表 16-1 某单位工作人员的薪金资料的部分数据

编号	姓名	性别	基本工资	补贴	扣款	实发工资	日期
Z001	李维	男	1400.00	840.00	-240.00	2000.00	2007/8/8
Z002	高杰	女	1100.00	660.00	-230.00	1530.00	2007/8/8
Z003	李平	女	1300.00	780.00	-250.00	1830.00	2007/8/8
Z004	张翔	男	800.00	480.00	-99.00	1181.00	2007/8/8
Z005	王杰	男	670.00	320.00	-70.00	920.00	2007/8/8
Z006	范玲	女	930.00	678.00	-116.00	1492.00	2007/8/8
Z007	罗方	男	1200.00	960.00	-230.00	1930.00	2007/8/8
Z008	赵宏	男	1500.00	1080.00	-265.00	2315.00	2007/8/8

利用表 16-1 中的数据，制作一个邮件合并文档，要求每页中显示三条信息，邮件合并后所形成的文档样式如图 16-24 示。

编号	姓名	性别	基本工资	补贴	扣款总额	实发工资
Z001	李维	男	1400.00	840.00	-240.00	2000.00

日期：2007/8/8

编号	姓名	性别	基本工资	补贴	扣款总额	实发工资
Z002	高杰	女	1100.00	660.00	-230.00	1530.00

日期：2007/8/8

编号	姓名	性别	基本工资	补贴	扣款总额	实发工资
Z003	李平	女	1300.00	780.00	-250.00	1830.00

日期：2007/8/8

图 16-24 合并后邮件文档样式

2. 打开文档 Word.docx，按照要求完成下列操作并以该文件名保存文档。Word.docx 文档内容如下：

邀请函

尊敬的：

×××大会是计算机科学与技术领域以及行业的一次盛会，也是一个中立和开放的交流合作平台，它将引领云计算行业人员对中国云计算产业作更多、更深入的思辨，积极推进国家信息化建设与发展。

本届大会将围绕云计算架构、大数据处理、云安全、云存储、云呼叫以及行业动态、人才培养等方面进行深入而广泛的交流。会议将为来自国内外高等院校、科研院所、企业单位的专家、教授、学者、工程师提供一个代表国内云计算技术及行业产、学、研最高水平的信息交流平台，分享有关方面的成果与经验，探讨相关领域所面临的问题与动态。

本届大会将于 2013 年 10 月 19 日至 20 日在武汉举行。鉴于您在相关领域的研究与成果，大会组委会特邀请您来交流、探讨。如果您有演讲的题目请于 9 月 20 日前将您的演讲题目和详细摘要通过电子邮件发给我们，没有演讲题目和详细摘要的我们将难以安排会议发言，敬请谅解。

×××大会诚邀您的光临！

×××大会组委会

2013 年 9 月 1 日

为召开云计算技术交流大会，小王需制作一批邀请函，要邀请的人员名单见"Word 人员名单.docx"，邀请函的样式参见"邀请函参考样式.docx"，大会定于 2013 年 10 月 19 日至 20 日在武汉举行。

"Word 人员名单.docx"内容见表 16-2。

表 16-2 "Word 人员名单.docx"内容

编号	姓名	单位	性别
A001	陈松民	天津大学	男
A002	钱永	武汉大学	男
A003	王立	西北工业大学	男
A004	孙英	桂林电子学院	女
A005	张文莉	浙江大学	女
A006	黄宏	同济大学	男

"邀请函参考样式.docx"样式如图 16-25 所示。

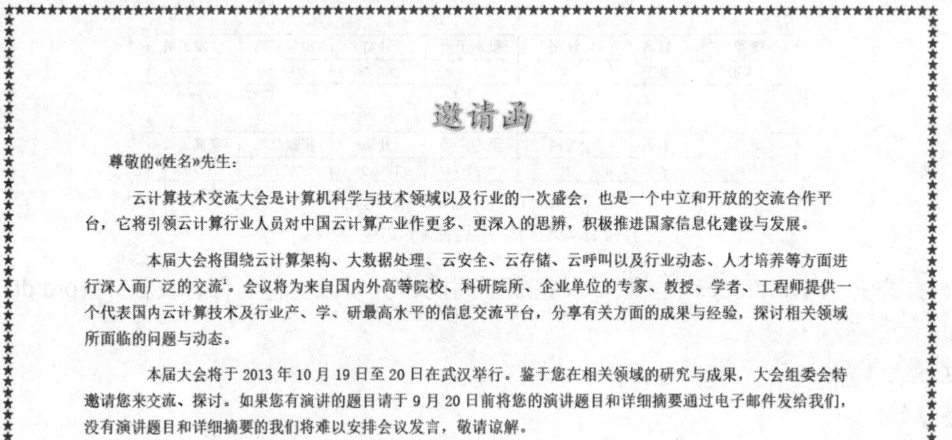

图 16-25 "邀请函参考样式.docx"样式

请根据上述活动的描述制作一批邀请函，要求如下：

（1）修改标题"邀请函"文字的字体、字号，并设置为加粗，字的颜色为红色、黄色阴影、居中。

（2）设置正文各段落为 1.25 倍行距，段后间距为 0.5 倍行距。设置正文首行缩进 2 个字符。

（3）落款和日期位置为右对齐右侧缩进 3 字符。

（4）将文档中“××大会”替换为“云计算技术交流大会”。

（5）设置页面高度为 27 厘米，页面宽度为 27 厘米，页边距（上、下）为 3 厘米，页边距（左、右）为 3 厘米。

（6）将“Word 人员名单.docx”中的姓名信息自动填写到“邀请函”中“尊敬的”三字后面，并根据性别信息，在姓名后添加“先生”（性别为男）、“女士”（性别为女）。

（7）设置页面边框为红★。

（8）在正文第 2 段的第一句话“……进行深入而广泛的交流”后插入脚注“参见 http://www.cloudcomputing.cn 网站”。

（9）将设计的主文档以文件名 Word.docx 保存，并生成最终文档以文件名“邀请函.DOCX”保存。

3.（综合题）某企业人力资源部工作人员，现需要将上一年度的员工考核成绩发给每位员工，按照如下要求，帮助她（他）完成此项工作。

（1）在本例文件夹下，将“Word 素材.docx”文件另存为 Word.docx（.docx 为文件扩展名），后续操作均基于此文件，否则不得分。

（2）设置文档纸张方向为横向，上、下、左、右页边距都调整为 2.5 厘米，并添加“阴影”型页面边框。

（3）样例效果（“参考效果.png”文件）如图 16-26 所示，按照如下要求设置标题格式。

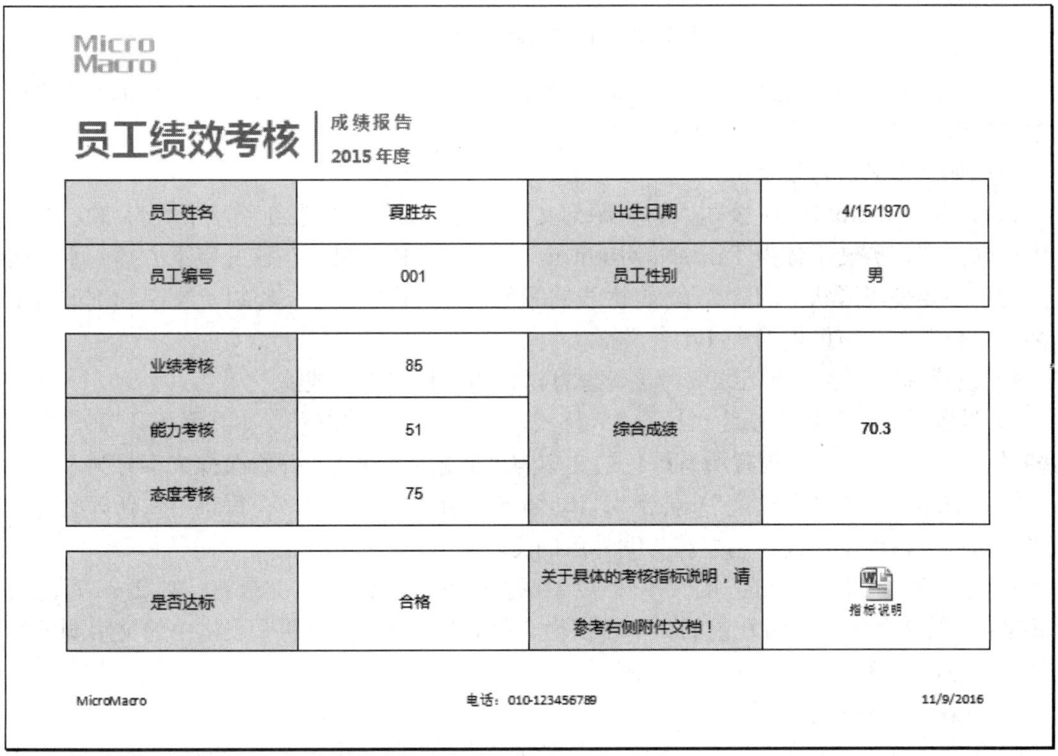

Micro
Macro

员工绩效考核 | 成绩报告 2015 年度

员工姓名	夏胜东	出生日期	4/15/1970
员工编号	001	员工性别	男

业绩考核	85	综合成绩	70.3
能力考核	51		
态度考核	75		

是否达标	合格	关于具体的考核指标说明，请参考右侧附件文档！	指标说明

MicroMacro　电话：010-123456789　11/9/2016

图 16-26　样例效果（“参考效果.png”文件）

1）将文字"员工绩效考核成绩报告 2015 年度"字体修改为微软雅黑，文字颜色修改为"主题颜色/红色，个性色 2"，并应用加粗效果。

2）在文字"员工绩效考核"后插入一个竖线符号。

3）对文字"成绩报告 2015 年度"应用双行合一的排版格式，"2015 年度"显示在第 2 行。

4）适当调整上述所有文字的大小，使其合理显示。

（4）参考图 16-26 所示的样例效果，按照如下要求修改表格样式：

1）设置表格宽度为页面宽度的 100%，表格可选文字属性的标题为"员工绩效考核成绩单"。

2）合并第 3 行和第 7 行的单元格，设置其垂直框线为无；合并第 4～6 行、第 3 列的单元格以及第 4～6 行、第 4 列的单元格。

3）将表格中第 1 列和第 3 列包含文字的单元格底纹设置为"蓝色，个性色 1，淡色 80%"。

4）将表格中所有单元格中的内容都设置为水平居中对齐。

5）适当调整表格中文字的大小、段落格式以及表格行高，使其能够在一个页面中显示。

（5）为文档插入"空白(三栏)"式页脚，左侧文字为 MicroMacro，中间文字为"电话：010-123456789"，右侧文字为可自动更新的当前日期；在页眉的左侧插入图片"logo.png"，适当调整图片大小，使所有内容保持在一个页面中，如果页眉中包含水平横线则应删除。

其中，图片"logo.png"的样式如图 16-27 所示。

图 16-27　图片"logo.png"的样式

（6）打开表格右下角单元格中所插入的文件对象"员工绩效考核管理办法.docx"。"员工绩效考核管理办法.docx"的部分内容如图 16-28 所示。

按照如下要求进行设置：

1）设置"MicroMacro 公司人力资源部文件"文字颜色为标准红色，字号为 32，中文字体为微软雅黑，英文字体为 TimesNewRoman，并应用加粗效果；在该文字下方插入水平横线（注意：不要使用形状中的直线），将横线的颜色设置为标准红色；将以上文字和下方水平横线都设置为左侧、右侧均缩进-1.5 个字符。

2）设置标题文字"员工绩效考核管理办法"为"标题"样式。

3）设置所有蓝色的文本为"标题 1"样式，将手工输入的编号（如"第一章"）替换为自动编号（如"第 1 章"）；设置所有绿色的文本为"标题 2"样式，并修改样式字号为小四，将手工输入的编号（如"第一条"）替换为自动编号（如"第 1 条"），在每章中重新开始编号；各级自动编号后以空格代替制表符与编号后的文本隔开。

4）将第 2 章中标记为红色的文本转换为 4 行 3 列的表格，并合并最右一列 2～4 行的三个单元格；将第 4 章中标记为红色的文本转换为 2 行 6 列的表格；将两个表格中的文字颜色都设置为"黑色，文字 1"。

5）删除文档中所有空行。

6）保存此文件。为文件保存一份副本，文件名为"管理办法.docx"（.docx 为文件扩展名），然后关闭该文档。

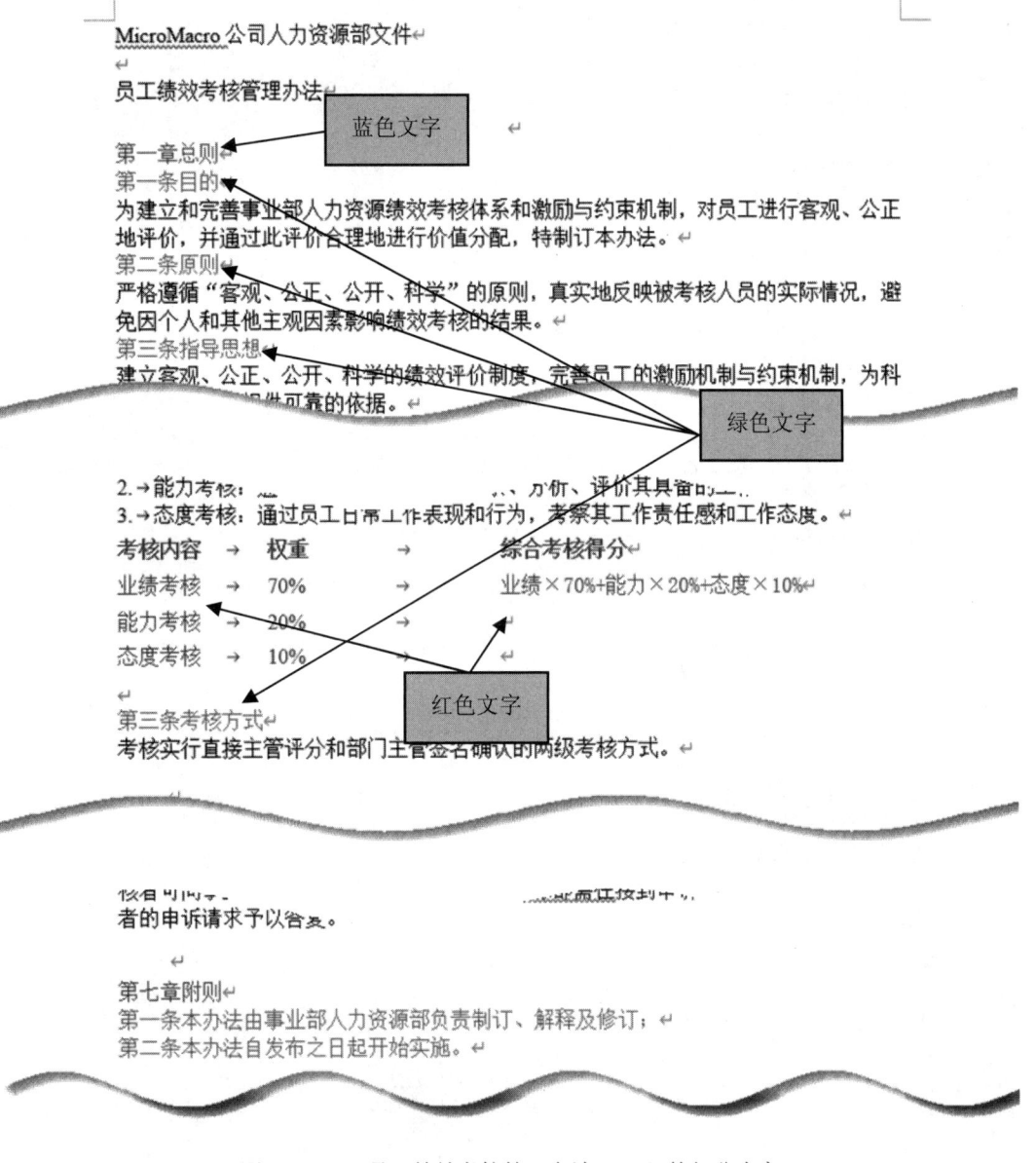

图 16-28 "员工绩效考核管理办法.docx"的部分内容

（7）修改"Word.docx"文件中表格右下角所插入的文件对象下方的题注文字为"指标说明"。

（8）使用文件"员工考核成绩.xlsx"中的数据创建邮件合并，并在"员工姓名""员工编号""员工性别""出生日期""业绩考核""能力考核""态度考核""综合成绩"右侧的单元格中插入对应的合并域，其中"综合成绩"保留1位小数。

（9）在"是否达标"右侧单元格中插入域，判断成绩是否达到标准，如果综合成绩大于或等于70分，则显示"合格"；否则显示"不合格"。

（10）编辑单个文档，完成邮件合并，将合并的结果文件另存为"合并文档.docx"。

4. 现有"《计算机与网络应用》初稿.docx"和相关图片文件的素材,其中"《计算机与网络应用》初稿.docx"部分内容如图 16-29 所示。

高等职业学校通用教材

计算机与网络应用

ⅩⅩⅩ 主编

高等职业学校通用教材编审委员会

前 言
《计算机与网络应用》是一门知识面广、操作性强的课程,是高职高专各专业...

编 者
2013 年 6 月

目 录
【注意:以下底纹标黄内容在生成目录后请删除!同时也删除本行内容】
第 1 章 计算机概述   1
1.1 计算机发展史 1
1.1.1 计算机的史前时代   1
...
参考文献   17

第 1 章 计算机概述
电子计算机是迄今为止人类历史上最伟大、最卓越的技术发明之一。人类因发明了电子计算机而开辟了智力和能力延伸的新纪元。电子计算机的诞生,为信息的采集、存储、...
1.1 计算机发展史
计算机无疑是人类历史上最重大的发明之一。西方人发明了这种奇妙的计算机器,为它起名为 Computer。今天,计算机的应用范围早就超出原本只用于"计算"的领域。它由当初的一种计算工具,逐步演变成为适用于多种领域的信息处理设备。
...
1.1.1 计算机的史前时代
(略)。
...
1.2 计算机系统组成
计算机系统由计算机硬件和计算机软件两部分组成。硬件是计算机的"躯体",是构成计算机系统的各种物理设备的总称。软件是计算机的"灵魂",是为了运行...
1.2.1 冯·诺依曼计算机的基本结构
(略)。
...

组成计算机的从入部件,如中央处理器、主存储器、...
...
参考文献
[1] 龚沛曾,杨志强.大学计算机基础(第五版).北京:高等教育出版社,2012.
[2] 神龙工作室.Office 2010 中文版从入门到精通.北京:人民邮电出版社,2012.
...
(略)。

图 16-29   "《计算机与网络应用》初稿.docx"部分内容

某出版社的王编辑,受领主编提交给她关于《计算机与网络应用》教材的编排任务。请你根据"《计算机与网络应用》初稿.docx"和相关图片文件的素材,帮助王编辑完成编排任务,具体要求如下:

(1)依据素材文件,将教材的正式文稿命名为"《计算机与网络应用》正式稿.docx",并保存在本例文件夹下。

(2)设置页面的纸张大小为 A4,页边距上、下为 3 厘米,左、右为 2.5 厘米,设置每页行数为 36 行。

（3）将封面、前言、目录、教材正文的每一章、参考文献均设置为 Word 文档中的独立一节。

（4）教材内容的所有章节标题均设置为单倍行距，段前、段后间距 0.5 行。其他格式要求为：章标题（如"第 1 章计算机概述"）设置为"标题 1"样式，字体为三号、黑体；节标题（如"1.1 计算机发展史"）设置为"标题 2"样式，字体为四号、黑体；小节标题（如"1.1.2 第一台现代电子计算机的诞生"）设置为"标题 3"样式，字体为小四号、黑体。前言、目录、参考文献的标题参照章标题设置。除此之外，其他正文字体设置为宋体、五号，段落格式为单倍行距，首行缩进 2 字符。

（5）将本例文件夹下的"第一台数字计算机.jpg"和"天河号.jpg"图片文件依据图片内容插入正文的相应位置。图片下方的说明文字设置为居中，小五号、黑体。其中"第一台数字计算机.jpg"和"天河号.jpg"如图 16-30 和图 16-31 所示。

图 16-30　第一台数字计算机.jpg　　　　　　图 16-31　天河号.jpg

（6）根据"教材封面样式.jpg"的示例，为教材制作一个封面，图片为本例文件夹下的 Cover.jpg，将该图片文件插入当前页面，设置该图片为"衬于文字下方"，调整大小，使之正好为 A4 幅面。其中"教材封面样式.jpg"和 Cover.jpg 如图 16-32 和图 16-33 所示。

图 16-32　教材封面样式.jpg　　　　　　图 16-33　Cover.jpg

（7）为文档添加页码，编排要求如下：封面、前言无页码，目录页页码采用小写罗马数字，正文和参考文献页页码采用阿拉伯数字。正文的每章以奇数页的形式开始编码，第一章的第一页页码为"1"，之后章节的页码编号续前节编号，参考文献页续正文页页码编号。页码设置在页面的页脚中间位置。

（8）在目录页的标题下方，以"自动目录"方式自动生成本教材的目录。

第 7 章　Excel 2016 电子表格

实验 17　Excel 函数的使用

实验目的

（1）熟悉 Excel 的工作环境及组成，掌握工作簿、工作表和单元格的基本操作。

（2）掌握不同类型数据的录入方法、数据的编辑与修改方法。

（3）掌握数据验证、表格的概念和使用、学会利用样式、条件格式、单元格格式以及自定义修饰工作表。

（4）掌握 LOOKUP、LEFT、MID、LEN、IF、COUNTIFS、MIN、MOD、ROW、TODAY、SUM、SUMIF 等 Excel 部分常用函数、数组以及名称的使用。

实验内容与操作步骤

实验 17-1　有公务员考试成绩数据工作簿文档"Excel 素材.xlsx"，该文档有"名单"和"统计分析"两张工作表，部分数据如图 17-1 和图 17-2 所示。

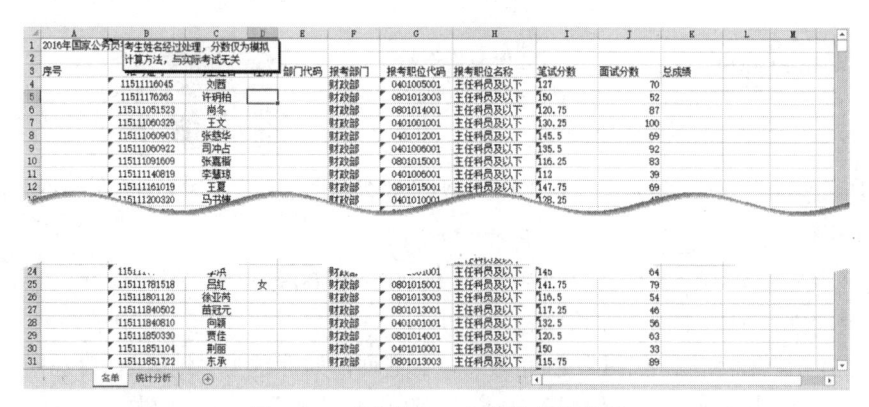

图 17-1　"名单"工作表及部分数据

图 17-2　"统计分析"工作表

根据本次公务员考试成绩数据，完成相关的整理、统计和分析工作。

（1）将本例文件夹中的工作簿文档"Excel 素材.xlsx"另存为 Excel.xlsx（.xlsx 为文件扩展名），之后所有的操作均基于此文件，操作过程中，不得随意改变工作表中数据的顺序。

（2）将本例文件夹中的工作簿"行政区划代码对照表.xlsx"中的工作表 Sheet1 复制到工作表"名单"的左侧，并重命名为"行政区划代码"，且工作表标签颜色设为标准紫色；以本例文件夹下的图片 map.jpg 作为该工作表的背景，不显示网格线。

"行政区划代码对照表.xlsx"中工作表 Sheet1 的部分数据如图 17-3 所示，图片 map.jpg 如图 17-4 所示。

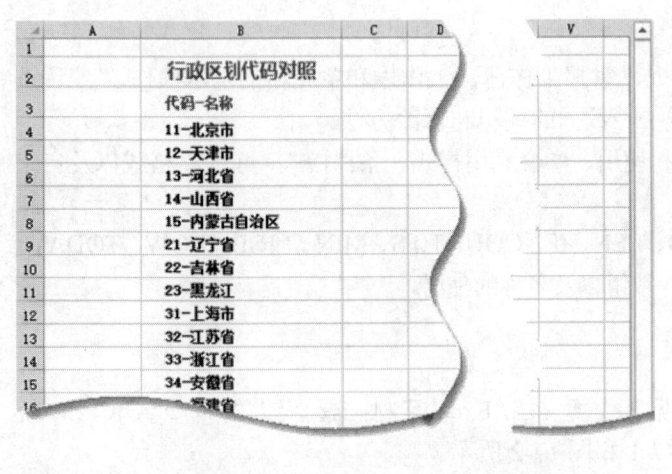

图 17-3　"行政区划代码对照表.xlsx"中工作表 Sheet1 的部分数据　　图 17-4　图片 map.jpg

（3）按照下列要求完善工作表"名单"中的数据：

1）在"序号"列中输入格式为"00001，00002，00003…"的顺序号。

2）在"性别"列的空白单元格中输入"男"。

3）在"性别"和"部门代码"之间插入一个空列，列标题为"地区"。自左向右准考证号的第 5 位、第 6 位为地区代码，依据工作表"行政区划代码"中的对应关系，在"地区"列中输入地区名称。

4）在"部门代码"列中填入相应的部门代码，其中准考证号的前 3 位为部门代码。

5）准考证号的第 4 位代表考试类别，按照下列计分规则计算每人的总成绩。

准考证号的第 4 位	考试类别	计分方法
1	A 类	笔试面试各占 50%
2	B 类	笔试占 60%、面试占 40%

（4）按照下列要求设置工作表"名单"的格式：

1）修改单元格样式"标题 1"，令其格式变为"微软雅黑"、14 磅、不加粗、跨列居中、其他保持默认效果。为第 1 行中的标题文字应用更改后的单元格样式"标题 1"，令其在所有数据上方居中排列，并隐藏其中的批注内容。

2）将笔试分数、面试分数、总成绩 3 列数据设置为形如"123.320 分"，且能够正确参与运算的数值类数字格式。

3）正确的准考证号为 12 位文本，面试分数的范围为 0～100 之间的整数（含本数），试检测这两列数据的有效性，当输入错误时给出提示信息"超出范围请重新输入！"，以标准红色文本标出存在的错误数据。

4）为整个数据区域套用一个表格格式，取消筛选并转换为普通区域。

5）适当加大行高并自动调整各列列宽至合适的大小。

6）锁定工作表的第 1～3 行，使之始终可见。

7）分别以数据区域的首行作为各列的名称。

（5）以工作表"名单"的原始数据为依据，在工作表"统计分析"中按下列要求对各部门数据进行统计：

1）首先获取部门代码及报考部门，并按部门代码的升序进行排列。

2）将各项统计数据填入相应单元格，其中统计男女人数时应使用函数并应用已定义的名称，最低笔试分数线按部门统计。

3）对工作表"统计分析"设置条件格式，令其只有在单元格非空时才会自动以某个浅色填充偶数行且自动添加上下边框线。

4）令第 G 列数字格式显示为百分数，要求四舍五入精确到小数点后 3 位。

操作步骤如下：

步骤一

在本例文件夹中打开"Excel 素材.xlsx"文件，单击"文件"选项卡下"另存为"命令。在弹出的"另存为"面板中选择好位置后，弹出"另存为"对话框，将文件名称修改为 Excel，单击"保存"按钮。

步骤二

（1）在本例文件夹下打开"行政区划代码对照表.xlsx"文件，选中工作表名 Sheet1 并右击，在弹出的快捷菜单中选择"移动或复制"命令，弹出图 17-5 所示的"移动或复制工作表"对话框，在"工作簿"下拉列表框中选择"Excel.xlsx"选项，在"下列选定工作表之前"列表框中选择"名单"选项，并勾选下方的"建立副本"复选框，单击"确定"按钮。

（2）关闭打开的"行政区划代码对照表.xlsx"文档，在 Excel 工作簿中双击新插入的 Sheet1 工作表名，将其名称修改为"行政区划代码"。

（3）右击，在弹出的快捷菜单中选择"工作表标签颜色"选项，在级联菜单中选择"标准色/紫色"选项，如图 17-6 所示。

（4）单击"页面布局"选项卡下"页面设置"组中的"背景"按钮，弹出"插入图片"对话框，浏览本例文件夹下的"map.jpg"文件，单击"插入"按钮。取消勾选"页面布局"选项卡下"工作表选项"组中的"网格线/查看"复选框。

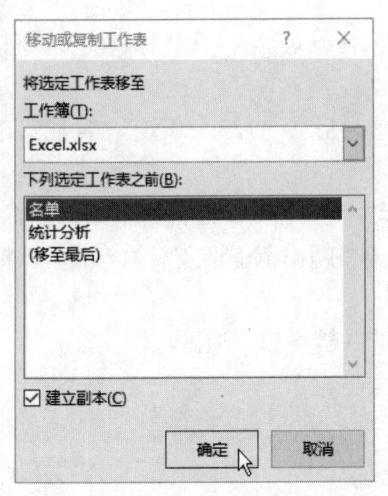

图 17-5 "移动或复制工作表"对话框 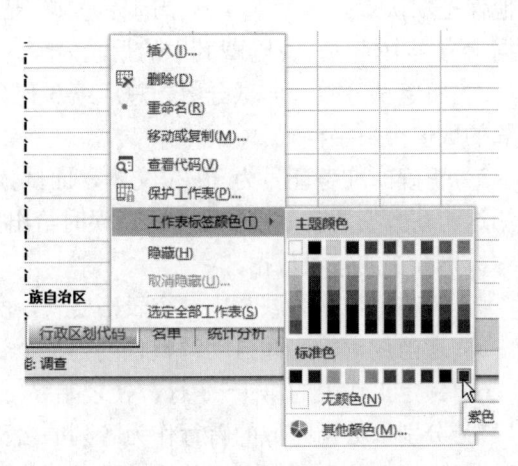　　　　图 17-6 工作表管理快捷菜单

步骤三

（1）在工作表"名单"中选中 A4 单元格，输入"'00001"，双击该单元格右下角的填充柄，完成数据的填充，填充到 A1777 单元格。

（2）选中 D4:D1777 单元格区域，单击"开始"选项卡下"编辑"组中的"查找和选择"按钮，在下拉列表中选择"替换"命令，弹出"查找和替换"对话框，在"替换"选项卡中的"替换为"文本框中输入"男"，单击"全部替换"按钮，完成 1407 处替换，如图 17-7 所示。

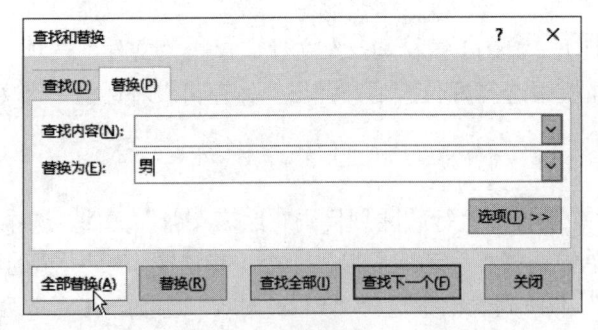

图 17-7 "查找和替换"对话框

（3）选中 E 列并右击，在弹出的快捷菜单中选择"插入"命令，在"性别"和"部门代码"之间插入一个空列，选中 E3 单元格，输入标题"地区"。

（4）在 E4 单元格中输入公式"=LOOKUP(MID(B4,5,2),LEFT(行政区划代码!B$4:B$38,2),MID(行政区划代码!B$4:B$38,4,LEN(行政区划代码!B$4:B$38)-3))"，使用填充柄填充到 E1777 单元格。

（5）在 F4 单元格中输入公式"=LEFT(B4,3)"，双击 F4 右下角的"填充柄" 115 ，使之填充到 F1777 单元格。

（6）在 L4 单元格中输入公式"=IF(MID(B4,4,1)="1",J4*0.5+K4*0.5,J4*0.6+K4*0.4)"，使用填充柄填充到 L1777 单元格。

步骤四

（1）单击"开始"选项卡下"样式"组中的"单元格样式"按钮 ，如图17-8所示。在下拉列表中使用鼠标指针指向"标题1"样式并右击，在弹出的快捷菜单中选择"修改"命令，弹出"样式"对话框，如图17-9所示。

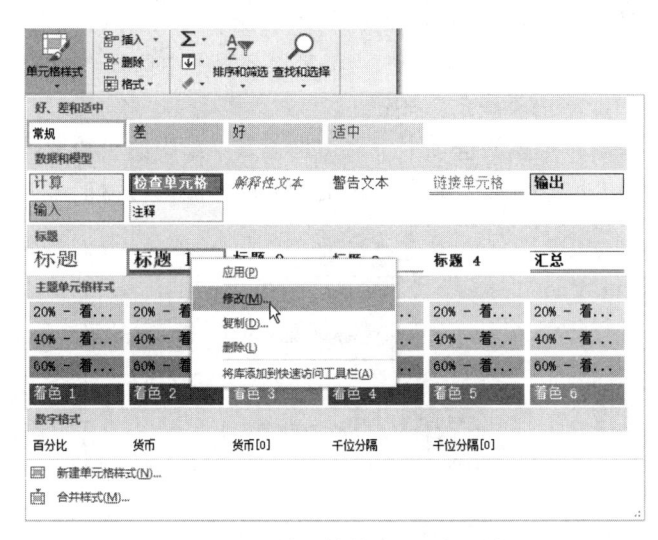

图17-8 "单元格样式"下拉列表　　　　　　　图17-9 "样式"对话框

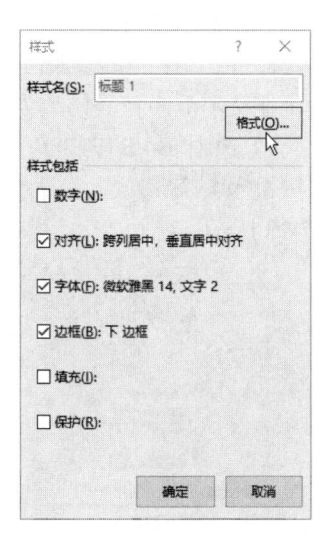

（2）单击"格式"按钮，弹出"设置单元格格式"对话框，切换到"字体"选项卡，设置字体为"微软雅黑"，字号为"14磅"，字形为"常规"，如图17-10所示。

（3）切换到"对齐"选项卡，设置"水平对齐"为"跨列居中"，如图17-11所示。设置完成后，单击两次"确定"按钮，回到编辑状态。

图17-10 "字体"选项卡　　　　　　　图17-11 "对齐"选项卡

（4）选中A1:L1单元格区域，单击"开始"选项卡下"样式"组中的"单元格样式"按钮，在下拉列表中单击"标题1"样式。

（5）选中 A1 单元格，单击"审阅"选项卡下"批注"组中的"显示/隐藏批注"按钮 显示/隐藏批注 ，将批注隐藏。

（6）首先将 J 列数据转换为数字格式，选中 J4:J1777 数据区域，然后找到 J4，单击左侧出现的"智能提示列表"按钮 ，选中列表中的"转换为数字"选项。

（7）同时选中 J、K、L 三列数据区域并右击，在弹出的快捷菜单中选择"设置单元格格式"命令，弹出"设置单元格格式"对话框，如图 17-12 所示。

（8）在"数字"选项卡下选中"自定义"选项，在右侧的"类型"列表框中选择"0.00"选项，在文本框中将其修改为"0.000"分""，单击"确定"按钮。

（9）选中 B4:B1777 单元格区域，单击"数据"选项卡下"数据工具"组中的"数据验证"按钮 数据验证 ，在下拉列表中选择"数据验证"命令，弹出"数据验证"对话框，如图 17-13 所示。

图 17-12　"设置单元格格式"对话框

图 17-13　"数据验证"对话框

（10）在"设置"选项卡中，依照图 17-13 所示的内容进行设置；切换到"出错警告"选项卡，如图 17-14 所示，完成设置后单击"确定"按钮。

图 17-14　"出错警告"选项卡

(11）单击"开始"选项卡下"样式"组中的"条件格式"按钮，在下拉列表中选择"新建规则"命令，弹出"新建格式规则"对话框，如图 17-15 所示。在"选择规则类型"列表框中选择"使用公式确定要设置格式的单元格"选项，在下方的文本框中输入"=(len(B4)<>12)"，单击下方的"格式"按钮，弹出"设置单元格格式"对话框，如图 17-16 所示。切换到"字体"选项卡，将"颜色"设置为"标准色-红色"，设置完成后，单击"确定"按钮，返回到"新建格式规则"对话框，单击"确定"按钮，此时我们看到不符合规则的单元格内容字体显示为红色。

图 17-15　"新建格式规则"对话框　　　　图 17-16　"设置单元格格式"对话框

（12）继续单击"样式"组中的"条件格式"按钮，在下拉列表中选择"管理规则"命令，弹出图 17-17 所示的"条件格式规则管理器"对话框。然后将步骤（11）建立的规则在"应用于"文本框中设置数据区域"=$B$4:$B$1777"，单击"确定"按钮。

图 17-17　"条件格式规则管理器"对话框

说明：由于已经选定了 B4:B1777，因此步骤（12）可以忽略。

（13）选中 K4:K1777 单元格区域，单击"数据"选项卡下"数据工具"组中的"数据验证"按钮，在下拉列表中选择"数据验证"命令，弹出"数据验证"对话框。在"设置"选项卡下按图 17-18 进行设置；切换到"出错警告"选项卡，按图 17-19 进行设置，完成后单击"确定"按钮。

图 17-18 "设置"选项卡

图 17-19 "出错警告"选项卡

（14）单击"开始"选项卡下"样式"组中的"条件格式"按钮，在下拉列表中选择"新建规则"命令，弹出"新建格式规则"对话框，在"选择规则类型"列表框中选择"只为包含以下内容的单元格设置格式"选项，如图 17-20 所示。

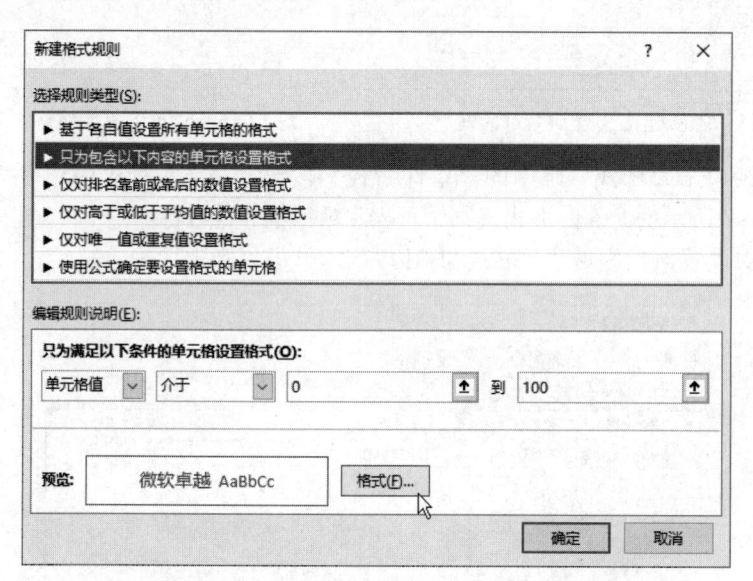

图 17-20 建立应用于 K4:K1777 单元格格式的条件规则

（15）单击"新建格式规则"对话框中的"格式"按钮，弹出"设置单元格格式"对话框，切换到"字体"选项卡，将"颜色"设置为标准色的红色。设置完成后，单击"确定"按钮，返回到"新建格式规则"对话框，单击"确定"按钮。

（16）继续单击"样式"组中的"条件格式"按钮，在下拉列表中选择"管理规则"命令，弹出"条件格式规则管理器"对话框，在"应用于"文本框中设置数据区域"=$K$4:$K$1777"，单击"确定"按钮。

（17）选中整个工作表的数据区域（从第 3 行开始），单击"开始"选项卡下"样式"组中的"套用表格格式"按钮，在下拉列表中选择一种表格样式，本例为"蓝色，表样式中等深浅 2"，如图 17-21 所示。随后弹出"套用表格式"对话框，如图 17-22 所示，单击"确定"按钮，被选定的单元格区域转换为表格。

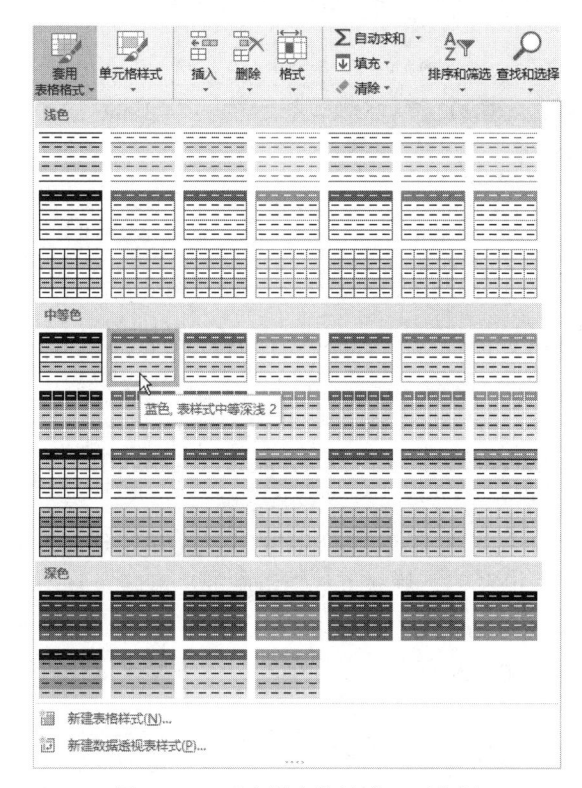

图 17-21 "套用表格格式"列表框 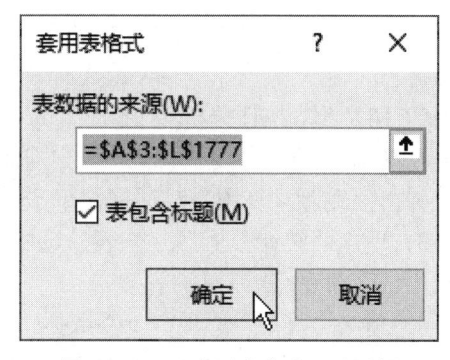　　　　图 17-22 "套用表格式"对话框

（18）单击"表格工具｜设计"选项卡下"工具"组中的"转换为区域"按钮，将表格转换成普通单元格区域，为后续操作做好准备。

（19）选中数据区域所有行（从第 3 行开始），单击"开始"选项卡下"单元格"组中的"格式"按钮，在下拉列表中选择"行高"命令，适当增大行高值（如设置为 15）。继续选中数据区域的所有列，单击"开始"选项卡下"单元格"组中的"格式"按钮，在下拉列表中选择"自动调整列宽"命令。

（20）选中 A4 单元格，单击"视图"选项卡下"窗口"组中的"冻结窗格"按钮，在下拉列表中选择"冻结窗格"命令。

（21）选中 A4:A1777 单元格，单击"公式"选项卡下"定义的名称"组中的"定义名称"按钮，弹出"新建名称"对话框，在"名称"文本框中输入"序号"，如图 17-23 所示。

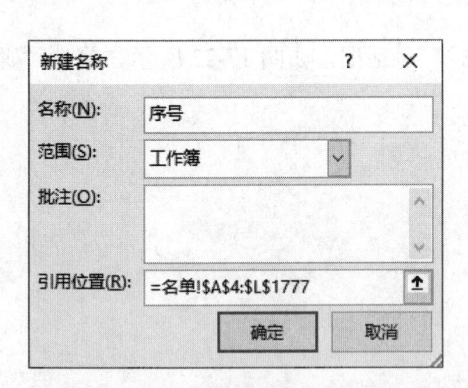

图 17-23 "新建名称"对话框

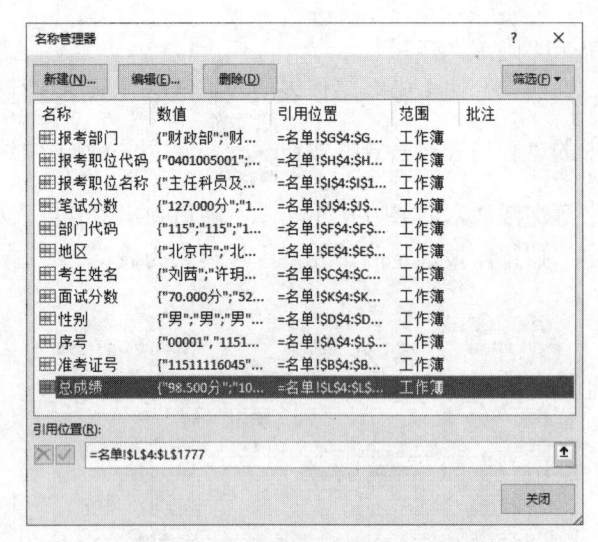

图 17-24 "名称管理器"对话框

（22）用相同的操作，将其他各列的标题字（4～1777 行）定义为各列的名称，如图 17-24 所示。

步骤五

（1）在"名单"工作表中选中数据区域 F4:G1777。按 Ctrl+C 组合键，复制选中的单元格区域。

（2）切换到"统计分析"工作表，选中 B5 单元格并右击，在弹出的快捷菜单中选择"选择性粘贴/粘贴数值"命令，然后单击"数据"选项卡下"数据工具"组中的"删除重复项"按钮，弹出"删除重复项"对话框，单击"确定"按钮。

（3）单击"统计分析"工作表，选中 B5 单元格并右击，在弹出的快捷菜单中选择"粘贴选项｜值"命令。

（4）单击"数据"选项卡下"数据工具"组中的"删除重复项"按钮 删除重复值，弹出"删除重复项警告"对话框，如图 17-25 所示。

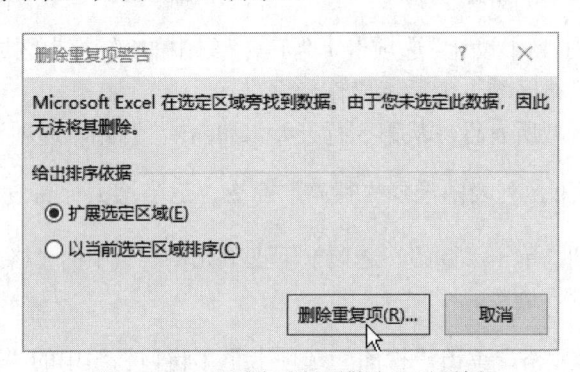

图 17-25 "删除重复项警告"对话框

（5）在图 17-25 中，单击"确定"按钮，系统弹出图 17-26 所示的"删除重复值"对话框。勾选"部门代码"复选框，单击"确定"按钮，系统弹出图 17-27 所示的"信息提示"对话框，单击"确定"按钮后，复制的数据保留不重复的内容。

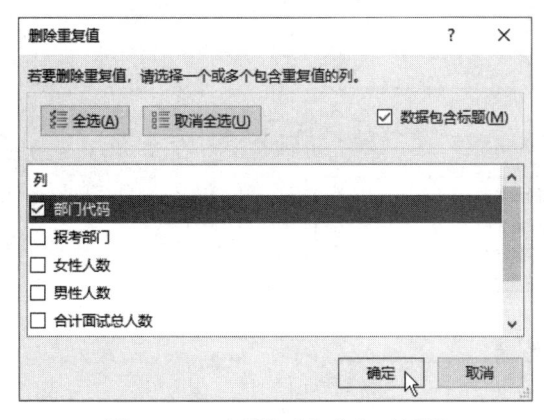

图 17-26 "删除重复值"对话框　　　　图 17-27 "信息提示"对话框

（6）在单元格 B4:H24 区域中，单击其中任一单元格。单击"开始"选项卡下"编辑"组中的"排序和筛选"按钮，在下拉列表中选择"自定义排序"命令，弹出"排序"对话框，如图 17-28 所示。

（7）将"主要关键字"设置为"部门代码"；将"排序依据"设置为"单元格值"；将"次序"设置为"升序"，单击"确定"按钮，弹出图 17-29 所示的"排序提醒"对话框。选择"分别将数字和以文本形式存储的数字排序"单选项，单击"确定"按钮。

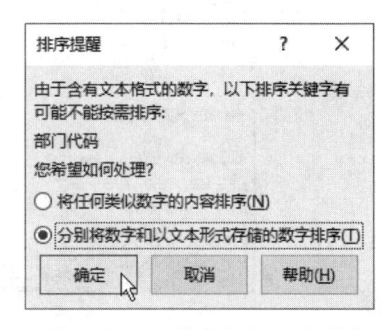

图 17-28 "排序"对话框　　　　图 17-29 "排序提醒"对话框

（8）选中 D5 单元格，在单元格中输入公式"=COUNTIFS(部门代码,B5,性别,"女")"，使用填充柄填充到 D24 单元格。

（9）选中 E5 单元格，在单元格中输入公式"=COUNTIFS(部门代码,B5,性别,"男")"，使用填充柄填充到 E24 单元格。

（10）选中 F5 单元格，在单元格中输入公式"=D5+E5"，使用填充柄填充到 F24 单元格。

（11）选中 G5 单元格，在单元格中输入公式"=D5/F5"，使用填充柄填充到 G24 单元格。

（12）选中 H5 单元格，在单元格中输入公式"=MIN(IF(名单!F$4:F$1777=统计分析!B5,名单!J$4:J$1777))"，输入完成后使用 Ctrl+Shift+Enter 组合键进行填充，然后使用填充柄填充到 H24 单元格。

（13）在"统计分析"工作表中，单击"开始"选项卡下"样式"组中的"条件格式"按钮，在下拉列表中选择"新建规则"命令，弹出"新建格式规则"对话框。在"选择规则类型"列表框中选择"只为包含以下内容的单元格设置格式"选项，在下方下拉列表框中选择"空值"选项,单击"确定"按钮,如图 17-30 所示。

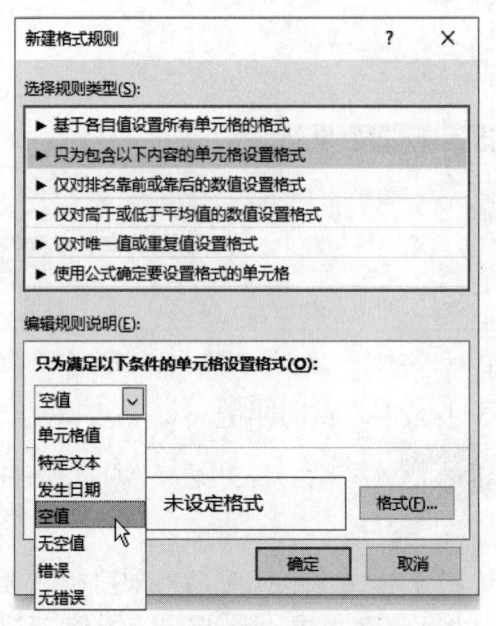

图 17-30 "新建格式规则"对话框

(14)再次单击"条件格式"按钮,在下拉列表中选择"管理规则"命令,弹出"条件格式规则管理器"对话框,如图 17-31 所示。

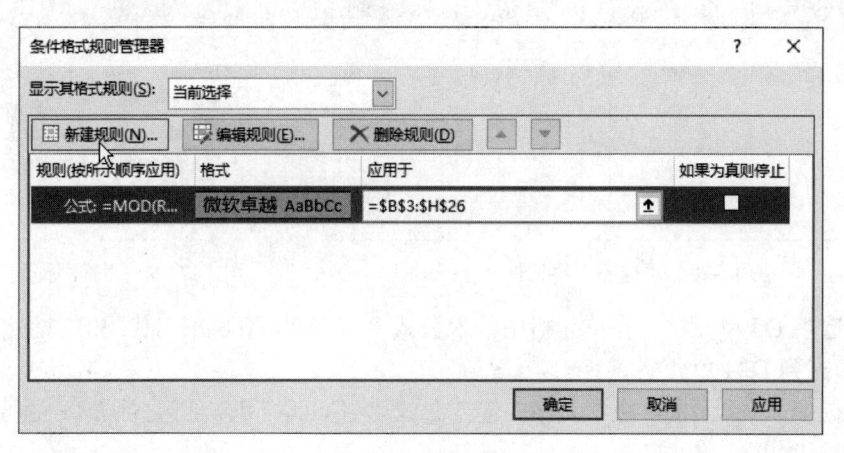

图 17-31 "条件格式规则管理器"对话框

(15)单击"新建规则"按钮,弹出"新建格式规则"对话框,如图 17-32 所示。在"选择规则类型"列表框中选择"使用公式确定要设置格式的单元格"选项,在下方的文本框中输入公式"=MOD(ROW(),2)=0"。

(16)单击下方的"格式"按钮,弹出"设置单元格格式"对话框,如图 17-33 所示。切换到"填充"选项卡,选择一种浅色填充颜色,如浅绿色;再切换到"边框"选项卡,设置"上边框"和"下边框",单击"确定"按钮,返回"条件格式规则管理器"对话框。再次单击"确定"按钮,返回到图 17-31 所示的"条件格式规则管理器"对话框。

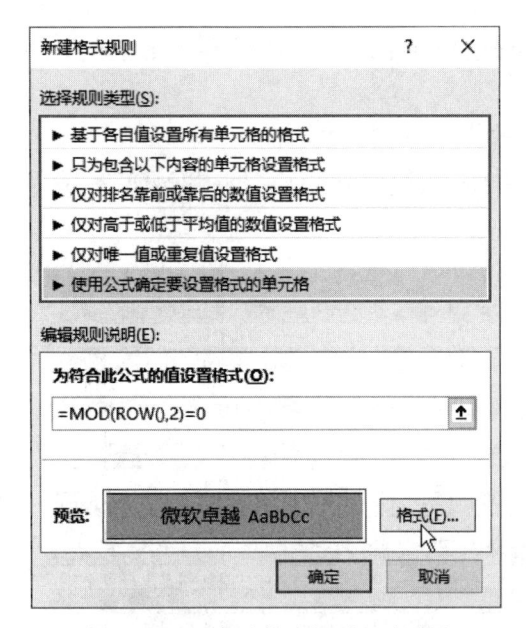

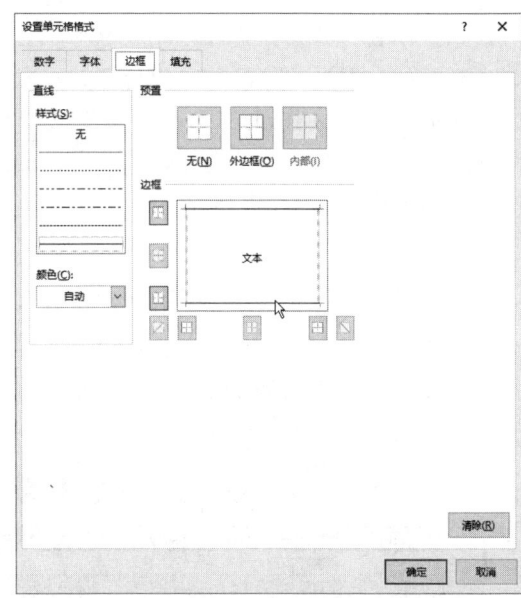

图 17-32　"新建格式规则"对话框　　　　图 17-33　"设置单元格格式"对话框

（17）在"应用于"文本框中设置数据区域"=$B$3:$H$26"，删除其他无用的规则（若有的话），单击"确定"按钮。

（18）选中 G5:G24 数据区域并右击，在弹出的快捷菜单中选择"设置单元格格式"命令，弹出图 17-34 所示的"设置单元格格式"对话框。

图 17-34　"设置单元格格式"对话框

（19）在"分类"列表框中选择"百分比"选项，将小数位数调整为"3"，单击"确定"按钮。按相同的操作方式将 H5:H24 数据区域设置为"数值"，小数位数调整为"2"，单击"确定"按钮。

提示：单击“开始”选项卡下“数字”组中的“百分比样式”按钮%，然后单击“增加小数位数”按钮，将 G5:G24 保留 3 位小数。

同样地，可以将 H5:H24 数据区域设置为“数值”，小数位数调整为“2”。

（20）单击选择 H26，输入公式“=TODAY()”，显示当前系统日期。最后形成的“统计分析”工作表内容如图 17-35 所示。

	A	B	C	D	E	F	G	H
3								
4		部门代码	报考部门	女性人数	男性人数	合计面试总人数	其中：女性所占比例	笔试最低分数线
5		115	财政部	16	78	94	17.021%	110.25
6		108	工业和信息化部	47	88	135	34.815%	110.00
7		110	公安部	45	81	126	35.714%	110.00
8		104	国家发展和改革委员会	73	112	185	39.459%	111.25
9		144	国家旅游局	2	9	11	18.182%	111.50
10		142	国家食品药品监督管理总	5	18	23	21.739%	110.50
11		132	国家税务总局	10	33	43	23.256%	111.00
12		175	国家外汇管理局	8	28	36	22.222%	110.00
13		139	国家新闻出版广电总局	15	53	68	22.059%	110.50
14		143	国家知识产权局	7	283	290	2.414%	58.00
15		118	环境保护部	0	5	5	0.000%	110.00
16		121	交通运输部	5	12	17	29.412%	114.50
17		106	教育部	52	41	93	55.914%	110.00
18		107	科学技术部	3	14	17	17.647%	110.25
19		113	民政部	6	10	16	37.500%	110.00
20		124	农业部	21	90	111	18.919%	110.25
21		116	人力资源社会保障部	21	86	107	19.626%	110.50
22		125	商务部	18	277	295	6.102%	117.75
23		123	水利部	3	32	35	8.571%	112.75
24		114	司法部	10	57	67	14.925%	110.00
25								
26								2016/12/11

... 名单 分析图表 统计分析

图 17-35 “统计分析”工作表内容

（21）单击“快速访问工具栏”中的“保存”按钮，关闭工作簿文件。

实验 17-2 使用 Excel 设计竞赛评分系统，如图 17-36 所示。

	A	B	C	D	E	F	G	H	I	J	K	L
1	竞赛评分系统											
2	序号	评委 评分 选手	一 李一	二 周二	三 张三	四 王四	五 马五	六 孟六	七 陈七	八 英八	最后得分	名次
3	1	1号选手	99	70	93	85	83	45	54	66	75.17	5
4	2	2号选手	88	89	82	82	81	86	88	80	84.50	3
5	3	3号选手	66	87	78	98	88	60	56	60	73.17	7
6	4	4号选手	65	74	77	55	66	42	45	75	63.33	10
7	5	5号选手	45	78	90	78	34	78	78	67	70.67	9
8	6	6号选手	50	89	78	65	90	78	78	54	73.67	6
9	7	7号选手	88	78	82	90	87	85	91	96	87.17	2
10	8	8号选手	65	79	72	58	68	75	87	70	71.50	8
11	9	9号选手	88	90	82	89	96	98	86	90	89.83	1
12	10	10号选手	81	90	89	78	68	78	80	80	81.00	4

竞赛评分系统 110%

图 17-36 竞赛评分系统

该 Excel 评分系统的功能如下：只要主持人宣布完毕各评委的打分，工作人员同步进行分数（百分制）录入，系统就会自动提示错误分值。要求如下：

（1）自动将最高分、最低分分别用不同的颜色和字体进行区分显示。
（2）自动去掉最高分和最低分。
（3）自动计算每位选手的最后得分。
（4）自动生成参赛选手的得分名次，自动将得分较多的前三名用红色加粗字显示。

设计步骤如下：

步骤一

新建"竞赛评分系统.xlsx"工作簿，C2:J2 单元格中为各评委，B3:B12 单元格中为 10 位选手，K3:K12 单元格为最后得分，L3:L12 单元格为得分排名。C3:K12 为记分区，所有的分数录入均在此区域，如图 17-36 所示。

步骤二

本步骤主要用于设置数据验证，自动提示数据错误。
（1）选择 C3:J12 数据录入的单元格。
（2）在"数据"选项卡下单击"数据工具"组中的"数据验证"按钮，在弹出的下拉列表中执行"数据验证"命令，弹出"数据验证"对话框，如图 17-37 所示。

图 17-37 "数据验证"对话框   图 17-38 "数据验证"对话框之"出错警告"选项卡

（3）按图 17-37 所示的内容进行设置；然后切换至"出错警告"选项卡，如图 17-38 所示，设置当录入数据超出设定范围时，弹出提示窗口的标题和内容。

步骤三

录入评委分数后，使用"条件格式"，通过字体和颜色，能将最高分、最低分与其他分值区别显示。

（1）选择 C3:J3 单元格区域，选择"开始"选项卡下"样式"组中的"条件格式"按钮，在弹出的命令列表框中执行"管理规则"命令，打开"条件格式规则管理器"对话框，如图 17-39 所示。

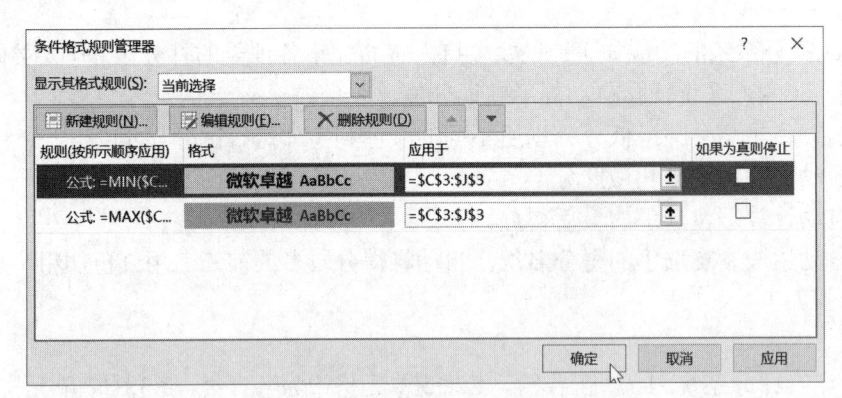

图 17-39 "条件格式规则管理器"对话框

（2）单击"新建规则"按钮，打开图 17-40 所示的"新建格式规则"对话框。

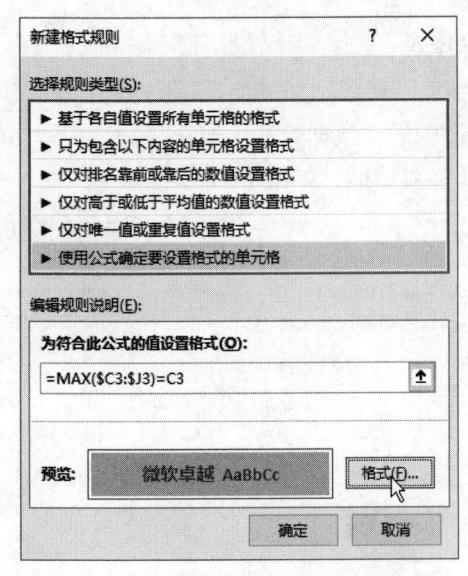

图 17-40 "新建格式规则"对话框

图 17-41 "设置单元格格式"对话框

（3）在"选择规则类型"列表框中择"使用公式确定要设置格式的单元格"选项。然后在"为符合此公式的值设置格式"文本框中输入公式"=MAX($C3:$J3)=C3"。

提示：如果条件格式公式为"=MAX(C3:J3)=C3"，则引用为相对引用，它会根据单元格的实际偏移量自动改变，显示结果就会出现差错。

（4）单击"格式"按钮，打开图 17-41 所示的"设置单元格格式"对话框。切换到"字体"选项卡，在"字形"列表框中选择"加粗"选项；在"颜色"列表框中选择"标准色/红色"选项。切换到"填充"选项卡，选择一种填充色［本例使用自定义 RGB（155,194,230）］，单击"确定"按钮，回到图 17-39 中，单击"确定"按钮关闭该对话框。

（5）重复执行步骤（1）～（3），但在"在符合此公式的值设置格式"文本框中输入公式"=MIN($C3:$J3)=C3"，并选择一种填充色［本例使用自定义 RGB（219,219,219）］。

（6）将第 3 行的"条件格式"运用到以下各行。选择 C3:J3 单元格区域，把鼠标指针指向 J3 单元格右下角的填充柄，此时鼠标变成黑色的"十"形，按住鼠标左键，向下拖动至单元格 J12，松开鼠标，再单击出现的"智能提示"按钮 ，在弹出的命令列表中执行"仅填充格式"命令，即可完成填充。

步骤四

步骤四用于计算选手最后得分。

（1）将最后得分精确度设置为小数点后两位。选择单元格区域 K3:K12 并右击，在弹出的快捷菜单中选择"设置单元格格式"命令。在"设置单元格格式"对话框的"数字"选项卡的"分类"区域中，选择"数值"，将"小数位数"设置为 2。

（2）计算最后得分。

在最后得分单元格 K3 中输入以下公式：

=IF(COUNT(C3:J3)=0,"",(SUM(C3:J3)-MAX(C3:J3)-MIN(C3:J3))/(COUNT(C3:J3)-2))

其中：

1）公式中 IF(COUNT(C3:J3)=0,"" 的作用是当本行没有输入任何分数时，不进行计算，不显示任何内容。

2）公式中 SUM(C3:J3)-MAX(C3:J3)-MIN(C3:J3) 的作用是将本行分数进行求和，并减去最高分和最低分。

单击 K3 单元格，把鼠标指针指向该单元格右下角的填充柄，此时鼠标变成黑色的"十"形，按住鼠标左键，向下拖动至单元格 K12，松开鼠标，即可完成填充。

（3）选择 K3:K12 单元格区域，单击"开始"选项卡下"样式"组中的"条件格式"按钮，在弹出的命令列表框中执行"管理规则"命令，打开"条件格式规则管理器"对话框。

（4）单击"新建规则"按钮，打开图 17-42 所示的"新建格式规则"对话框。

（5）新建一个规则，用于突出显示前三名的信息。

步骤五

统计选手得分名次并突出显示优胜选手。

（1）选定单元格 L3，输入以下公式：

=IF(COUNT(C3:J3)=0,"",RANK(K3,$K$3:$K$12))

公式中 RANK(K3,$K$3:$K$12) 的作用是统计 K3 单元格在 K3:K12 中的排名；IF(COUNT(C3:J3)=0,"" 的作用是当本行没有输入任何分数时，本单元格不显示任何内容，当 K3 没有值时，RANK(K3,$K$3:$K$12) 会显示错误。

（2）单击 L3 单元格，把鼠标指针指向该单元格右下角的填充柄，此时鼠标指针变成黑色的"十"形，按住鼠标左键，向下拖动至单元格 L12，松开鼠标，即可将单元格 L3 的公式填充到以下各单元格。

（3）选择 L3:L12 单元格区域，单击"开始"选项卡下"样式"组中的"条件格式"按钮，在弹出的命令列表框中执行"管理规则"命令，打开"条件格式规则管理器"对话框。

（4）单击"新建规则"按钮，打开图 17-43 所示的"新建格式规则"对话框。

（5）新建一个规则，用于突出数字 1~3 的信息。

最后，标题字"竞赛评分系统"设置为黑体、26 磅、加粗，跨行居中显示；A2:J2 单元格区域中的文本设置为等线、14 磅、加粗、水平与垂直居中。浅绿底纹；K2 单元格中的文本设置为等线、14 磅、加粗、水平与垂直居中。浅橙色纹；L2 单元格无底纹。第 2 行行高为 43.5 磅；第 3~12 行行高为 20 磅；A~L 列自动调整宽度。

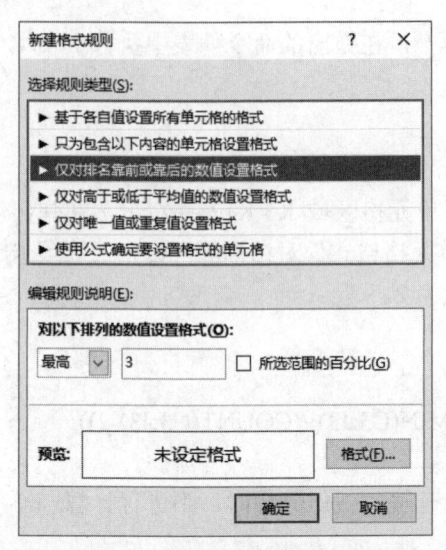

图 17-42　"新建格式规则"对话框 1

图 17-43　"新建格式规则"对话框 2

思考与综合练习

1. 利用 Excel 公式填充方法，求出斐波那契数列的第 n 项值。斐波那契数列的前两个数为 1、1，以后每个数都是前两个数之和，如图 17-44 所示。

图 17-44　斐波那契数列

2. 完成图 17-45 所示的 Excel 内容。

要求如下：

（1）A5:A14 及 G5:G14 单元格区域，输入的学号长度为 9，否则提示学号长度为 9。

（2）C5:C14 及 I5:I14 单元格区域，输入的性别可以从"男"和"女"两个值中选取，输入其他字符出错，并提示"错误，只能输入男或女！"。

（3）D5:D14、E5:E14、J5:J14、K5:K14 单元格区域，输入为整数；F5:F14 及 L5:L14 单元格区域，自动给出，保留一位小数。

（4）D5:D14 单元格数用浅蓝色数据条修饰。

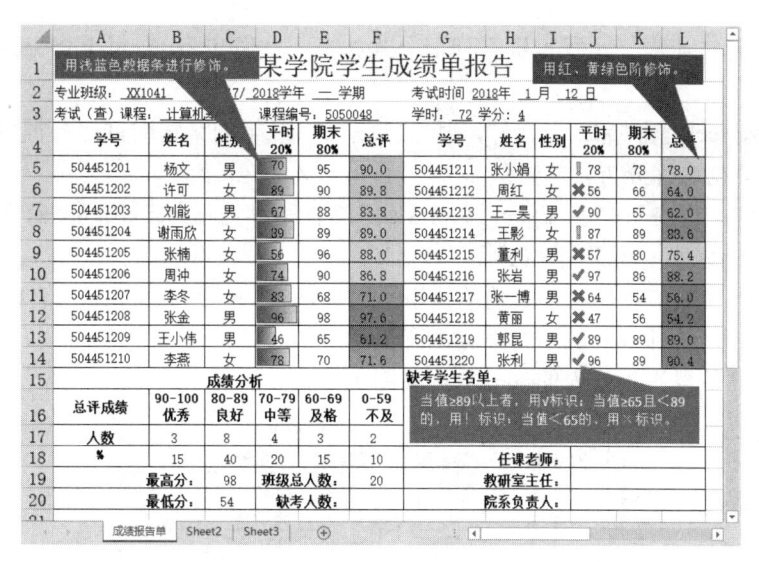

图 17-45　第 2 题图

（5）J5:J14 单元格数据，当值≥89，用"√"标识；当值≥65 且＜89，用"!"标识；当值＜65，用"×"标识。

（6）F4:F14 及 L4:L14 单元格数据用红、蓝绿色阶修饰。

（7）用相关公式计算出优秀、良好、中等、及格和不及格的人数和所占比例；计算出最高分、最低分、班级总人数。

（8）其他单元格区域的文本内容，其格式修饰采用自定义。

3. 现有东方公司 2014 年 3 月员工工资表 Excel.xlsx，试根据下列要求对该工资表进行整理和分析（本题中若出现排序问题则采用升序方式）：

（1）通过合并单元格，将表名"东方公司 2014 年 3 月员工工资表"放于整张表的上端、居中，并调整字体、字号。

（2）在"序号"列中分别填入 1～15，将其数据格式设置为数值、保留 0 位小数、居中。

（3）将"基础工资"（含）往右各列设置为会计专用格式、保留 2 位小数、无货币符号。

（4）调整表格各列宽度、对齐方式，使得显示更加美观。设置纸张大小为 A4、横向，整个工作表需调整在 1 个打印页内。

（5）参考本例文件夹下的"工资薪金所得税率.xlsx"，利用 IF 函数计算"应交个人所得税"列。（提示：应交个人所得税=应纳税所得额×对应税率-对应速算扣除数）

其中，"工资薪金所得税率.xlsx"工作表如图 17-46 所示。

图 17-46　"工资薪金所得税率"工作表

（6）利用公式计算“实发工资”列，公式如下：实发工资=应付工资合计-扣除社保-应交个人所得税。

4．现有“Excel_素材.xlsx”文件，其数据是 2015 年的销售数据，根据以下要求，完成 2015 年的销售数据进行分析。

（1）在本例文件夹下，将“Excel_素材.xlsx”文件另存为 Excel.xlsx（.xlsx 为文件扩展名），后续操作均基于此文件，否则不得分。

（2）命名“产品信息”工作表的单元格区域 A1:D78 的名称为“产品信息”；命名“客户信息”工作表的单元格区域 A1:G92 的名称为“客户信息”。

其中，“产品信息”工作表的部分数据如图 17-47 所示。

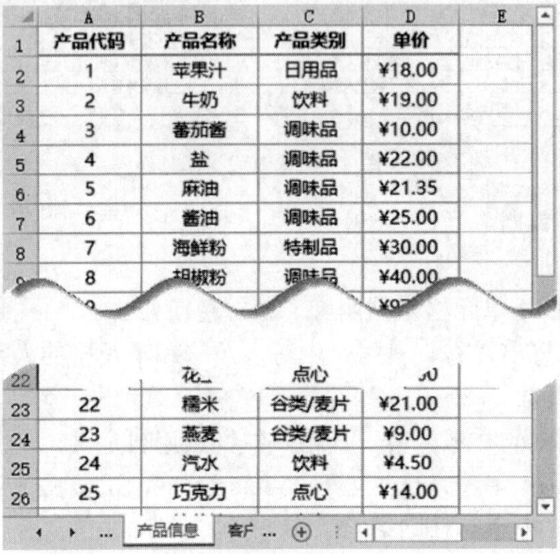

	A	B	C	D	E
1	产品代码	产品名称	产品类别	单价	
2	1	苹果汁	日用品	¥18.00	
3	2	牛奶	饮料	¥19.00	
4	3	蕃茄酱	调味品	¥10.00	
5	4	盐	调味品	¥22.00	
6	5	麻油	调味品	¥21.35	
7	6	酱油	调味品	¥25.00	
8	7	海鲜粉	特制品	¥30.00	
9	8	胡椒粉	调味品	¥40.00	
23	22	糯米	谷类/麦片	¥21.00	
24	23	燕麦	谷类/麦片	¥9.00	
25	24	汽水	饮料	¥4.50	
26	25	巧克力	点心	¥14.00	

图 17-47　“产品信息”工作表的部分数据

“客户信息”工作表的部分数据如图 17-48 所示。

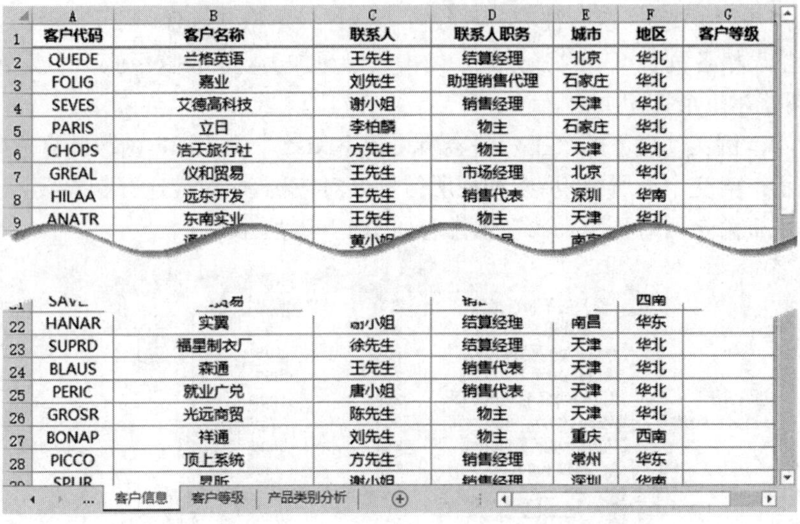

	A	B	C	D	E	F	G
1	客户代码	客户名称	联系人	联系人职务	城市	地区	客户等级
2	QUEDE	兰格英语	王先生	结算经理	北京	华北	
3	FOLIG	嘉业	刘先生	助理销售代理	石家庄	华北	
4	SEVES	艾德高科技	谢小姐	销售经理	天津	华北	
5	PARIS	立日	李柏麟	物主	石家庄	华北	
6	CHOPS	浩天旅行社	方先生	物主	天津	华北	
7	GREAL	仪和贸易	王先生	市场经理	北京	华北	
8	HILAA	远东开发	王先生	销售代表	深圳	华南	
9	ANATR	东南实业	王先生	物主	天津	华北	
22	HANAR	实翼	[illegible]小姐	结算经理	南昌	华东	
23	SUPRD	福星制衣厂	徐先生	结算经理	天津	华北	
24	BLAUS	森通	王先生	销售代表	天津	华北	
25	PERIC	就业广兑	唐小姐	销售代表	天津	华北	
26	GROSR	光远商贸	陈先生	物主	天津	华北	
27	BONAP	祥通	刘先生	物主	重庆	西南	
28	PICCO	顶上系统	方先生	销售经理	常州	华东	

图 17-48　“客户信息”工作表的部分数据

（3）"订单明细"工作表的部分数据如图 17-49 所示。

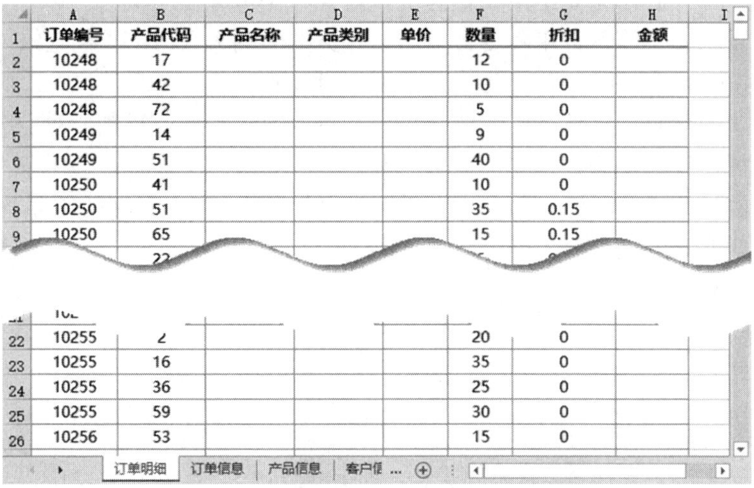

图 17-49 "订单明细"工作表的部分数据

要求完成下列任务：

1）根据 B 列中的产品代码，在 C 列、D 列和 E 列填入相应的产品名称、产品类别和产品单价（对应信息可在"产品信息"工作表中查找）。

2）设置 G 列单元格格式，折扣为 0 的单元格显示"-"，折扣大于 0 的单元格显示为百分比格式，并保留 0 位小数（如 15%）。

3）在 H 列中计算每个订单的销售金额，公式为"金额=单价×数量×(1-折扣)"，设置 E 列和 H 列单元格为货币格式，保留 2 位小数。

（4）"订单信息"工作表的部分数据如图 17-50 所示。

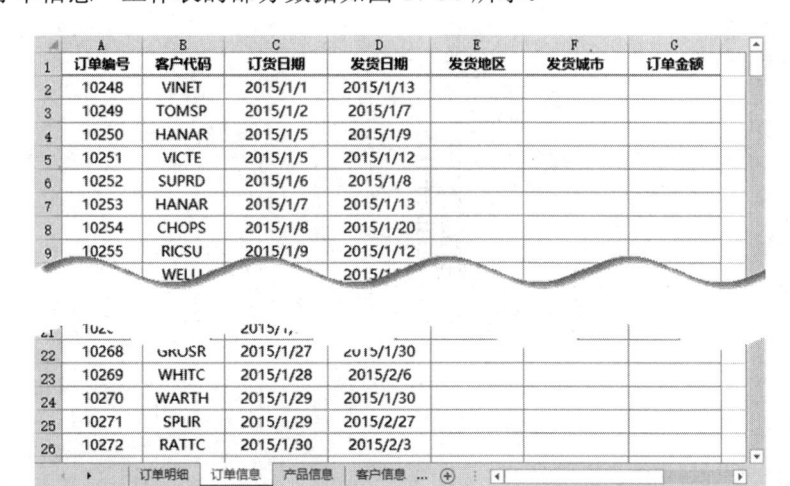

图 17-50 "订单信息"工作表的部分数据

要求在"订单信息"工作表中完成下列任务：

1）根据 B 列中的客户代码，在 E 列和 F 列填入相应的发货地区和发货城市（提示：需首先清除 B 列中的空格和不可见字符），对应信息可在"客户信息"工作表中查找。

2）在 G 列计算每订单的订单金额，该信息可在"订单明细"工作表中查找（注意：一个订单可能包含多个产品），计算结果设置为货币格式，保留 2 位小数。

3）使用条件格式，将每订单订货日期与发货日期间隔大于 10 天的记录所在单元格填充颜色设置为"红色"，字体颜色设置为"白色,背景 1"。

（5）在"客户信息"工作表中，根据每个客户的销售总额计算其所对应的客户等级（不要改变当前数据的排序），等级评定标准可参考"客户等级"工作表；使用条件格式，将客户等级为 1～5 级的记录所在单元格填充颜色设置为"红色"，字体颜色设置为"白色,背景 1"。

其中，"客户等级"工作表的部分数据如图 17-51 所示。

图 17-51 "客户等级"工作表的部分数据

5. 文件夹下的工作簿文档"Excel1 素材.xlsx"是某公司本年度的购销数据，其部分数据如图 17-52 所示。

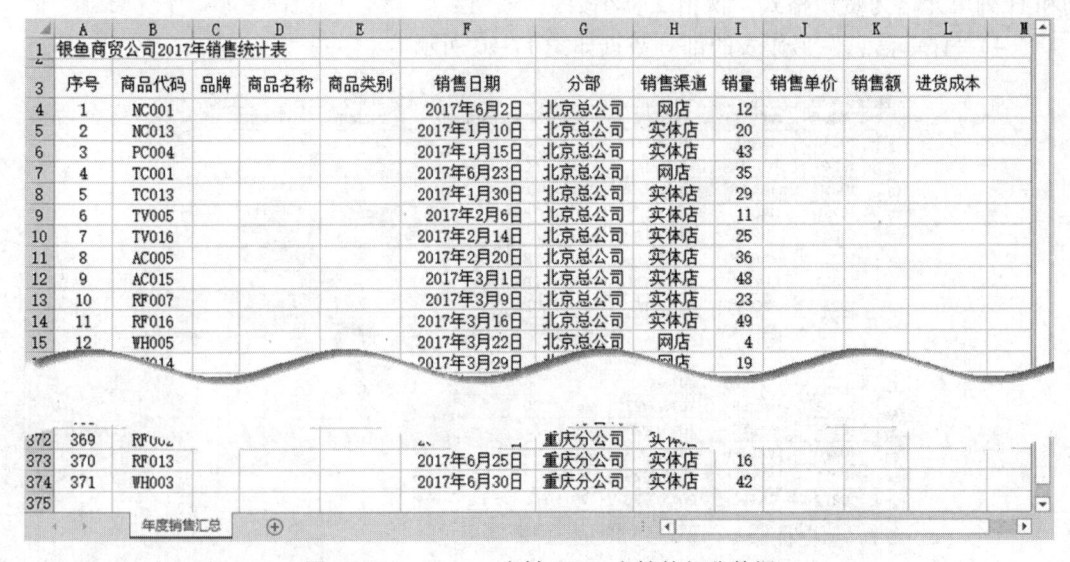

图 17-52 "Excel1 素材.xlsx"文档的部分数据

现在该公司运营部经理需要对公司本年度的购销数据进行统计，按照下列要求帮助该经理完成相关数据的整理、计算和分析工作：

（1）将工作簿文档"Excel1 素材.xlsx"另存为 Excel.xlsx（xlsx 为文件扩展名）。

（2）在工作表"年度销售汇总"右侧插入一个名为"品名"的工作表，按照下列要求整理完善：

1）将以逗号","分隔的文本文件"品名表.txt"中的数据自 A1 单元格开始导入工作表"品名"中。"品名表.txt"的部分数据如图 17-53 所示。

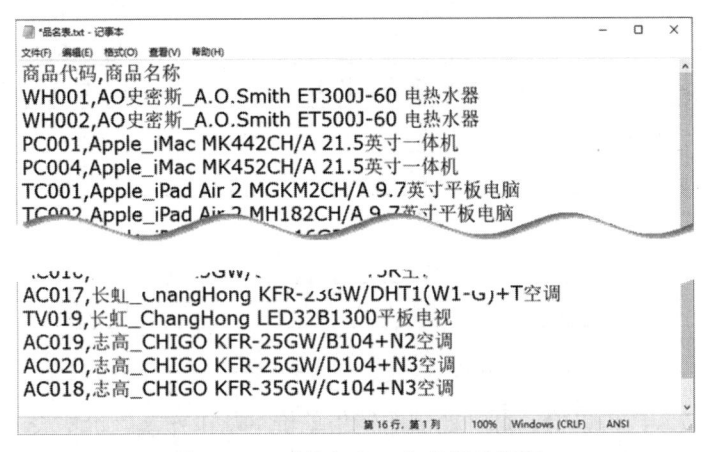

图 17-53　"品名表.txt"的部分数据

2）参照"品牌分列示例.jpg"，如图 17-54 所示，将"商品名称"分为两列显示，下划线左边为"品牌"，右边为具体的"商品名称"。

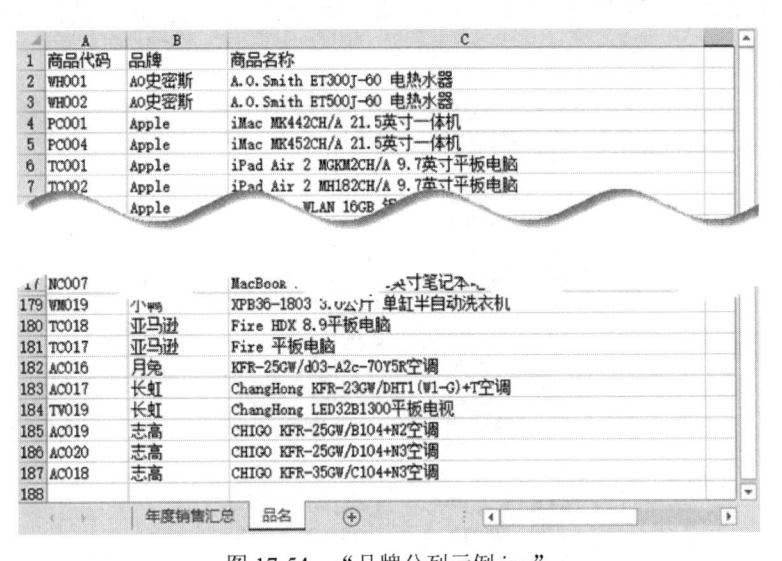

图 17-54　"品牌分列示例.jpg"

3）通过设置"条件格式"查找并删除工作表中"商品名称"重复的记录，对于重复信息只保留最前面的一个。

4）按"商品代码"升序对商品信息进行排列。

5）删除源数据"品名表.txt"的链接。

（3）按照下列要求对工作表"年度销售汇总"中的数据进行修饰、完善：

1）将 A1 单元格中的标题内容在表格数据上方"跨列居中"，并应用"标题 1"单元格样式。

2）令"序号"列中的序号以"0001"式的格式显示，但仍需保持可参与计算的数值格式。

3）从工作表"品名"中获取与商品代码相对应的"品牌"及"商品名称"依次填入 C 列和 D 列。

4）商品代码的前两位字母代表了商品的类别。按照下表所示的对应关系，在 E 列中填入与商品代码相适应的商品类别。

商品代码的前两位字母	商品类别
NC（笔记本）、PC（台式机）、TC（平板电脑）	计算机
TV	电视
AC	空调
RF	冰箱
WH	热水器
WM	洗衣机

5）在 J 列中填入销售单价，每种商品的销售单价可从工作簿"价格表.xlsx"中的"单价"表中获取。

6）根据公式"销售额=销量×销售单价"计算出每种商品的销售额并填入 K 列中。

7）根据公式"进货成本=销量×进价"计算出每种商品的进货成本填入 I 列中。其中进价可从工作簿"价格表.xlsx"中的"进价"表中获取。其中，"价格表.xlsx"的部分数据如图 17-55 所示。

图 17-55　"价格表.xlsx"的部分数据

8）将单价、销售额和进货成本 3 列数据设为保留两位小数、使用千位分隔的数值格式；为整个数据区域套用一个表格格式（如"冰蓝，表样式浅色 16"样式），并适当增大行高、调整各列列宽以使数据显示完整。

9）锁定工作表的 1～3 行和 A～D 列，使之始终可见。

实验 18　Excel 数据管理与图形化

实验目的

（1）掌握数据表的自动求和、排序与筛选功能。
（2）熟练掌握分类汇总表的建立、删除和分级显示。
（3）了解数据透视表的建立和使用方法。
（4）掌握嵌入图表和独立图表的建立方法。
（5）理解工作表的打印设置和各种打印方法。

实验内容与操作步骤

实验18-1　在完成实验17"思考与综合练习"第3题的基础上，要求完成如下任务：

（1）复制工作表"2014年3月"，将副本放置到原表的右侧，并命名为"分类汇总"，同时设置工作表标签颜色为"标准色/紫色"。

（2）在"分类汇总"工作表中通过分类汇总功能求出各部门"应付工资合计"和"实发工资"的和，每组数据不分页，如图 18-1 所示。

图 18-1　"2014 年 3 月"分类汇总工作表

操作步骤如下：
步骤一
（1）启动 Excel 2016，打开实验 17"思考与综合练习"第 3 题所保存的 Excel.xlsx。
（2）选中"2014 年 3 月"工作表并右击，在弹出的快捷菜单中选择"移动或复制"命令。
（3）在弹出的"移动或复制工作表"对话框中，在"下列选定工作表之前"列表框中选择 Sheet2，勾选"建立副本"复选框，如图 18-2 所示。设置完成，单击"确定"按钮。
（4）选中"2014 年 3 月（2）"工作表并右击，在弹出的快捷菜单中选择"重命名"命令，更改"2014 年 3 月（2）"为"分类汇总"。
（5）右击"分类汇总"工作表标签，在弹出的快捷菜单中执行"工作表标签颜色"命令，选择级联色块中的"标准色｜红色"。

步骤二
方法 1：使用菜单，直接建立分类汇总。
（1）单击 D3:D17 单元格区域中的任意一个单元格。

(2) 在"数据"选项卡的"排序和筛选"组中执行"升序"或"降序"命令,完成数据表的排序。

(3) 选中 A2:M17 单元格区域,在"数据"选项卡的"分级显示"组中执行"分类汇总"命令,打开"分类汇总"对话框,如图 18-3 所示。

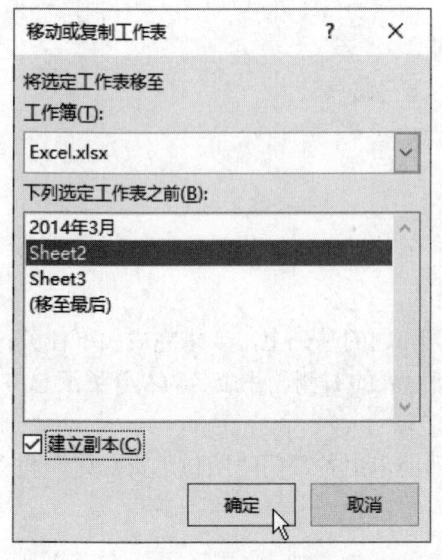

图 18-2 "移动或复制工作表"对话框

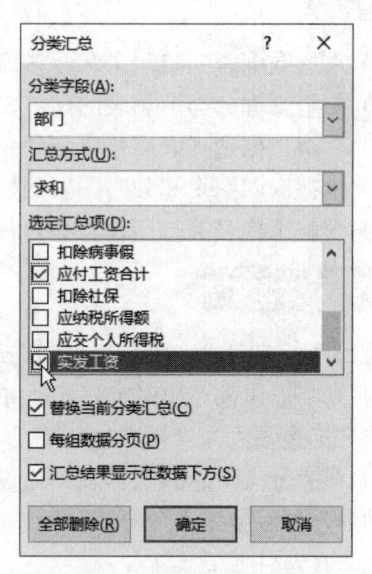

图 18-3 "分类汇总"对话框

(4) 在"分类汇总"对话框中,进行如下设置:在"分类字段"下拉列表框中选择"部门"选项;在"汇总方式"下拉列表框中选择"求和"选项;在"选定汇总项"列表框中勾选"应付工资合计""实发工资"复选框;不勾选"每组数据分页"复选框;结果如图 18-4 所示。

图 18-4 "分类汇总"后的详细信息显示

(5) 最后,单击"快速访问工具栏"中的"保存"按钮，对文件进行保存。

方法 2:使用函数建立分类汇总。

(1) 选中 A2:M17 单元格区域的任一个单元格,再次单击"数据"选项卡的"分级显示"组中执行"分类汇总"命令,打开图 18-3 所示的"分类汇总"对话框。

（2）单击左下角的“全部删除”按钮，前面所做分类汇总的结果恢复到数据原样。然后，我们在“分类汇总”工作表中数据下方建立一个小表格。

（3）在“分类汇总”工作表 K19 单元格中输入公式“=SUMPRODUCT(1*(D3:D17="管理"),I3:I17)”，并按 Enter 键确认。

（4）在“分类汇总”工作表 L19 单元格中输入公式“=SUMPRODUCT(1*(D3:D17="管理"),M3:M17)”，按 Enter 键确认。

（5）参照步骤（2）和步骤（3），在“分类汇总”工作表 K27、L27、K28、L28、K29、L29、K30、L30 单元格中依次输入：

K20：=SUMPRODUCT(1*(D3:D17="行政"),I3:I17)

L20：=SUMPRODUCT(1*(D3:D17="行政"),M3:M17)

K21：=SUMPRODUCT(1*(D3:D17="人事"),I3:I17)

L21：=SUMPRODUCT(1*(D3:D17="人事"),M3:M17)

K22：=SUMPRODUCT(1*(D3:D17="销售"),I3:I17)

L22：=SUMPRODUCT(1*(D3:D17="销售"),M3:M17)

K23：=SUMPRODUCT(1*(D3:D17="研发"),I3:I17)

L23：=SUMPRODUCT(1*(D3:D17="研发"),M3:M17)

（6）在单元格 J20:J24、K19、L19 中分别输入文本：管理、行政、人事、销售、研发、应付工资合计、实发工资数据，并适当设置合适的字体、字号等格式。最后，利用函数公式创建的分类汇总结果，如图 18-5 所示。

东方公司2014年3月员工工资表

序号	员工工号	姓名	部门	基础工资	奖金	补贴	扣除病事假	应付工资合计	扣除社保	应纳税所得额	应交个人所得税	实发工资
1	DF001	包宏伟	管理	40,600.00	500.00	260.00	230.00	41,130.00	460.00	37,170.00	7,504.50	33,165.50
2	DF002	陈万地	管理	3,500.00		260.00	352.00	3,408.00	309.00	-	-	3,099.00
6	DF006	李燕	管理	6,350.00	500.00	260.00		7,110.00	289.00	3,321.00	227.10	6,593.90
7	DF007	李娜娜	管理	10,550.00		260.00		10,810.00	206.00	7,104.00	865.80	9,738.20
13	DF013	孙玉敏	管理	12,450.00	500.00	260.00		13,210.00	289.00	9,421.00	1,350.25	11,570.75
15	DF015	谢如康	管理	9,800.00		260.00		10,060.00	309.00	6,251.00	695.20	9,055.80
3	DF003	张惠	行政	12,450.00	500.00	260.00		13,210.00	289.00	9,421.00	1,350.25	11,570.75
14	DF014	王清华	行政	4,850.00		260.00		5,110.00	289.00	1,321.00	39.63	4,781.37
4	DF004	闫朝霞	人事	6,050.00		260.00	130.00	6,180.00	360.00	2,320.00	127.00	5,693.00
9	DF009	刘鹏举	销售	4,100.00		260.00		4,360.00	289.00	571.00	17.13	4,053.87
11	DF011	齐飞扬	销售	5,050.00		260.00		5,310.00	289.00	1,521.00	47.10	4,973.90
5	DF005	吉祥	研发	6,150.00		260.00		6,410.00	289.00	2,621.00	157.10	5,963.90
8	DF008	刘康锋	研发	15,550.00	500.00	260.00	155.00	16,155.00	308.00	12,347.00	2,081.75	13,765.25
10	DF010	倪冬声	研发	5,800.00		260.00	25.00	6,035.00	289.00	2,246.00	119.60	5,626.40
12	DF012	苏解放	研发	3,000.00		260.00		3,260.00	289.00	-	-	2,971.00

	应付工资合计	实发工资
管理	85,728.00	73,223.15
行政	18,320.00	16,352.12
人事	6,180.00	5,693.00
销售	9,670.00	9,027.77
研发	31,860.00	28,326.55

2014年3月　分类汇总　Sheet2　Sheet3

图 18-5　使用函数创建“分类汇总”

提示：SUMPRODUCT 函数的使用方法。

该函数语法和用法格式如下：

SUMPRODUCT(array1, [array2], [array3], ...)

功能：在给定的几组数组中，将数组间对应的元素相乘，并返回乘积之和。

其中各参数的含义如下：Array1（必需），其相应元素需要进行相乘并求和的第一个数组参数。Array2, array3,...（可选），函数须有 2 ~ 255 个数组参数，其相应元素需要进行相乘并求和。

例如，图 18-6 所示是 SUMPRODUCT 的一个基本用法示例。

	A	B	C	D
1	数组1	数组1	数组2	数组2
2	3	4	2	7
3	8	6	6	7
4	1	9	5	3
5	公式	说明（结果）		
6	=SUMPRODUCT(A2:B4, C2:D4)	两个数组的所有元素对应相乘，然后把乘积相加，即 3*2 + 4*7 + 8*6 + 6*7 + 1*5 + 9*3。(156)		

图 18-6　SUMPRODUCT 函数的使用

使用 SUMPRODUCT 函数时，与以数组形式输入的公式 SUM(A2:B4*C2:D4)的计算结果相同(使用时要按Ctrl+Shift+Enter组合键)，而使用公式“=SUM(A2:B4^2)”并按Ctrl+Shift+Enter组合键可以计算 A2:B4 中所有元素的平方和。

实验 18-2　实验 17“思考与综合练习”第 4 题中有一个“产品类别分析”工作表，其部分数据如图 18-7 所示。

	A	B	C
1	产品类别	销售额	
2	饮料		
3	调味品		
4	特制品		
5	肉/家禽		
6	日用品		
7	海鲜		
8	谷类/麦片		
9	点心		

产品类别分析

图 18-7　“产品类别分析”工作表的部分数据

发货地区	发货城市	订单金额汇总
东北	大连	¥44, 635. 01
华北	北京	¥19, 885. 02
	秦皇岛	¥22, 670. 88
	石家庄	¥24, 460. 51
	天津	¥182, 610. 14
	张家口	¥5, 096. 60
华东	常州	¥25, 580. 56
	南昌	¥5, 694. 16
	南京	¥53, 004. 87
	青岛	¥4, 392. 36
	上海	¥1, 275. 00
	温州	¥33, 183. 73
华南	海口	¥3, 568. 00
	厦门	¥1, 302. 75
	深圳	¥95, 755. 28
西北	西安	¥2, 642. 50
西南	重庆	¥56, 012. 17
总计		¥581, 769. 55

图 18-8　透视表参考效果.png

在“产品类别分析”工作表中，完成下列任务：

（1）在 B2:B9 单元格区域计算每类产品的销售总额，设置单元格格式为货币格式，保留 2 位小数；并按照销售额对表格数据降序排序。

（2）在所有工作表的最右侧创建一个名为“地区和城市分析”的新工作表，并在该工作表 A1:C19 单元格区域创建数据透视表，以便按照地区和城市汇总订单金额。数据透视表设置需与图 18-8 所示的样例文件“透视表参考效果.png”保持一致。

操作步骤如下：

步骤一

（1）打开实验 17“思考与综合练习”第 4 题的“Excel_素材.xlsx”文件。

（2）单击选择“产品类别分析”工作表，选中 B2 单元格，输入公式“=SUMIF(订单明细!$D$2:$D$907,A2,订单明细!$H$2:$H$907)”，输入完成后，按 Enter 键确认输入，拖动单元格右下角的填充柄，填充到 B9 单元格。

（3）选中 B2:B9 单元格区域并右击，在弹出的快捷菜单中选择“设置单元格格式”命令，弹出“设置单元格格式”对话框。在“数字”选项卡下的“分类”列表框中，选中“货币”类型，将右侧的"小数位数"设置为 2，设置完成后单击"确定"按钮，结果如图 18-9 所示。

（4）选中"产品类别分析"工作表中的 A1:B9 单元格数据区域，单击"开始"选项卡下"编辑"组中的"排序和筛选"按钮，在下拉列表中选择"自定义排序"命令，弹出"排序"对话框，如图 18-10 所示。

图 18-9　计算销售额　　　　　　　　　图 18-10　"排序"对话框

（5）在对话框中将主要关键字选择为"销售额"，将"次序"设置为"降序"，最后单击"确定"按钮，结果如图 18-11 所示。

步骤二

（1）单击工作表"产品类别分析"右侧的"插入工作表"按钮 ⊕，新建一个空白工作表 Sheet1，双击工作表名 Sheet1，修改工作表名为"地区和城市分析"。

（2）切换到"订单信息"工作表，选中 A1:G342 单元格数据区域，单击"插入"选项卡下"表格"组中的"数据透视表"按钮，弹出"创建数据透视表"对话框，如图 18-12 所示。

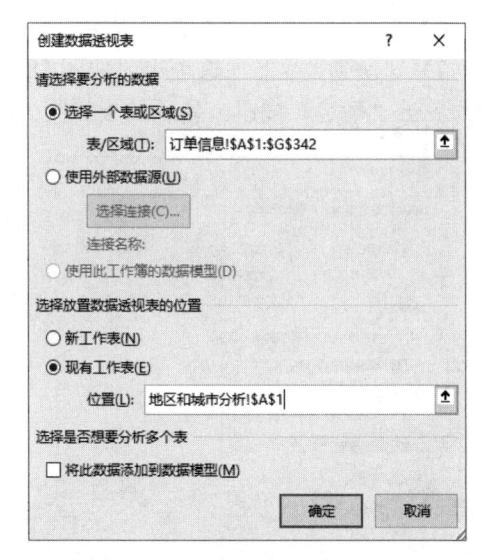

图 18-11　排序后的工作表　　　　　　图 18-12　"创建数据透视表"对话框

（3）在"选择放置数据透视表的位置"选项组中选择"现有工作表"单选项，单击"位置"文本框中右侧的 按钮，然后选中"地区和城市分析"工作表的 A1 单元格，单击"确定"按钮。

（4）切换到"地区和城市分析"工作表，参考图18-8所示的图形效果，将右侧"数据透视表字段列表"窗格中的"发货地区"和"发货城市"两个字段分别拖动到下方的"行标签"区域中，将"求和项：订单金额"字段拖动到"值"区域中，结果如图18-13所示。

图18-13　生成后的"地区和城市分析"工作表

（5）选中A1:B25单元格数据区域，单击"数据透视表工具 | 分析"选项卡下的"数据透视表"组中的"选项"按钮 选项 ，在下拉列表中选择"选项"命令，弹出"数据透视表选项"对话框，如图18-14（a）所示。

（6）在"布局和格式"选项卡中，勾选"合并且居中排列带标签的单元格"复选框。

（7）切换到"显示"选项卡，如图18-14（b）所示。取消勾选"显示展开/折叠按钮"复选框，单击"确定"按钮。显示结果如图18-15所示。

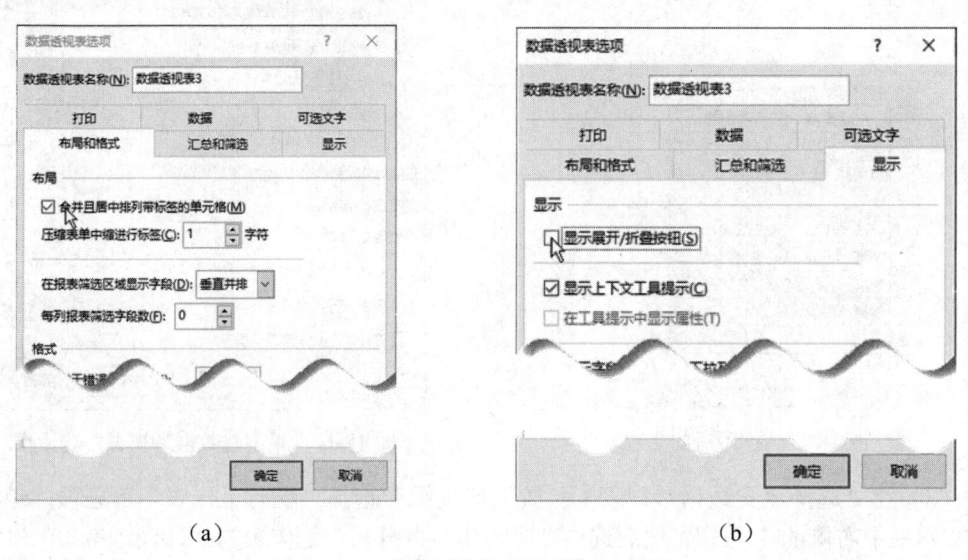

（a）　　　　　　　　　　　　　　（b）

图18-14　"数据透视表选项"对话框

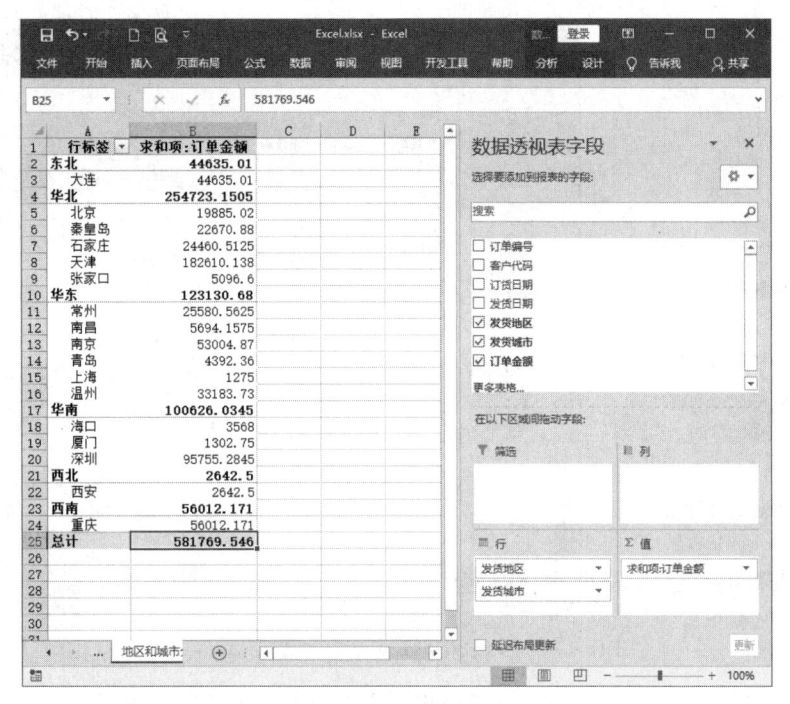

图 18-15 改变显示选项后的"地区和城市分析"工作表

（8）单击"数据透视表工具 | 设计"选项卡下"布局"组中的"分类汇总"按钮，在下拉列表中选择"不显示分类汇总"命令，结果显示如图 18-16 所示。

图 18-16 "不显示分类汇总"命令及显示结果

（9）单击右侧的"报表布局"按钮，在下拉列表中选择"以表格形式显示"命令，结果如图 18-17 所示。

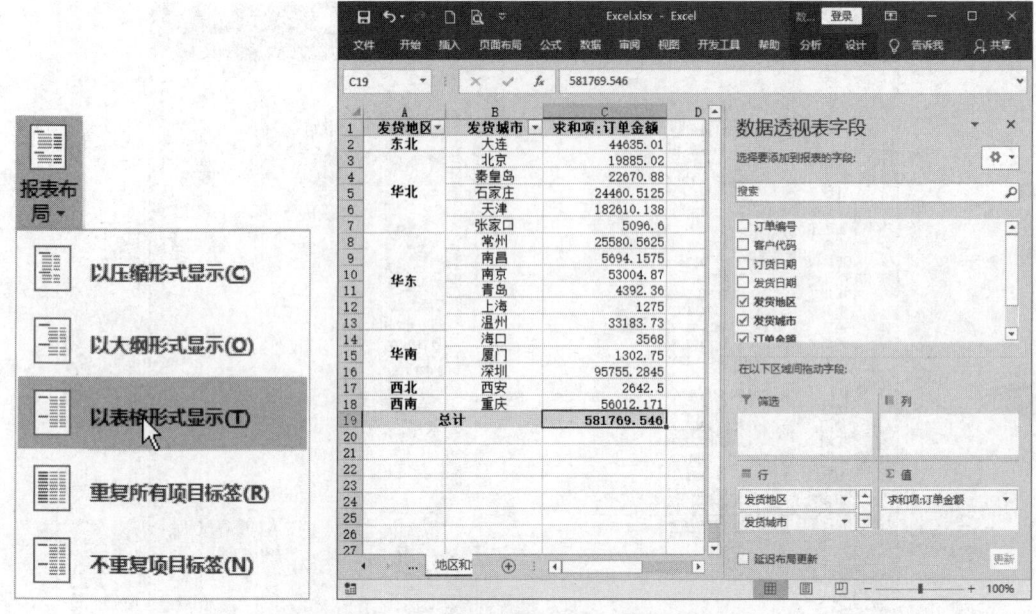

图 18-17 "以表格形式显示"命令及显示结果

（10）双击 C1 单元格，打开"值字段设置"对话框，如图 18-18 所示。

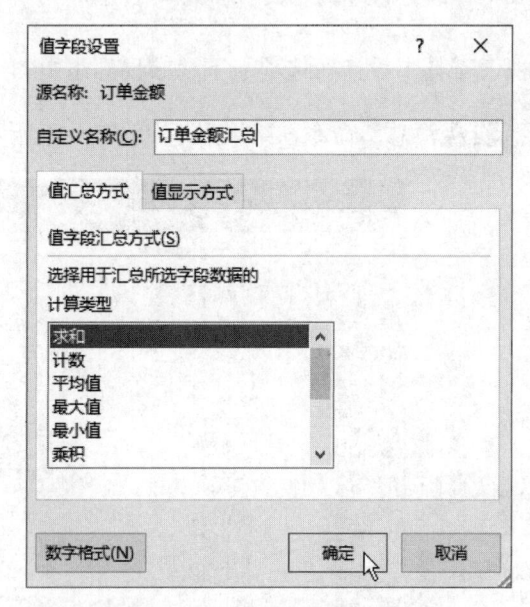

图 18-18 "值字段设置"对话框

（11）在"自定义名称"文本框中输入"订单金额汇总"，单击"确定"按钮。

（12）选中 C2:C19 数据区域并右击，在弹出的快捷菜单中选择"设置单元格格式"命令，弹出"设置单元格格式"对话框，在"数字"选项卡下的"分类"列表框中，单击选中"货币"类型，将右侧的"小数位数"设置为"2"，设置完成后单击"确定"按钮，关闭对话框。结果显示如图 18-19 所示。

（13）单击"快速访问工具栏"中的"保存"按钮，保存"Excel_素材.xlsx"文件。

图 18-19 最终显示结果

实验 18-3 利用实验 17"思考与综合练习"第 4 题的有关数据及实验 18-2 中已处理的"产品类别分析"工作表数据，完成以下操作。

（1）在单元格区域 D1:L17 中创建复合饼图，并根据样例文件"图表参考效果.png"设置图表标题、绘图区、数据标签的内容及格式。其中，"图表参考效果.png"如图 18-20 所示。

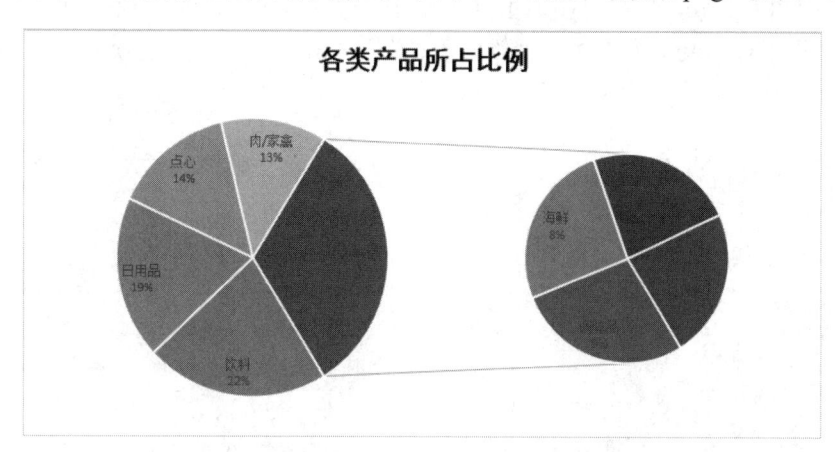

图 18-20　图表参考效果.png

（2）为文档添加自定义属性，属性名称为"机密"，类型为"是或否"，取值为"是"。

操作步骤如下：

步骤一

（1）打开实验 18-2 保存的 Excel.xlsx 文件。

（2）切换到"产品类别分析"工作表，选中 A1:B9 单元格区域。单击"插入"选项卡下"图表"组中的"饼图"按钮，在下拉列表中选择"二维饼图 | 子母饼图"选项，在工作表中插入一个子母饼图对象，如图 18-21 所示。

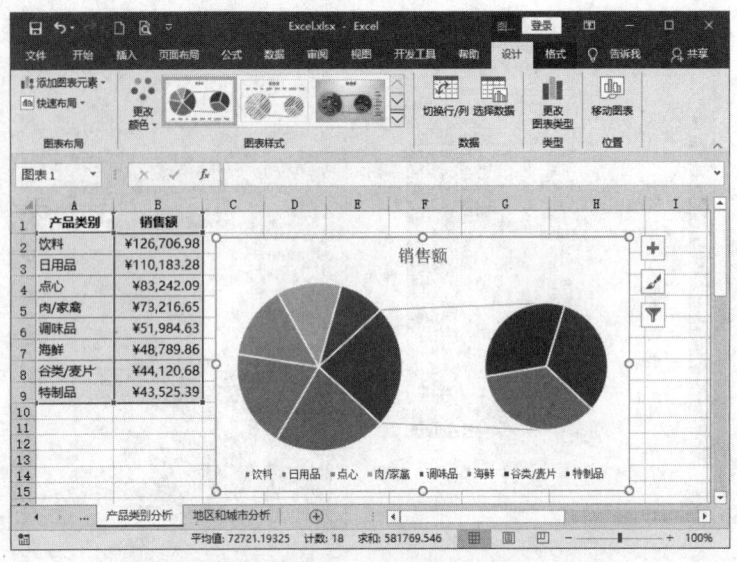

图 18-21 插入的"二维饼图 | 子母饼图"

（3）选中该饼图对象，单击"图表工具 | 设计"选项卡下"图表布局"组中的"添加图表元素"按钮，在下拉列表中依次选择"图例"→"无"命令。

（4）选中图表对象上方的标题文本框，参考图 18-20 所示效果，输入图表标题"各类产品所占比例"。标题文字格式为黑体、加粗、18 磅、黑色。

（5）选中图表对象，单击"图表工具 | 设计"选项卡下"图表布局"组中的"添加图表元素"按钮。在下拉列表中依次执行"数据标签"→"其他数据标签选项"命令，打开"设置数据标签格式"任务窗格，如图 18-22 所示。

图 18-22 "设置数据标签格式"任务窗格 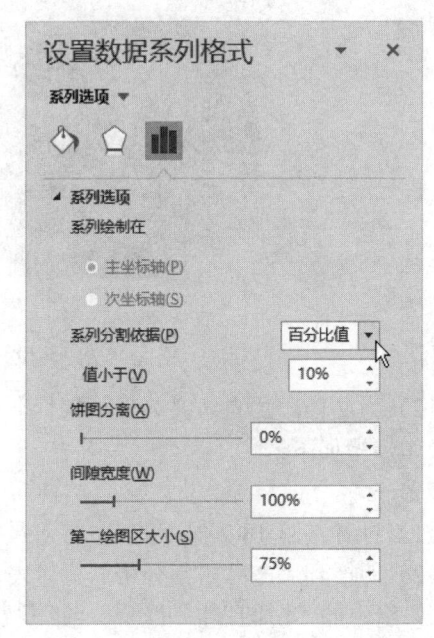　　图 18-23 "设置数据系列格式"任务窗格

（6）在"标签选项"选项卡 中，展开"标签选项"，勾选"类别名称"和"百分比"复选框。

（7）单击"图表工具 | 格式"选项卡下"当前所选内容"组中的"图表元素"按钮 系列"销售额" 。在下拉列表框中选择"系列：销售额"选项；然后单击下方的"设置所选内容格式"，弹出"设置数据系列格式"任务窗格，如图 18-23 所示。

（8）单击"系列分割依据"右侧下拉列表按钮，在下拉列表中选择"百分比值"选项，其他选项采用默认设置。

（9）适当调整图表对象的大小及位置，将其放置于工作表的 D1:L17 单元格区域中，最终结果如图 18-24 所示。

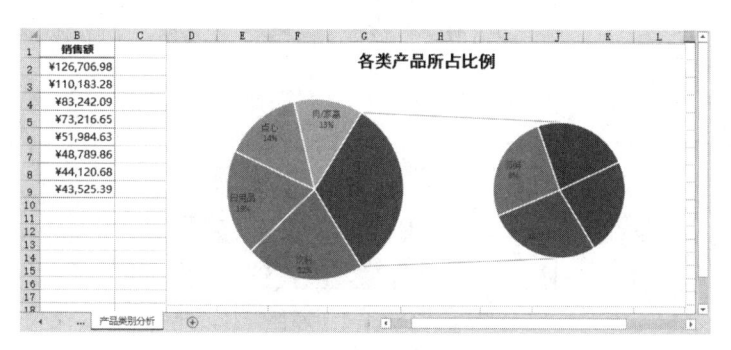

图 18-24　最终结果

步骤二

（1）单击"文件"选项卡，打开"Office 后台视图"，如图 18-25 所示。

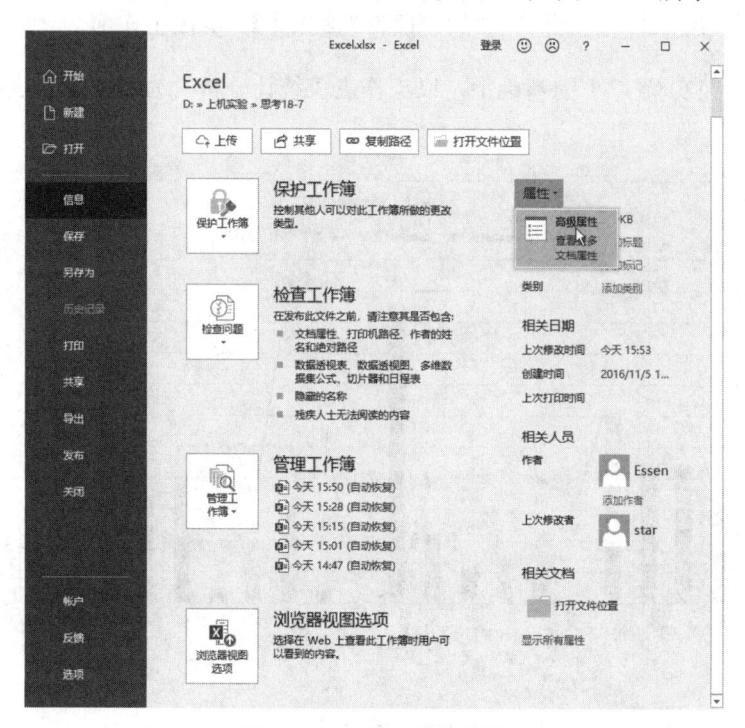

图 18-25　Office 后台视图

（2）单击导航栏中的"信息"命令，显示"信息"项目界面。单击最右侧页面中的"属性"，在下拉列表中选择"高级属性"选项。弹出"Excel.xlsx 属性"对话框，如图 18-26 所示。

图 18-26　"Excel.xlsx 属性"对话框

（3）切换到"自定义"选项卡，在"名称"框中输入"机密"；在"类型"下拉列表框中选择"是或否"选项；在"取值"栏中选择"是"单选项，最后单击"添加"按钮，单击"确定"按钮关闭对话框。

（4）单击"快速访问工具栏"中的"保存"按钮，关闭工作簿。

实验 18-4　在实验 17-1 的基础上，以工作表"统计分析"为数据源，生成图 18-27 所示的图表。

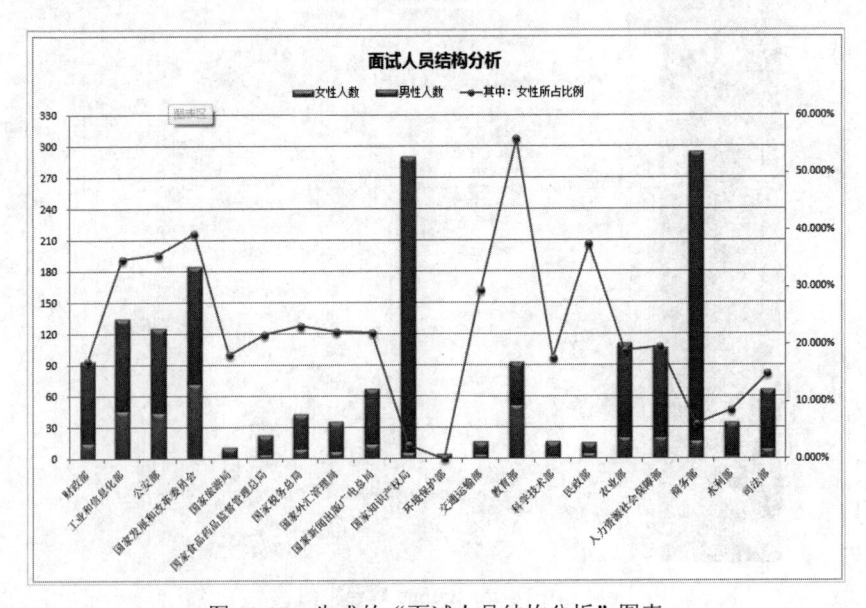

图 18-27　生成的"面试人员结构分析"图表

具体要求如下：

（1）图标标题与数据上方第 1 行中的标题内容一致并可同步变化。
（2）适当改变图表样式、图表中数据系列的格式、调整图例的位置。
（3）坐标轴设置应与图 18-27 相同。
（4）将图表以独立方式嵌入新工作表"分析图表"中，令其不可移动。

操作步骤如下：

（1）打开实验 17-1 保存的 Excel.xlsx 文件。
（2）切换到"统计分析"工作表，选中"报考部门"（C4:C24）、"女性人数""男性人数""其中：女性所占比例"四列数据。
（3）单击"插入"选项卡下"图表"组中的"插入柱形图或条状图"按钮，在下拉列表中选择"二维柱形图｜堆积柱形图"选项，则在工作表中插入一个"堆积柱形图"图表，如图 18-28 所示。

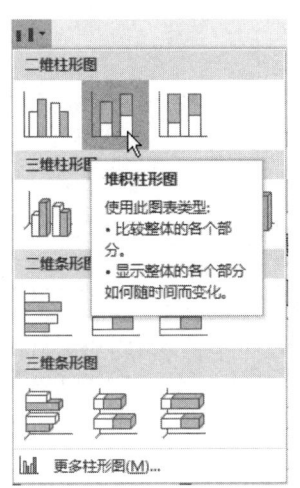

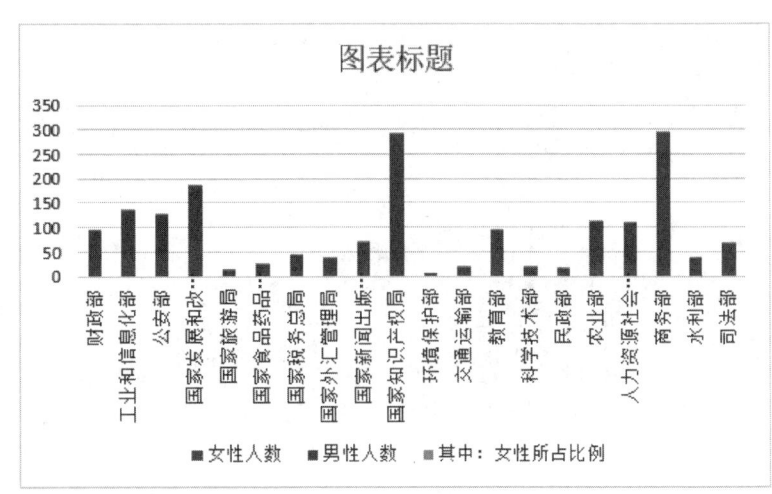

图 18-28　插入柱形图或条形图命令（左）及生成的图表（右）

（4）选中插入的图表，并单击"图表标题"文本框，在上方的"编辑栏"中输入公式"=统计分析!$B$1"，按 Enter 键确认。然后设置"图表标题"文本为黑体、14 磅、黑色并加粗。
（5）选中图表对象，单击"图表工具｜设计"选项卡下"图表样式"组中的"其他"按钮，在下拉列表中选择"样式 10"选项。
（6）在图表区中选中图例，单击"图表工具｜设计"选项卡下"图表布局"组中的"添加图表元素"按钮，执行下拉列表中的"图例｜顶部"命令，将其图例放置于图表区的顶部，如图 18-29 所示。
（7）切换到"图表工具｜格式"选项卡，在"当前所选内容"组中单击上方的"对象"组合框，在下拉列表中选择"系列：其中女性所占比例"选项。
（8）切换到"图表工具｜设计"选项卡，在"类型"组中单击"更改图表类型"按钮，弹出"更改图表类型"对话框，如图 18-30 所示。

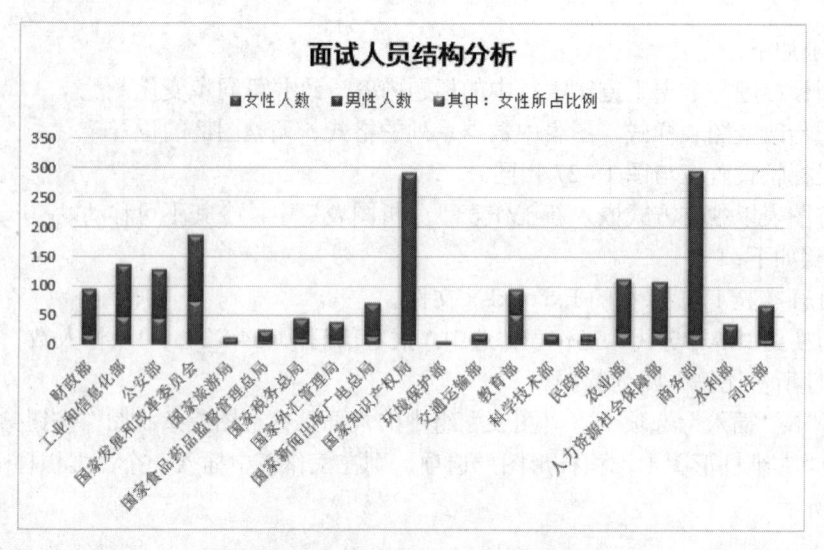

图 18-29　改变图例位置后的图表

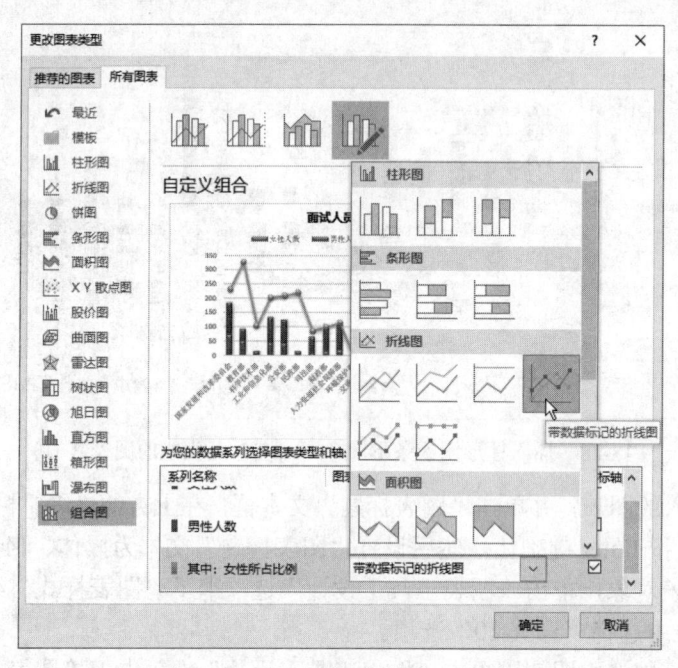

图 18-30　"更改图表类型"对话框

（9）单击选择左侧"导航"栏中的"组合图"，在右侧"为您的数据系列选择图表类型和轴"栏下单击"其中：女性所占比例"下拉列表按钮，在弹出的图表类型中选择"折线图｜带数据标记的折线图"选项，勾选列表框右侧的"次坐标轴"复选框，单击"确定"按钮，形成图 18-31 所示的组合图表。

（10）单击选中图表中的"其中：女性所占比例"并右击（或单击"当前所选内容"组中的"设置所选内容格式"按钮），在弹出的快捷菜单中选择"设置数据系列格式"命令，弹出"设置数据系列格式"对话框（也可使用"图表工具｜格式"选项卡下"形状样式"组相关命令），如图 18-32（a）所示。

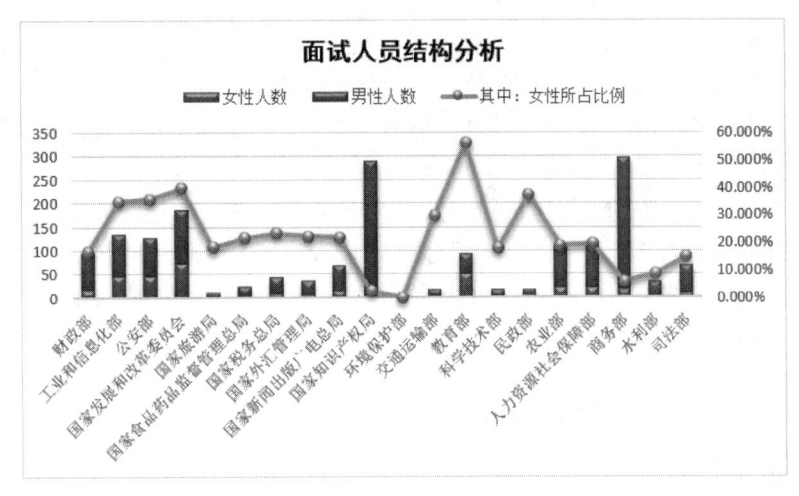

图 18-31 形成的组合图表

（11）在"设置数据系列格式"任务窗格中，单击"填充与线条"选项卡，再单击下面的"线条"图标 线条，将"线条"设置为"实线"；将"颜色"设置为"标准色/绿色"；将线条的"宽度"设置为"1.25 磅"；将"线端类型"设置为"圆"；将"连接类型"设置为"圆角"。

（12）单击"标记"图标 标记，如图 18-32（b）所示。在"标记选项"组中，设置为"内置"，"类型"选择为圆点，将"大小"设置为 4；在"填充"组中，设置"纯色填充"，颜色设置为"标准色/紫色"。

（a）　　　　　　　　　　（b）

图 18-32　"设置数据系列格式"任务窗格

（13）在图表中，选中左侧纵坐标轴（垂直轴）并右击，在弹出的快捷菜单中选择"设置坐标轴格式"命令，弹出"设置坐标轴格式"任务窗格，如图 18-33 所示。

（14）在坐标轴选项中，设置边界"最小值"为 0.0；设置"最大值"为 350；设置单位"大"为 30，"小"为 6.0。

（15）在"统计分析"的"报考部门"所在列有数据的任意单元格中单击，然后单击"数据"选项卡"排序与筛选"组中的"升序"按钮 ，将数据按升序排序。

（16）选中图表对象，单击"图表工具|设计"选项卡下的"位置"组中的"移动图表"按钮 ，弹出图 18-34 所示的"移动图表"对话框，选择"新工作表"单选项，并在其后的文本框中输入工作表的名称"分析图表"，单击"确定"按钮。

图 18-33　"设置坐标轴格式"任务窗格　　　　图 18-34　"移动图表"对话框

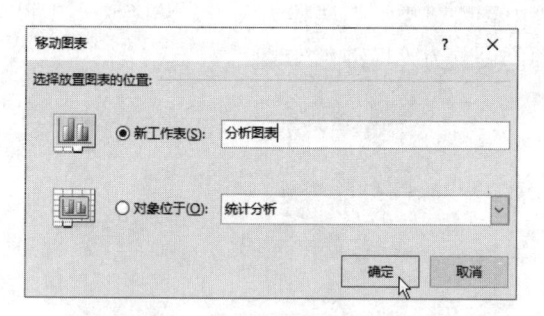

（17）单击"快速访问"工具栏中的"保存"按钮 ，关闭工作簿文件。

实验 18-5　文件 Excel.xlsx 是某家用电器企业上一年度不同产品的销售情况有关数据，而小李是这家企业的战略规划人员，正在参与制订本年度的生产与营销计划。为此，他需要对上一年度不同产品的销售情况进行汇总和分析，从中提炼出有价值的信息。根据下列要求，帮助小李运用已有的原始数据完成上述分析工作。

（1）在工作表 Sheet1 中，从 B3 单元格开始，导入"数据源.txt"中的数据，并将工作表名称修改为"销售记录"。其中，"数据源.txt"中的部分数据如图 18-35 所示。

（2）在"销售记录"工作表的 A3 单元格中输入文字"序号"，从 A4 单元格开始，为每笔销售记录插入"001，002，003…"格式的序号；将 B 列（日期）中数据的数字格式修改为只包含月和日的格式（3/14）；在 E3 和 F3 单元格中分别输入"价格"和"金额"；对标题行区域 A3:F3 应用单元格的上框线和下框线，对数据区域的最后一行 A891:F891 应用单元格的下框线；其他单元格无边框线；不显示工作表的网格线。

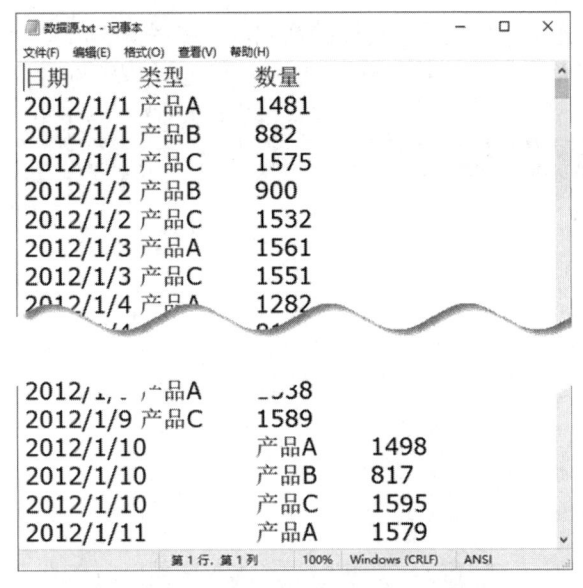

图 18-35 "数据源.txt"中的部分数据

(3) 在"销售记录"工作表的 A1 单元格中输入文字"2012 年销售数据",并使其显示在 A1:F1 单元格区域的正中间(不要合并上述单元格区域);将"标题"单元格样式的字体修改为"微软雅黑",并应用于 A1 单元格中的文字内容;隐藏第 2 行。

(4) 在"销售记录"工作表的 E4:E891 中,应用函数输入 C 列(类型)对应的产品价格,价格信息可以在"价格表"工作表中进行查询;产品价格为货币格式,保留零位小数。

(5) 在"销售记录"工作表的 F4:F891 中,计算每笔订单记录的金额,并应用货币格式,保留零位小数,计算规则为"金额=价格×数量×(1-折扣百分比)"。

产品价格在"价格表"工作表中查询。

折扣百分比由订单中的订货数量和产品类型决定,可以在"折扣表"工作表中进行查询。例如某笔订单中产品 A 的订货量为 1510,则折扣百分比为 2%(提示:为便于计算,可对"折扣表"工作表中表格的结构进行调整)。

"价格表"工作表和"折扣表"工作表的数据如图 18-36 和图 18-37 所示。

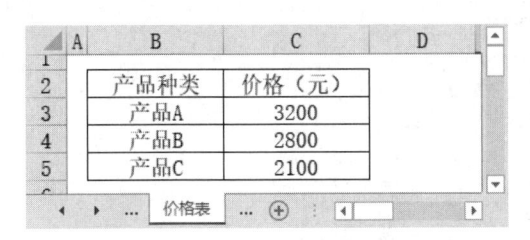

图 18-36 "价格表"工作表的数据   图 18-37 "折扣表"工作表的数据

(6) 将"销售记录"工作表的单元格区域 A3:F891 中所有记录居中对齐,并将发生在周六或周日的销售记录的单元格的填充颜色设为黄色。

(7) 在名为"销售量汇总"的新工作表中自 A3 单元格开始创建数据透视表,按照月份和季度对"销售记录"工作表中的三种产品的销售数量进行汇总;在数据透视表右侧创建数据透视图,图表类型为"带数据标记的折线图",并为"产品 B"系列添加线性趋势线,显示"公式"和"R2 值"。数据透视表和数据透视图的样式，可参考图 18-38 所示的数据透视表和数据透视图；将"销售量汇总"工作表移动到"销售记录"工作表的右侧。

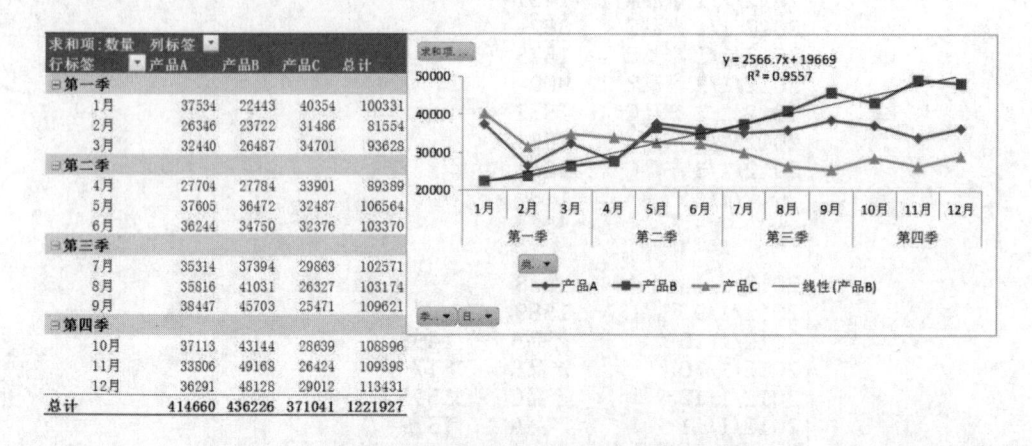

图 18-38 数据透视表和数据透视图.jpg

（8）在"销售量汇总"工作表右侧创建一个新的工作表，名称为"大额订单"；在这个工作表中使用高级筛选功能，筛选出"销售记录"工作表中产品 A 数量在 1550 以上、产品 B 数量在 1900 以上以及产品 C 数量在 1500 以上的记录（请将条件区域放置在 1~4 行，筛选结果放置在从 A6 单元格开始的区域）。

操作步骤如下：

步骤一

（1）打开 Excel.xlsx 文件，选中 Sheet1 工作表中的 B3 单元格，单击"数据"选项卡下"获取外部数据"组中的"自文本"按钮 自文本，弹出"导入文本文件"对话框，选择本例文件夹下的"数据源.txt"文件，单击"导入"按钮。

（2）在弹出的"文本导入向导-第 1 步，共 3 步"对话框中，勾选"数据包含标题"复选框，如图 18-39 所示。

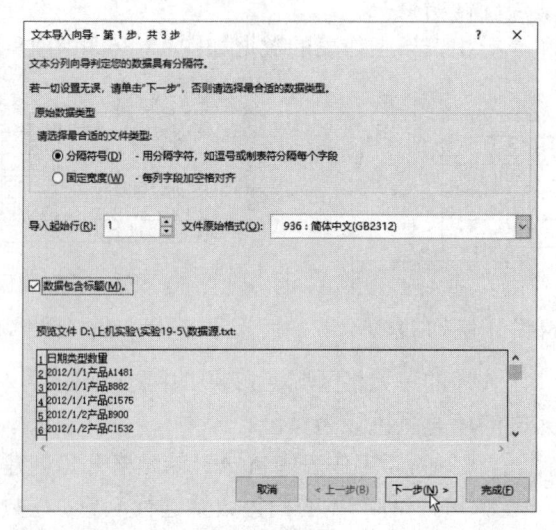

图 18-39 "文本导入向导-第 1 步，共 3 步"对话框

（3）单击"下一步"按钮，在弹出的"文本导入向导-第 2 步，共 3 步"对话框中，采用默认设置，如图 18-40 所示。

（4）继续单击"下一步"按钮，弹出图 18-41 所示的"文本导入向导-第 3 步，共 3 步"对话框。

图 18-40　"文本导入向导-第 2 步，共 3 步"对话框　　图 18-41　"文本导入向导-第 3 步，共 3 步"对话框

（5）在"数据预览"项目组中选中"日期"列，在"列数据格式"选项组中设置"日期"列格式为"YMD"，按照相同的方法设置"类型"列数据格式为"文本"，设置"数量"列数据格式为"常规"，单击"完成"按钮。

（6）弹出"导入数据"对话框，如图 18-42 所示。采用默认设置，单击"确定"按钮，数据导入完成。

（7）双击 Sheet1，输入工作表名称"销售记录"，生成的"销售记录"工作表如图 18-43 所示。

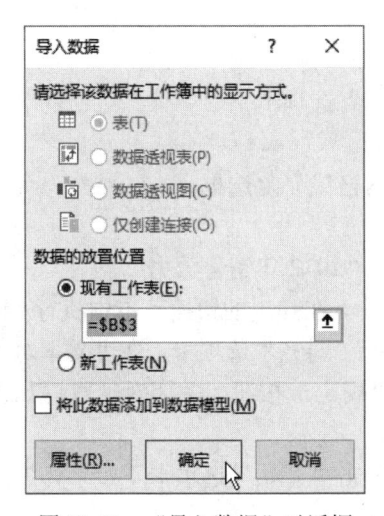

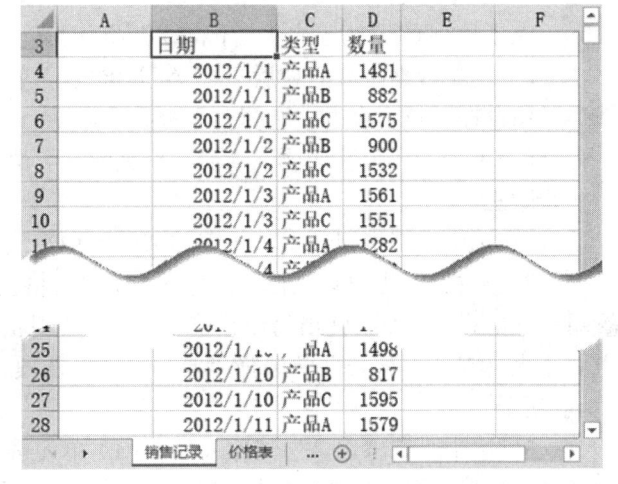

图 18-42　"导入数据"对话框　　　　　　图 18-43　生成的"销售记录"工作表

步骤二

（1）选中"销售记录"工作表的A3单元格，输入文本"序号"。

（2）选中A4单元格，在单元格中输入"'001"，拖到A4单元格右下角的填充柄填充到A891单元格。

（3）选择B3:B891单元格区域并右击，在弹出的"设置单元格格式"对话框中选择"数字"选项卡，在"分类"列表框中选择"日期"选项，在右侧的"类型"列表框中选择"3/14"选项，单击"确定"按钮，如图18-44所示。

图18-44 "设置单元格格式"对话框

（4）选中 E3 单元格，输入文本"价格"；选中 F3 单元格，输入文本"金额"。

（5）选中标题 A3:F3 单元格区域，单击"开始"选项卡下"字体"组中的"框线"按钮，在下拉列表框中选择"上下框线"命令。

（6）选中数据区域的最后一行 A891:F891，单击"开始"选项卡下"字体"组中的"框线"按钮，在下拉列表框中选择"下框线"命令。

（7）单击"视图"选项卡"显示"组中，取消勾选"网格线"复选框。

步骤三

（1）选中"销售记录"工作表的 A1 单元格，输入文本"2012年销售数据"。

（2）选中"销售记录"工作表的 A1:F1 单元格区域并右击，在弹出的快捷菜单中执行"设置单元格格式"命令，弹出"设置单元格格式"对话框。选择"对齐"选项卡，在"文本对齐方式｜水平对齐"列表框中选择"跨列居中"选项。单击"确定"按钮，关闭对话框，如图18-45 所示。

（3）选中"销售记录"工作表的 A1:F1 单元格区域，单击"开始"选项卡下"字体"组中的"字体"按钮，在弹出的快捷菜单中选择"微软雅黑"选项。

（4）选中第 2 行并右击，在弹出的快捷菜单中执行"隐藏"命令。

图 18-45 "设置单元格格式"对话框

步骤四

（1）选中"销售记录"工作表的 E4 单元格，在单元格中输入公式"=VLOOKUP(C4,价格表!$B$2:$C$5,2,0)"，输入完成后按 Enter 键确认。

（2）双击 E4 单元格的填充柄，自动填充到 E891 单元格。

（3）选中 E4:E891 单元格区域并右击，在弹出的快捷菜单中选择"设置单元格格式"命令，弹出"设置单元格格式"对话框，如图 18-46 所示，选择"数字"选项卡，在"分类"列表框中选择"货币"选项，并将右侧的小数位数设置为"0"。

图 18-46 "设置单元格格式"对话框

步骤五

（1）选择"折扣表"工作表中的 B2:E6 数据区域，按 Ctrl+C 组合键复制该区域。

（2）选中 B8 单元格，单击"开始"选项卡"剪贴板"组中的"粘贴"按钮 ![粘贴]。执行下拉列表中的"粘贴"项目中的"转置" ![转置] 命令，将原表格行列进行转置，如图 18-47 所示。

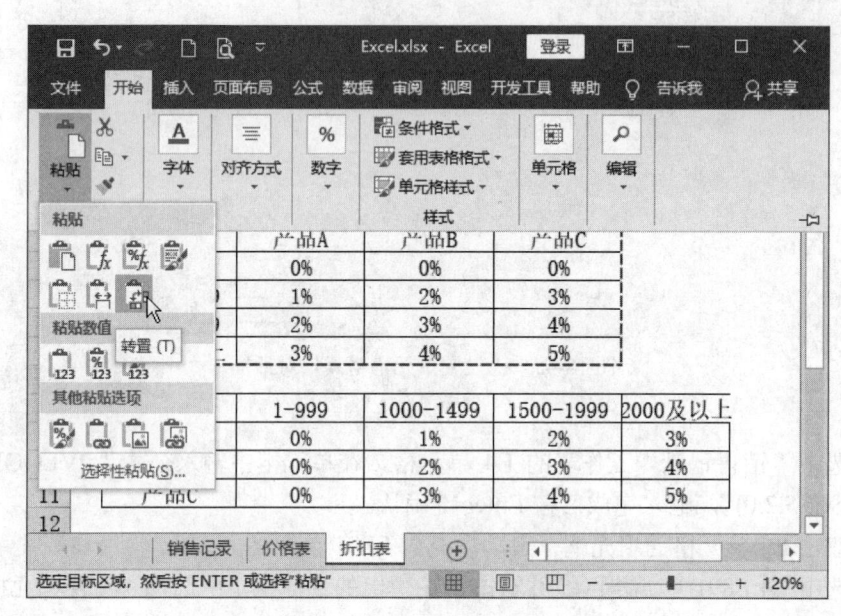

图 18-47 转置单元格区域

（3）选中"销售记录"工作表的 F4 单元格，在单元格中输入公式"=D4*E4*(1-VLOOKUP(C4,折扣表!$B$9:$F$11,IF(D4<1000,2,IF(D4<1500,3,IF(D4<2000,4,5)))))"，输入完成后按 Enter 键确认。

（4）拖动 F4 单元格的填充柄，填充到 F891 单元格。

（5）选中"销售记录"工作表的 F4:F891 单元格区域并右击，在弹出的快捷菜单中选择"设置单元格格式"命令，弹出"设置单元格格式"对话框，选择"数字"选项卡，在"分类"列表框中选择"货币"选项，并将右侧的小数位数设置为"0"。

步骤六

（1）选择"销售记录"工作表中的 A3:F891 数据区域。

（2）单击"开始"选项卡下"对齐方式"组中的"居中"按钮 ![居中]。

（3）选中表格 A4:F891 数据区域，单击"开始"选项卡下"样式"组中的"条件格式"按钮 ![条件格式]，在下拉列表中执行"新建规则"命令，弹出"新建格式规则"对话框，如图 18-48 所示。

（4）在"选择规则类型"列表框中选择"使用公式确定要设置格式的单元格"选项，在下方的"为符合此公式的值设置格式"文本框中输入如下公式：

=OR(WEEKDAY($B4,2)=6,WEEKDAY($B4,2)=7)

图 18-48　"新建格式规则"对话框 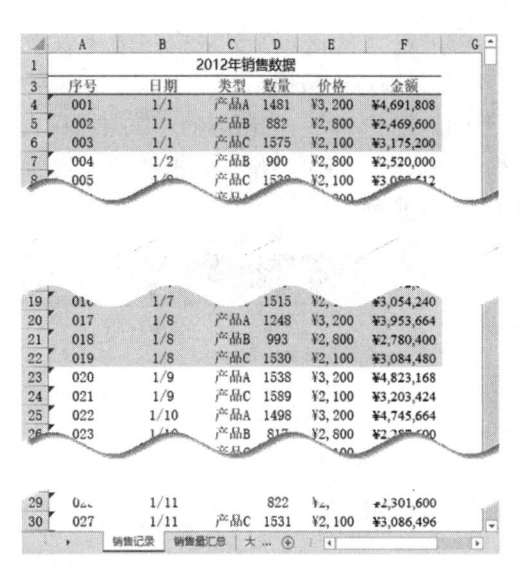　　　　图 18-49　最终的"销售记录"工作表

（5）单击"格式"按钮，在弹出的"设置单元格格式"对话框中，切换到"填充"选项卡，选择填充颜色为"标准色｜黄色"，单击"确定"按钮。最终的"销售记录"工作表如图18-49 所示。

步骤七

（1）单击"折扣表"工作表右面的"插入工作表"按钮 ⊕，添加一张新的 Sheet1 工作表，双击 Sheet1 工作表名称，输入文字"销售量汇总"。

（2）选中"销售量汇总"工作表中的 A3 单元格。单击"插入"选项卡下"表格"组中的"数据透视表"按钮，弹出"创建数据透视表"对话框，如图 18-50 所示。

图 18-50　"创建数据透视表"对话框

（3）在"表/区域"列表框中选择数据区域"销售记录!$A$3:$F$891"，其余采用默认设置，单击"确定"按钮。

（4）在工作表右侧出现的"数据透视表字段列表"任务窗格中，将"日期"列拖动到"行标签"区域中，将"类型"列拖动到"列标签"区域中，将"数量"列拖动到"值"区域中，如图 18-51 所示。

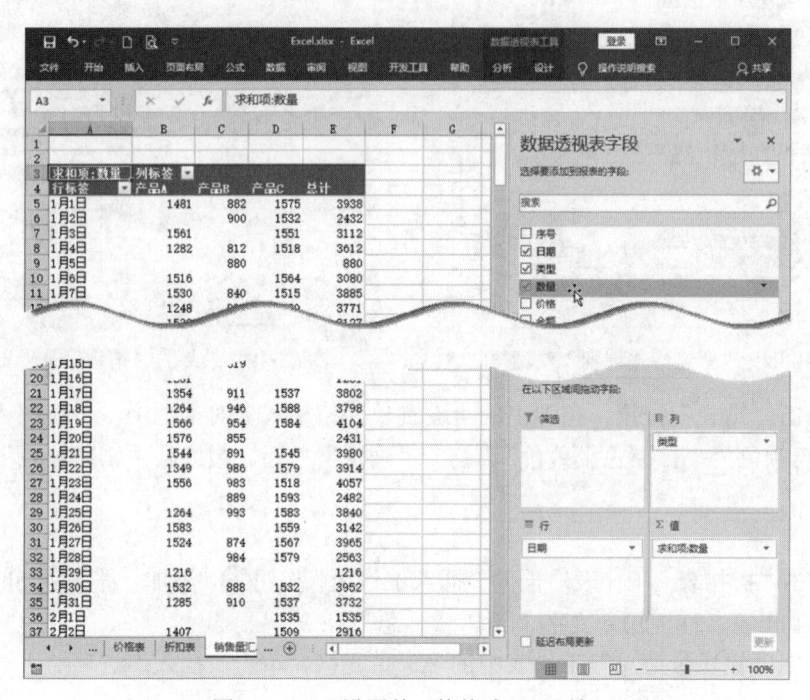

图 18-51　"设置单元格格式"对话框

（5）选中"日期"列中的任一单元格并右击，在弹出的快捷菜单中选择"组合"命令。

弹出图 18-52 所示的"组合"对话框。在"步长"列表框中选择"月"和"季度"选项，单击"确定"按钮。

图 18-52　"组合"对话框

（6）选中"数据透视表"的任一单元格，单击"插入"选项卡下"图表"组中的"折线图"按钮，在下拉列表中选择"带数据标记的折线图"命令。

（7）在"数据透视图工具 | 设计"选项卡中，单击"图标布局"组中的"快速布局"按钮，在命令列表中选择"布局4"样式。

（8）选中图表绘图区中"产品B"的销售量曲线，单击"数据透视图工具 | 设计"选项卡下"图表布局"组中的"添加图表元素"按钮，从下拉列表中选择"趋势线"→"其他趋势线选项"命令，如图18-53所示。

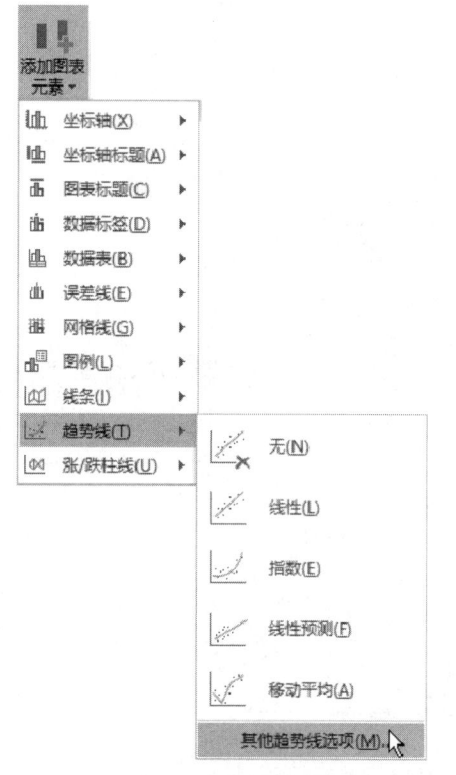

图18-53 "添加图表元素"命令列表及"设置趋势线格式"任务窗格

（9）在弹出的"设置趋势线格式"任务窗格中，在下方的"趋势预测"项目组中勾选"显示公式"和"显示R平方值"复选框。

（10）选择折线图左侧的"垂直坐标轴"并右击，弹出"设置坐标轴格式"任务窗格，在"坐标轴选项"组中设置"坐标轴选项"下方的"最小值"为20000，"最大值"为50000，"单位"为"大"，值为10000，如图18-54所示。

（11）参照图18-36所示的"数据透视表和数据透视图.jpg"，适当调整公式的位置以及图表的大小，移动图表到数据透视表的右侧位置，如图18-55所示。

（12）选中"销售量汇总"工作表，按住鼠标左键不放，拖动到"销售记录"工作表右侧位置。

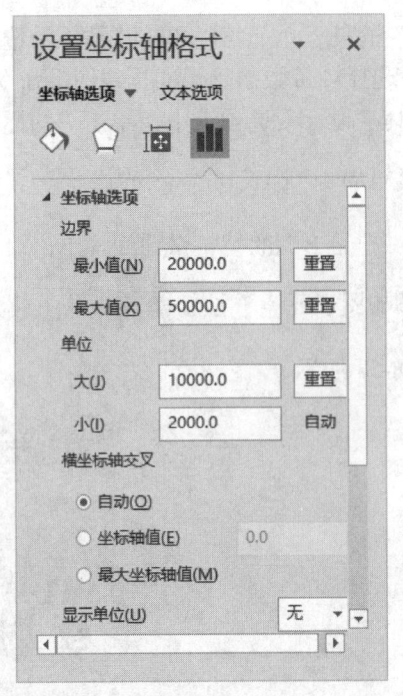

图 18-54 "设置坐标轴格式"任务窗格

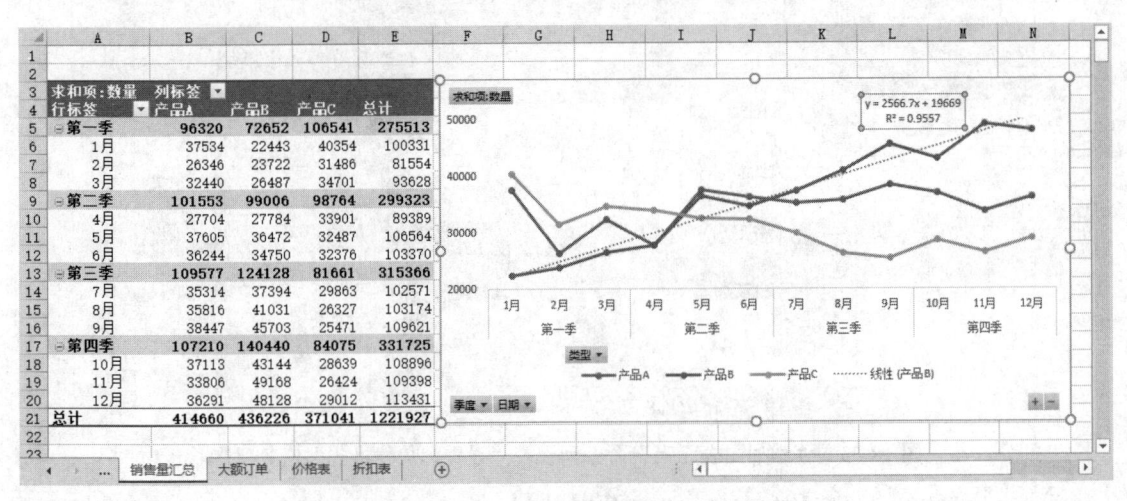

图 18-55 生成的数据透视表和绘制的图表

步骤八

（1）单击"销售量汇总"工作表后的"插入工作表"按钮，新建"大额订单"工作表。

（2）在"大额订单"工作表的 A1 单元格中输入"类型"，在 B1 单元格中输入"数量"，在 A2 单元格中输入"产品 A"，在 B2 单元格中输入">1550"；A3 单元格中输入"产品 B"，在 B3 单元格中输入">1900"；在 A4 单元格中输入"产品 C"，在 B4 单元格中输入">1500"。

（3）单击"数据"选项卡下"排序和筛选"组中的"高级"按钮 高级，弹出"高级筛选"对话框，如图 18-56 所示。

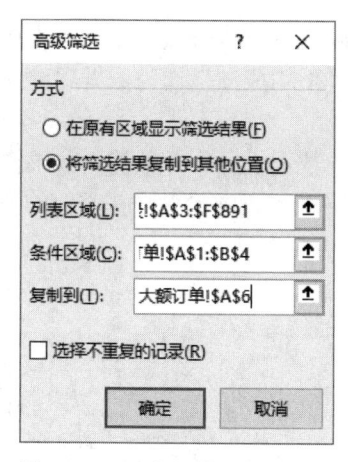

图 18-56 "高级筛选"对话框

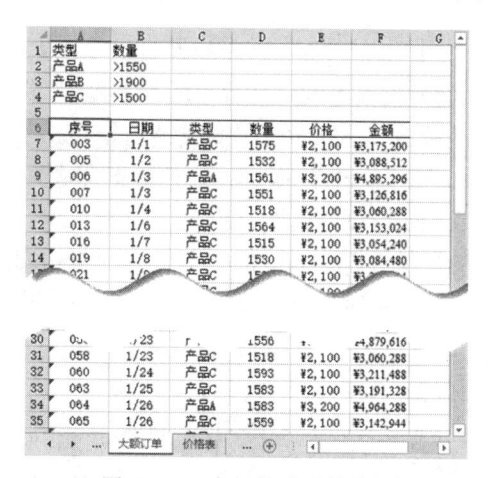

图 18-57 高级筛选后的结果

（4）选中"将筛选结果复制到其他位置"单选项。

（5）单击"列表区域"后的"折叠对话框"按钮，选择列表区域"销售记录！$A$3:$F$891"；单击"条件区域"后的"折叠对话框"按钮，选择当前工作表"条件区域"的"$A$1:$B$4"单元格区域，单击"复制到"后的"折叠对话框"按钮，选择单元格 A6，按 Enter 键回到"高级筛选"对话框，最后单击"确定"按钮。

（6）高级筛选后的结果如图 18-57 所示。

思考与综合练习

1. 建立图 18-58 所示的数据表。

完成下面的操作：

（1）在 H 列添加 3 科平均成绩，取两位小数显示格式。

（2）筛选出各专业中的男同学。

（3）筛选出各专业中男同学 3 科平均成绩大于或等于 80 分的学生。

（4）在 18～20 行建立条件区，从第 22 行开始向下建立输出区。筛选并在输出区中得到计算机应用专业中男同学平均成绩大于或等于 80 分、低于 60 分的学生的姓名、各科成绩与平均成绩。

提示：建立条件区，如图 18-59 所示。

图 18-58 第 1 题中的数据

图 18-59 建立条件区

（5）分类汇总各专业的人数，并在上面汇总的基础上进一步分类各专业的平均成绩。

（6）以"专业"为行字段、"性别"作为列字段、"平均成绩"作为数据项建立数据透视表，了解男、女同学的平均成绩的差异。

2．在 Excel 中，可以用许多方法对多个工作表中的数据进行合并计算。如果需要合并的工作表不多，可以用"合并计算"命令。合并计算时，要求各表中包含一些类似的数据，每个区域的形状可以不同，但须包含有一些相同的行标题和列标题。

利用图 18-60 所示的数据进行合并计算。

图 18-60　合并计算

3．绘制正弦线，如图 18-61 所示。

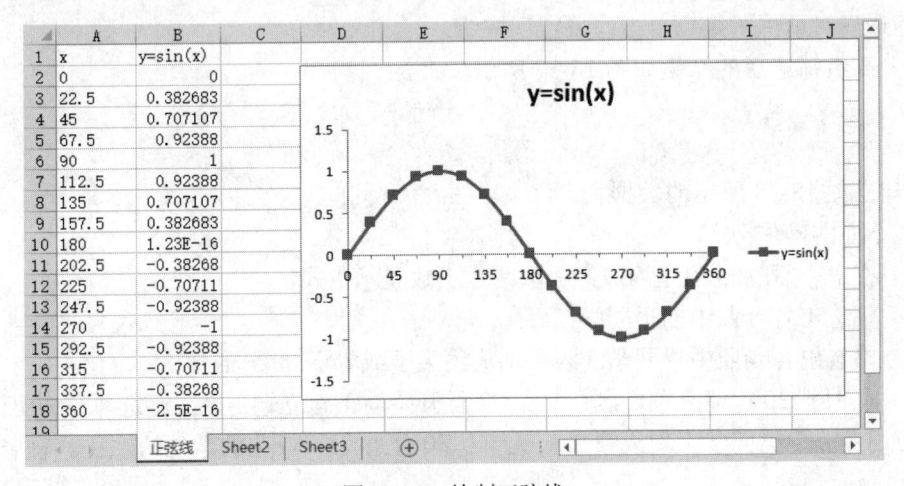

图 18-61　绘制正弦线

4．有图 18-62 所示的数据，利用该数据计算同比增幅和制作一个组合图。组合图的效果如图 18-63 所示（要求：颜色不限）。

图 18-62　第 4 题的数据

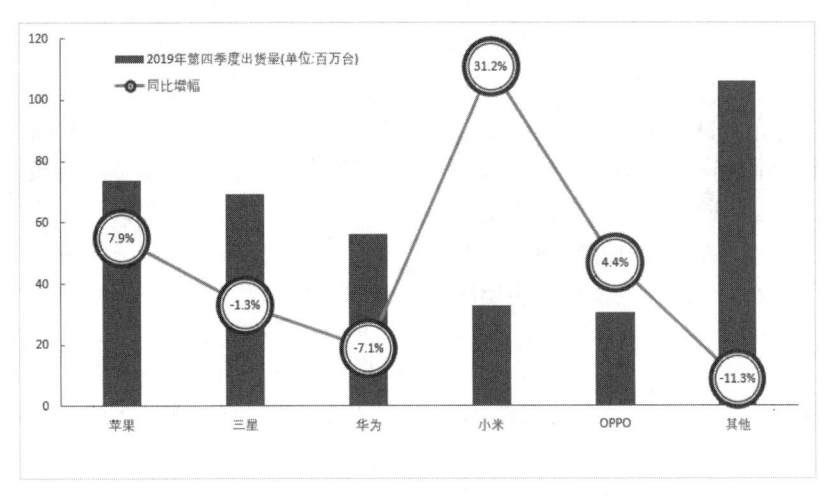

图 18-63　组合图的效果

5. 微软在 Excel 2010 中引入了切片器功能，但最初只可对数据透视表进行筛选；直到 2013 版，若将普通数据转换为表，使用切片器可筛选表中的数据。使用切片器不仅能筛选数据，还可直观地查看筛选信息。利用下面的数据制作动态的数据透视图，如图 18-64 所示。

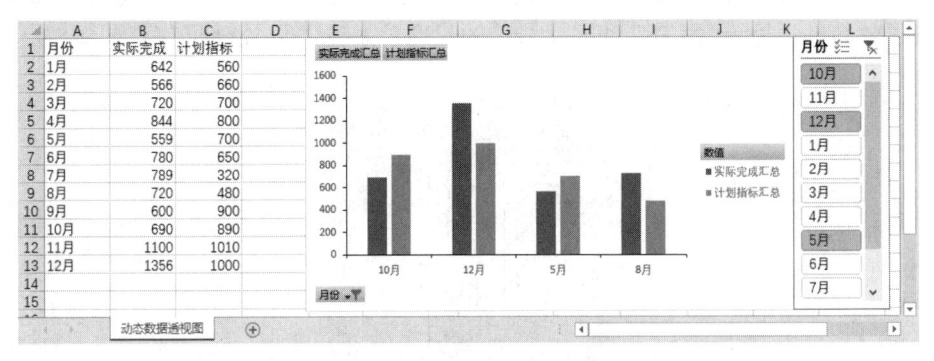

图 18-64　利用切片器查看数据透视图

在图 18-64 的右侧切片器中，选择所需的月份，则数据透视中显示对应月份的柱形图。

6.（综合题）如图 18-65 所示，"第一学期期末成绩_素材.xlsx"文件中录入了初一年级三个班级部分学生成绩。

图 18-65　"第一学期期末成绩.xlsx"工作表

请根据下列要求对该成绩单进行整理和分析：

（1）请对“第一学期期末成绩”工作表进行格式调整，通过套用表格格式方法将所有的成绩记录调整为统一的外观格式，并对该工作表“第一学期期末成绩”中的数据列表进行格式化操作：将第一列“学号”列设为文本，将所有成绩列设为保留两位小数的数值，设置对齐方式，增加适当的边框和底纹以使工作表更加美观。

（2）利用“条件格式”功能进行下列设置：将语文、数学、外语三科中不低于 110 分的成绩所在的单元格以一种颜色填充，所用颜色深浅以不遮挡数据为宜。

（3）利用 sum 和 average 函数计算每名学生的总分及平均成绩。

（4）学号第 4 位和第 5 位代表学生所在的班级，如“C120101”中的第 3 位和第 4 位为“01”，表示 1 班，“02”表示 2 班，依此类推。请通过函数提取每个学生所在的班级并按下列对应关系填写在“班级”列中：

学号中的第 3 位和第 4 位数	对应的班级
01	1 班
02	2 班
03	3 班

（5）根据学号，请在“第一学期期末成绩”工作表的“姓名”列中，使用 VLOOKUP 函数完成姓名的自动填充。“姓名”和“学号”的对应关系见“学号对照”工作表，如图 18-66 所示。

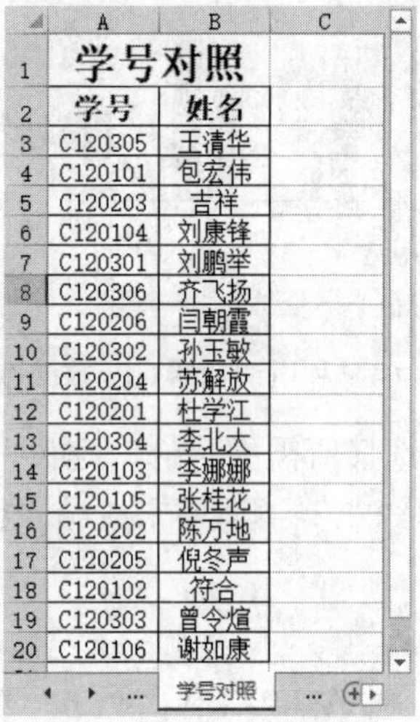

	A	B	C
1	学号对照		
2	学号	姓名	
3	C120305	王清华	
4	C120101	包宏伟	
5	C120203	吉祥	
6	C120104	刘康锋	
7	C120301	刘鹏举	
8	C120306	齐飞扬	
9	C120206	闫朝霞	
10	C120302	孙玉敏	
11	C120204	苏解放	
12	C120201	杜学江	
13	C120304	李北大	
14	C120103	李娜娜	
15	C120105	张桂花	
16	C120202	陈万地	
17	C120205	倪冬声	
18	C120102	符合	
19	C120303	曾令煊	
20	C120106	谢如康	

图 18-66 “学号对照”工作表

（6）在“成绩分类汇总”中，通过分类汇总功能求出每个班各科的最大值，并将汇总结果显示在数据下方。

（7）以分类汇总结果为基础，创建一个簇状条形图，对每个班各科最大值进行比较，“成绩分类汇总”工作表如图 18-67 所示。

提示 1：在 C3 单元格中输入公式“=IF(MID(A3,4,2)="01","1 班",IF(MID(A3,4,2)="02","2 班","3 班"))”，或=MID(A7,5,1)&"班"，完成班级的自动填充。

提示 2：在 B3 单元格中输入公式“=VLOOKUP(A3,学号对照!$A$3:$B$20,2,0)”。

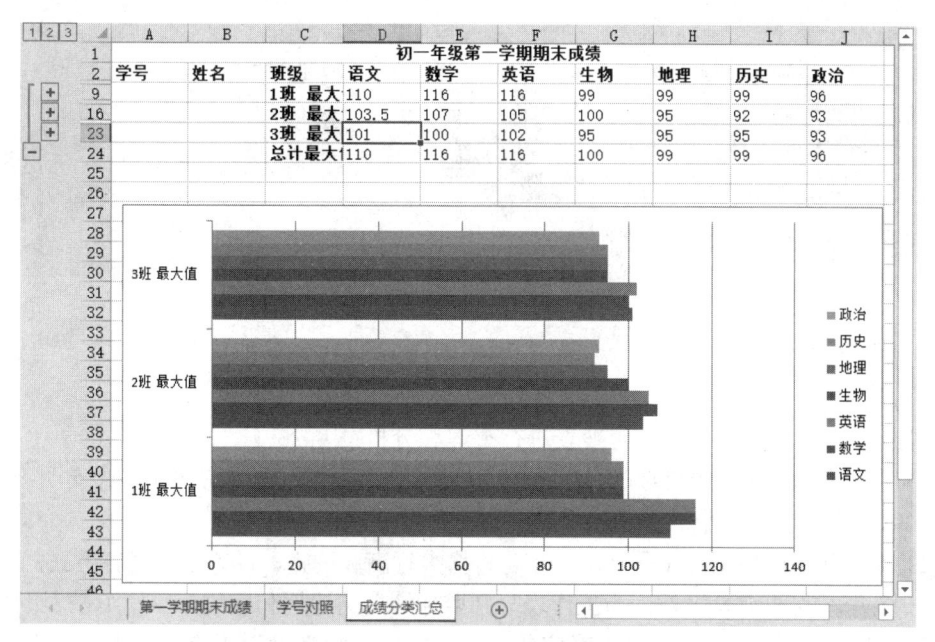

图 18-67 "成绩分类汇总"工作表

7. 接实验 17 中"思考与综合练习"的第 5 题，完成以下操作：

参照图 18-68 所示的"数据透视示例.jpg"，以"年度销售汇总"为数据源，自新工作表"透视分析"的 A3 单元格开始创建数据透视表。

图 18-68 数据透视示例.jpg

其要求如下：

（1）透视表结构以及各行数据的列标题应与示例的完全相同，不得多列或少列。
（2）透视结果应该可以方便地筛选不同的商品类别的销售情况。
（3）B 列的分部名称按汉字的字母顺序升序排列。
（4）通过设置各列数据的数字格式，使得结果以千元为单位显示，且保留两位小数，但不得改变各数据的原始值。
（5）适当改变透视表样式，如样式为浅绿，数据透视表样式为中等深浅 11。

8. （综合题）有"开支明细表.xlsx"的 Excel 工作簿文档，记录一名参加工作不久的大学生——小赵 2013 年每月的个人开支情况，文档部分数据如图 18-69 所示。

"开支明细表.xlsx"部分数据(图18-69)

	A	B	C	D	E	F	G	H	I	J	K	L	M
1													
2	年月	服装服饰	饮食	水电气房租	交通	通信	阅读培训	社交应酬	医疗保健	休闲旅游	个人兴趣	公益活动	总支出
3	2013年1月	300	800	1100	260	100	100	300	50	180	350	66	
4	2013年2月	1200	600	900	1000	300		2000	0	500	400	66	
5	2013年3月	50	750	1000	300	200	60	200	200	300	350	66	
6	2013年4月	100	900	1000	300	100	80	300	0		450	66	
7	2013年5月	150	800	1000	150	200		600	100	230	300	66	
8	2013年6月	200	850	1050	200	100	100	200	230	0	500	66	
9	2013年7月	100	750	1100	250	900	2600	200	100	0	350	66	
10	2013年8月	300	900	1100	180	0		80	300	50	100	1200	66
11	2013年9月	1100	850	1000	220	0	100	200	130	80	300	66	
12	2013年10月	100	900	1000	280	0		500	0	400	350	66	
13	2013年11月	200	900	1000	120	0	50	100	100	0	420	66	
14	2013年12月	300	1050	1100	350	0		80	500	60	200	400	66
15	月均开销												

图 18-69 "开支明细表.xlsx"部分数据

请根据下列要求帮助小赵对明细表进行整理和分析:

(1) 在工作表"小赵的美好生活"的第一行添加表标题"小赵2013年开支明细表",并通过合并单元格,置于整个表的上端、居中。

(2) 为工作表应用一种主题,增大字号,增大行高和列宽,设置居中对齐方式,除表标题"小赵2013年开支明细表"外,为工作表分别增加恰当的边框和底纹,以使工作表更加美观。

(3) 将每月各类支出及总支出对应的单元格数据类型都设为"货币"类型,无小数、有人民币货币符号。

(4) 通过函数计算每个月的总支出、各个类别月均支出、每月平均总支出,并按每个月总支出升序对工作表进行排序。

(5) 利用"条件格式"功能,将月单项开支金额中大于1000元的数据所在单元格以不同的字体颜色与填充颜色突出显示;将月总支出额中大于月均总支出110%的数据所在单元格以另一种颜色显示,所用颜色深浅以不遮挡数据为宜。

(6) 在"年月"与"服装服饰"列之间插入新列"季度",数据根据月份由函数生成,例如1~3月对应"季度"、4~6月对应"季度"等。

(7) 复制工作表"小赵的美好生活",并将副本放置到原工作表的右侧;改变该副本表标签的颜色,并重命名为"按季度汇总";删除"月均开销"对应行。

(8) 按季度升序求出每个季度各类开支的月均支出金额。"分类汇总"的结果如图18-70所示。

图 18-70 "分类汇总"的结果

(9) 在"按季度汇总"工作表后面新建"折线图"的工作表,在该工作表中以分类汇总结果为基础,创建一张带数据标记的折线图,水平轴标签为各类开支,对各类开支的季度平均支出进行比较,为每类开支的最高季度月均支出值添加数据标签,如图 18-71 所示。

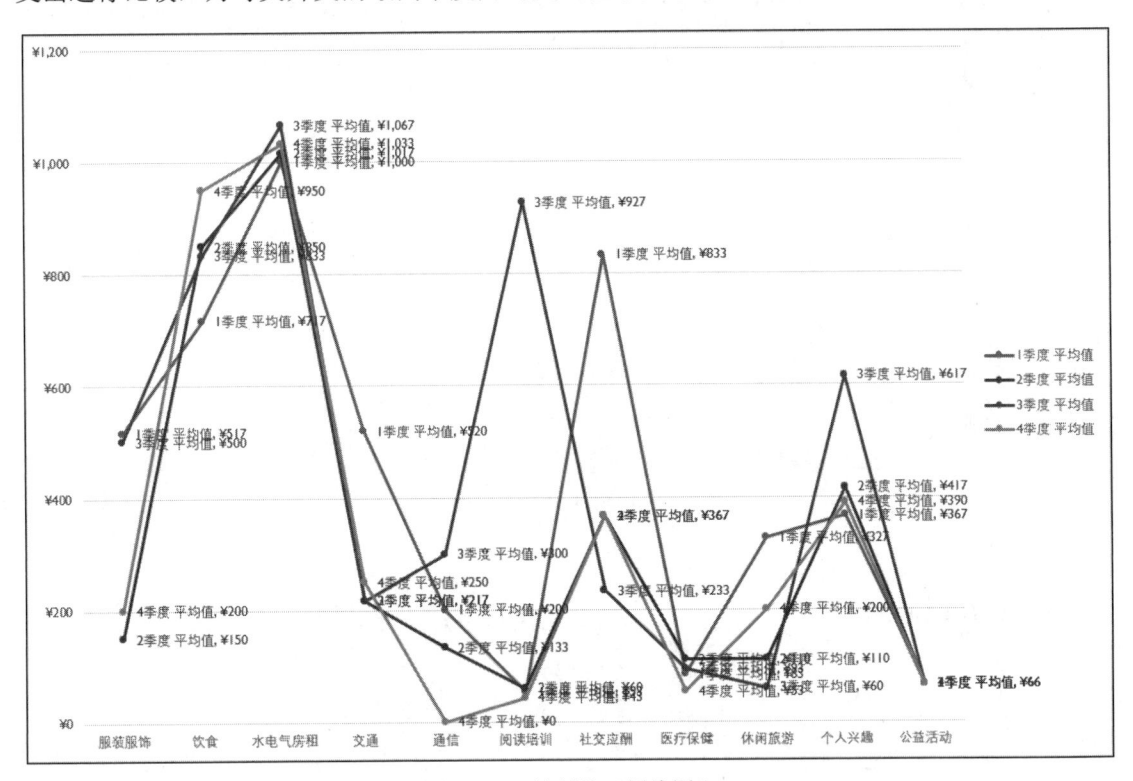

图 18-71 绘制的"折线图"

9.(综合题)有文件 Excel.xlsx,文件中有"销售情况表""单价""月统计表"三张工作表,各工作表的部分数据如图 18-72 所示。

根据下列要求对 Excel.xlsx 文件中的数据进行整理和分析:

(1) 自动调整"销售情况表"表格数据区域的列宽、行高,将第 1 行的行高设置为第 2 行行高的 2 倍;设置表格区域各单元格内容水平垂直均居中、并更改文本"××公司销售情况表格"的字体、字号;将数据区域套用表格格式为"中等色"组中的"天蓝,表样式中等深浅 27",表包含标题。

(2) 对工作表进行页面设置,指定纸张大小为 A4、横向,调整整个工作表为 1 页宽、1 页高,并在整个页面水平居中。

(3) 为表格数据区域中的所有空白单元格填充数字 0(共 21 个单元格)。

(4) 将"咨询日期"的月、日均显示为两位,如"2014/1/5"应显示为"2014/01/05",并依据日期、时间先后顺序对工作表排序。

(5) 在"咨询商品编码"与"预购类型"之间插入新列,列标题为"商品单价",利用公式将工作表"商品单价"中对应的价格填入该列。

(6) 在"成交数量"与"销售经理"之间插入新列,列标题为"成交金额",根据"成交数量"和"商品单价",利用公式计算并填入"成交金额"。

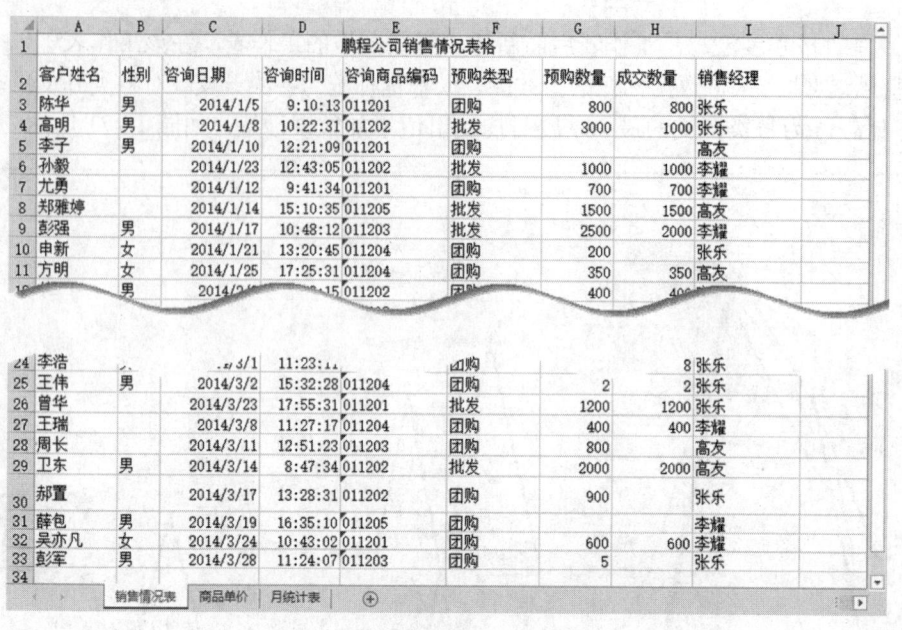

(a)"销售情况表"工作表

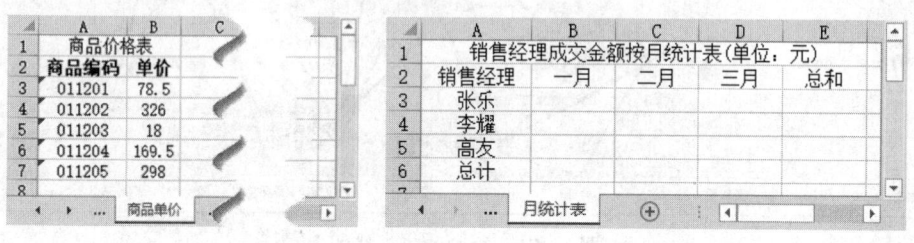

(b)"单价"工作表　　　　(c)"月统计表"工作表

图 18-72　第 9 题各工作表及部分数据

(7) 为销售数据插入数据透视表，数据透视表放置到一个名为"商品销售透视表"的新工作表中，透视表行标签为"咨询商品编码"，列标签为"预购类型"，对"成交金额"求和。数据透视表如图 18-73 所示。

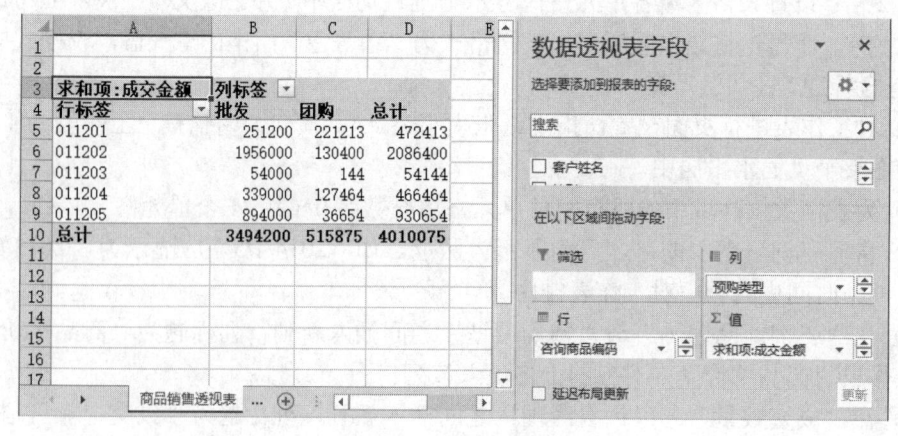

图 18-73　数据透视表

(8) 打开"月统计表"工作表，利用公式计算每位销售经理每月的成交金额，并填入对应位置，同时计算"总和"列、"总计"行。统计结果如图 18-74 所示。

图 18-74 统计结果

(9) 在工作表"月统计表"的 G3:M20 区域中，插入与"销售经理成交金额按月统计表"数据对应的二维"堆积柱形图"，横坐标为销售经理，纵坐标为金额，并为每月添加数据标签，如图 18-75 所示。

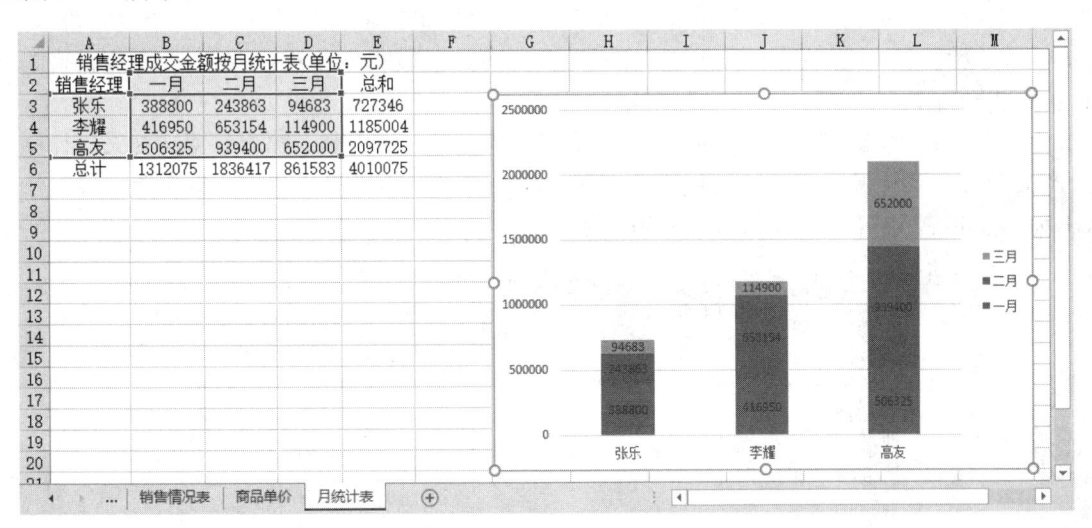

图 18-75 二维"堆积柱形图"

10．（综合题）工作簿 Excel.xlsx 文件中含有产品基本信息表、一季度销售情况表、二季度销售情况表和产品销售汇总图表，如图 18-76 至图 18-79 所示。

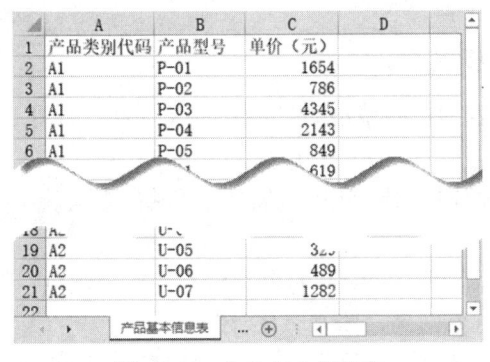

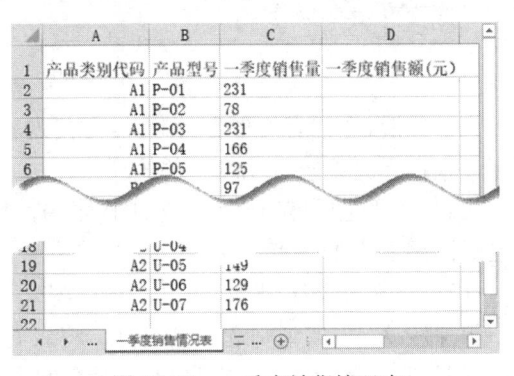

图 18-76 产品基本信息表　　　　　　　　图 18-77 一季度销售情况表

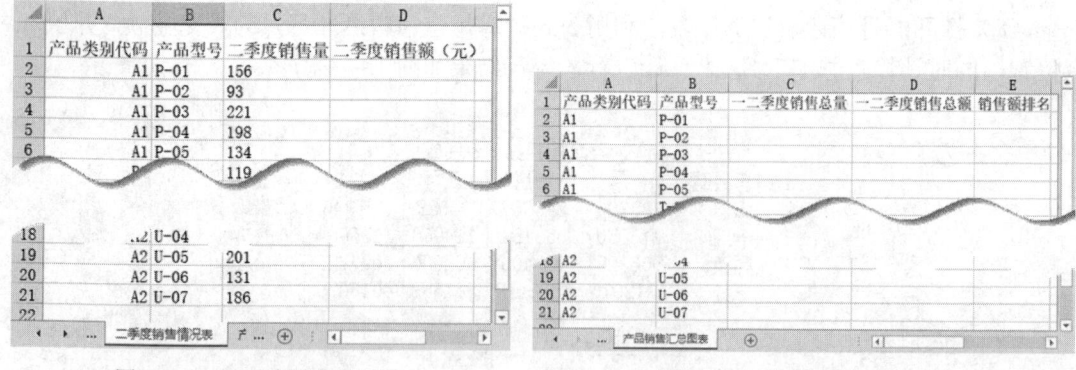

图 18-78 二季度销售情况表

图 18-79 产品销售汇总图表

按照要求完成下列操作并以该文件名（Excel.xlsx）保存工作簿：

（1）分别在"一季度销售情况表"和"二季度销售情况表"工作表内，计算"一季度销售额"列和"二季度销售额"列内容，均为数值型，保留小数点后 0 位。

（2）在"产品销售汇总图表"内，计算"一二季度销售总量"列和"一二季度销售总额"列内容，数值型，保留小数点后 0 位；在不改变原有数据顺序的情况下，按一二季度销售总额给出销售额排名。

（3）选择"产品销售汇总图表"内 A1:E21 单元格区域内容，建立数据透视表，行标签为产品型号，列标签为产品类别代码，求和计算一二季度销售额的总计，将表置于现工作表 G1 为起点的单元格区域内，如图 18-80 所示。

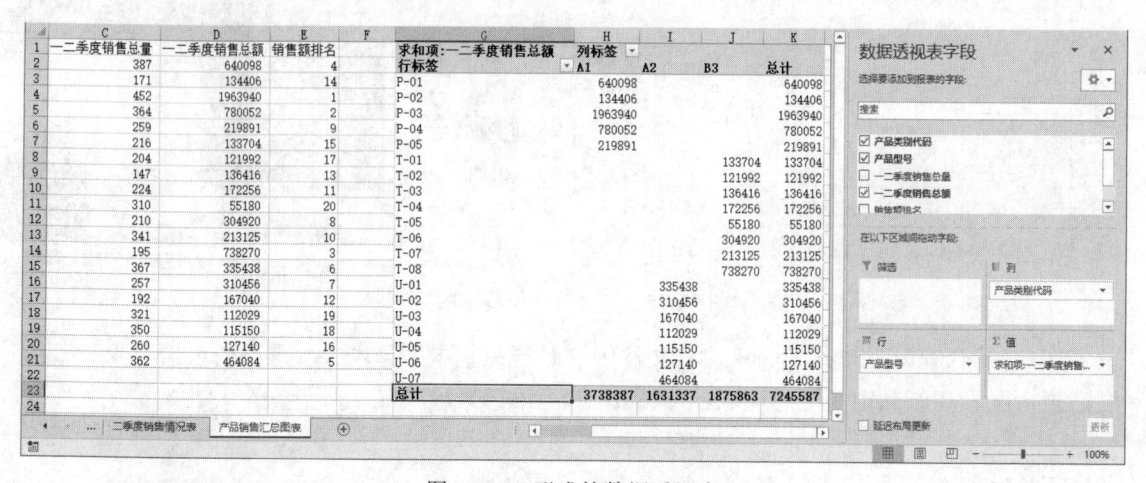

图 18-80 形成的数据透视表

11.（综合题）有文件 Excel.xlsx，其内容为我国主要城市的降水量的统计表，如图 18-81 所示。根据下列要求，完成有关统计工作：

（1）在"主要城市降水量"工作表中，将 A 列数据中城市名称的汉语拼音删除，并在城市名后面添加文本"市"，如"北京市"。

（2）将单元格区域 A1:P32 转换为表，为其套用一种恰当的表格格式（如"蓝色，表样式中等深浅 9"），取消筛选和镶边行，将表的名称修改为"降水量统计"。

（3）将单元格区域 B2:M32 中所有的空单元格都填入数值 0；然后修改该区域的单元格

数字格式，使得值小于 15 的单元格仅显示文本"干旱"；再为该区域应用条件格式，将值小于 15 的单元格设置为"黄色填充深黄色文本"。（不要修改单元格中的数值本身）

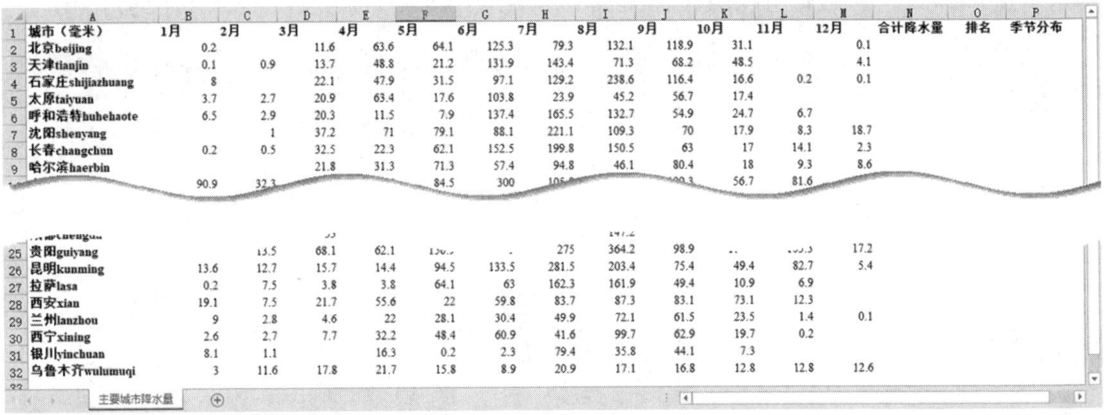

城市（毫米）	1月	2月	3月	4月	5月	6月	7月	8月	9月	10月	11月	12月	合计降水量	排名	季节分布
北京beijing	0.2		11.6	63.6	64.1	125.3	79.3	132.1	118.9	31.1		0.1			
天津tianjin	0.1	0.9	13.7	48.8	21.2	131.9	143.4	71.3	68.2	48.5		4.1			
石家庄shijiazhuang			8	22.1	47.9	31.5	97.1	129.2	238.6	116.4	16.6	0.2	0.1		
太原taiyuan	3.7	2.7	20.9	63.4	17.6	103.8	23.9	45.2	56.7	17.4					
呼和浩特huhehaote	6.5	2.9	20.3	11.5	7.9	137.4	165.5	132.7	54.9	24.7	6.7				
沈阳shenyang		1	37.2	71	79.1	88.1	221.1	109.3	70	17.9	8.3	18.7			
长春changchun	0.2	0.5	32.5	22.3	62.1	152.5	199.8	150.5	63	17	14.1	2.3			
哈尔滨haerbin			21.8	31.3	71.3	57.4	94.8	46.1	80.4	18	9.3	8.6			
	90.9	32.3			84.5	300				56.7	81.6				
贵阳guiyang			15.5	68.1	62.1			275	364.2	98.9		17.2			
昆明kunming	13.6	12.7	15.7	14.4	94.5	133.5	281.5	203.4	75.4	49.4	82.7	5.4			
拉萨lasa	0.2	7.5	3.8	3.8	64.1	63	162.3	161.9	49.4	10.9	6.9				
西安xian	19.1	7.5	21.7	55.6	22	59.8	83.7	87.3	83.1	73.1	12.3				
兰州lanzhou		9	2.8	4.6	22	28.1	30.4	49.9	72.1	61.5	23.5	1.4	0.1		
西宁xining	2.6	2.7	7.7	32.2	48.4	60.9	41.6	99.7	62.9	19.7	0.2				
银川yinchuan	8.1	1.1		16.3	0.2	2.3	79.4	35.8	44.1	7.3					
乌鲁木齐wulumuqi	3	11.6	17.8	21.7	15.8	8.9	20.9	17.1	16.8	12.8	12.8	12.6			

图 18-81 "主要城市降水量"工作表

提示 1：选中"主要城市降水量"工作表的 B2:M32 数据区域，单击"开始"选项卡下"编辑"组中的"查找和选择"按钮，在下拉列表中选择"替换"命令，弹出"查找和替换"对话框，"替换"选项卡中的"查找内容"文本框中保持为空，不输入任何内容，在"替换为"文本框中输入"0"，单击"全部替换"按钮，完成替换。

提示 2：继续选中工作表的 B2:M32 数据区域，单击"开始"选项卡下"样式"组中的"条件格式"按钮，在下拉列表中指向"突出显示单元格规则"，在右侧的级联菜单中选择"小于"选项，弹出"小于"对话框，在"为小于以下值的单元格设置格式"文本框中输入"15"，在"设置为"中选择"黄填充色深黄色文本"选项。

提示 3：继续选中工作表的 B2:M32 数据区域，单击"开始"选项卡下"单元格"组中的"格式"按钮，在下拉列表中选择"设置单元格格式"命令，弹出"设置单元格格式"对话框，在"数字"选项卡的"分类"列表框中选择"自定义"选项，在右侧的"类型"文本框中，首先删除"G/通用格式"，然后输入表达式"[<15]"干旱""。

（4）在单元格区域 N2:N32 中计算各城市全年的合计降水量，对其应用实心填充的数据条条件格式，并且不显示数值本身。

（5）在单元格区域 O2:O32 中，根据"合计降水量"列中的数值进行降序排名。

提示：选中 O2 单元格，输入公式"=RANK.EQ(N2,$N$2:$N$32,0)"。

（6）在单元格区域 P2:P32 中插入迷你柱形图，数据范围为 B2:M32 中的数值，并将高点设置为标准红色。如图 18-82 所示。

（7）在 R3 单元格中建立数据验证规则，仅允许在该单元格中填入单元格区域 A2:A32 中的城市名称；在 S2 单元格中建立数据验证规则，仅允许在该单元格中填入单元格区域 B1:M1 中的月份名称；在 S3 单元格中建立公式，使用 Index 函数和 Match 函数，根据 R3 单元格中的城市名称和 S2 单元格中的月份名称，查询对应的降水量；以上三个单元格最终显示的结果为广州市 7 月份的降水量。

提示：选中 S3 单元格，输入公式 "=INDEX(降水量统计[[城市（毫米）]:[12月]],MATCH(R3,降水量统计[城市（毫米）],0),MATCH(S2,降水量统计[[#标题],[城市（毫米）]:[12月]],0))"。

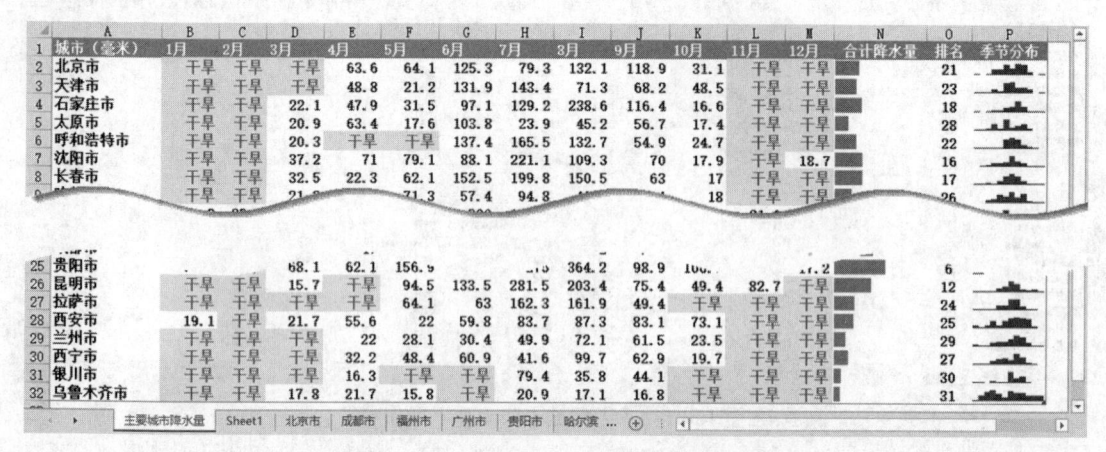

图 18-82 设置条件格式和插入"迷你柱形图"

（8）按照如下要求统计每个城市各月降水量以及全年占比，并为其创建单独报告，报告的标题和结构等，完成效果如图 18-83 所示。

1）每个城市的数据位于一张独立的工作表中，工作表标签名为城市名称，如"北京市"。

2）求出图 18-82 所示的各城市各月份降水量数据位于单元格区域 A3:C16 中，A 列中的月份按照 1～12 月顺序排列，B 列为对应城市和月份的降水量，C 列为该月降水量占该城市全年降水量的比重。

3）不限制计算方法，可使用中间表格辅助计算，中间表格可保留在最终完成的文档中。

完成本操作要求的步骤如下：

步骤 1：选中工作表"主要城市降水量"中的 A1:M32 数据区域，使用 Ctrl+C 组合键复制该区域，然后在工作表右侧单击"插入工作表"按钮，新建一张空白工作表 Sheet1，建立一个图 18-84 所示的工作表。

图 18-83 每个城市各月降水量以及全年占比

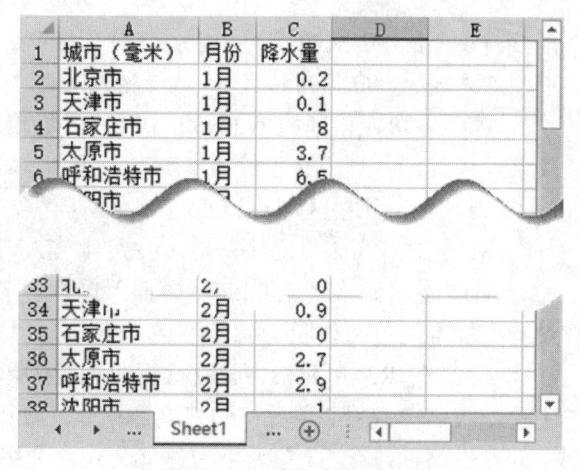

图 18-84 建立中间辅助表

步骤 2：选中工作表 Sheet1 中的 A1:C373 数据区域，单击“插入”选项卡下“表格”组中的“数据透视表”按钮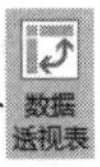

，采用默认设置，直接单击“确定”按钮。

步骤 3：参考本例文件夹中的“城市报告.png”文件，如图 18-85 所示在新建的工作表中，将右侧的“数据透视表字段列表”中的“城市名称”字段拖动到“报表筛选”，将“月份”字段拖动到“行标签”列表框中，将“降水量”两次拖动到“数值”列表框中。

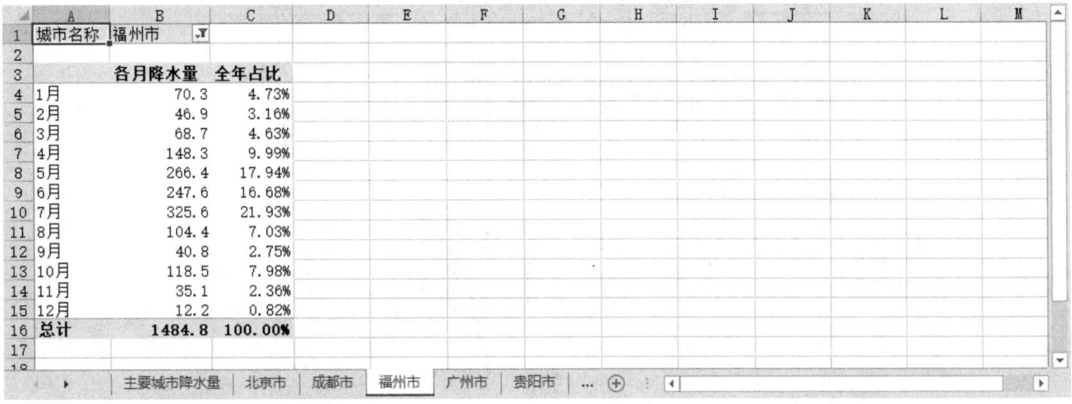

	A	B	C
1	城市名称	福州市	
2			
3		各月降水量	全年占比
4	1月	70.3	4.73%
5	2月	46.9	3.16%
6	3月	68.7	4.63%
7	4月	148.3	9.99%
8	5月	266.4	17.94%
9	6月	247.6	16.68%
10	7月	325.6	21.93%
11	8月	104.4	7.03%
12	9月	40.8	2.75%
13	10月	118.5	7.98%
14	11月	35.1	2.36%
15	12月	12.2	0.82%
16	总计	1484.8	100.00%
17			

图 18-85 “城市报告.png”文件

步骤 4：在“数据透视表字段”任务窗格右下角“Σ值”列表框中，单击第二个“求和项:降水量 2”右侧的下拉三角形按钮，在弹出的快捷菜单中选择“值字段设置”命令，弹出“值字段设置”对话框，“自定义名称”设置为“全年占比”；切换到“值显示方式”选项卡，将“值显示方式”选择为“列汇总的百分比”，单击“确定”按钮。

步骤 5：双击工作表的 B3 单元格，弹出“值字段设置”对话框，在“自定义名称”行中输入标题“各月降水量”，单击“确定”按钮。

步骤 6：选中 A3 单元格，单击“数据透视表工具 | 分析”选项卡下的“数据透视表”组中的“选项”按钮，执行下拉列表中的“选项”命令，弹出“数据透视表选项”对话框。切换到“显示”选项卡，取消勾选“显示字段标题和筛选下拉列表”复选框，单击“确定”按钮。

步骤 7：继续单击“选项”下拉命令，在下拉列表中选择“显示报表筛选页”命令，在弹出的“显示报表筛选页”对话框中保存默认设置，单击“确定”按钮，即可批量生成每个城市各月降水量及全年占比。

（9）在“主要城市降水量”工作表中，将纸张方向设置为横向，并适当调整其中数据的列宽，以便可以将所有数据都打印在一页 A4 纸内。

（10）为文档添加名称为“类别”，类型为“文本”，值为“水资源”的自定义属性。

操作步骤提示：单击“文件”选项卡，打开 Office 后台视图。单击左侧“导航栏”中的“信息”命令，Office 后台视图显示出“信息”界面。再单击最右侧页面中的“属性”，在下拉列表中选择“高级属性”命令，弹出“Excel.xlsx 属性”对话框，切换到“自定义”选项卡，在“名称”文本框中输入“类别”；在“类型”下拉列表框中选择“文本”选项；在“取值”文本框中输入“水资源”，最后单击“添加”按钮，单击“确定”按钮关闭对话框。

12. 某企业的管理人员正在用 Excel 应用程序分析所在企业 2014—2016 年国外订货的情况，所用数据保存在 Excel 文档 Excel.xlsx 中，含有 5 张工作表。各工作表的部分数据如图 18-86 所示。试帮助该管理人员用已有的数据完成这项工作。

(a) "销售资料"工作表

(b) "销往国家"工作表

(c) "产品信息"工作表

(d) "地区代码"工作表

(e) "销售汇总"工作表

图 18-86 Excel.xlsx 中的 5 张工作表及部分数据

(1) 在"销售资料"工作表中完成下列任务：

1) 将 B 列（"日期"列）中不规范的日期数据修改为 Excel 可识别的日期格式，数字格式为"January 1,2014"，并适当调整列宽，将数据右对齐。

2) 在 C 列（"客户编号"列）中，根据销往地区在客户编号前面添加地区代码，代码可在"地区代码"工作表中查询。

3) 在 H 列（"产品价格"列）中填入每种产品的价格，具体价格信息可在"产品信息"工作表中查询。

4) 在 J 列（"订购金额"列）中计算每个订单的金额，公式为"订购金额=产品价格×订购数量"，并调整为货币格式，货币符号为"$"，保留 0 位小数。

5) 冻结工作表的首行。

(2) 参考图 18-87 所示样例效果图片"销售汇总.jpg"，在"销售汇总"工作表中完成下列任务：

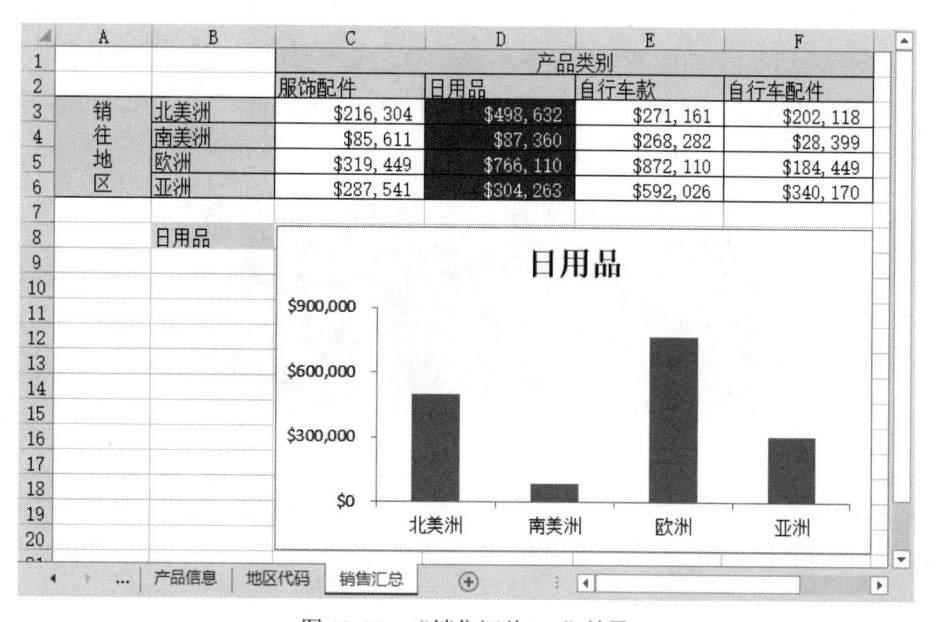

图 18-87 "销售汇总.jpg"效果

1) 将 A 列中的文本"销售地区"的文字方向改为竖排。

2) 在 C3:F6 单元格区域中，使用 SUMIFS 函数计算销往不同地区各类别商品的总金额，并调整为货币格式，货币符号为"$"，保留 0 位小数。

3) 在 B8 单元格中设置数据有效性，以便可以通过下拉列表选择单元格中的数据，下拉列表项为"服饰配件,日用品,自行车款,自行车配件"，并将结果显示为"日用品"。

4) 定义新的名称"各类别销售汇总"，要求这个名称可根据 B8 单元格中数值的变化而动态引用该单元格中显示的产品类别对应的销往各个地区的销售数据，例如当 B8 单元格中的数据修改为"自行车配件"时，名称引用的单元格区域为 F3:F6。

5) 在 C8:F20 单元格区域中创建簇状柱形图，水平（分类）轴标签为各个销往地区的名称；图表的图例项（数据系列）的值来自名称"各类别销售汇总"。图表可根据 B8 单元格中数值的变化而动态显示不同产品类别的销售情况，取消网格线和图例，并根据样例效果设置数值轴的刻度。

6）在 C3:F6 单元格区域中设置条件格式，当 B8 单元格中显示的产品类别发生变化时，相应产品类别的数据所在单元格的格式也发生动态变化，单元格的填充颜色变为红色，字体颜色变为"白色,背景 1"。

7）在"销往国家"工作表中，分别为 B2:B4、C1:C3、D1:D7 和 E1:E5 单元格区域命名为"北美洲""南美洲""欧洲""亚洲"。

8）在"销售资料"工作表中，修改 E 列（"销往国家"列）中设置"数据验证"的错误，以便根据 D 列中显示销往地区的不同，在 E 列中通过下拉列表正确显示对应的国家。例如在 D2 单元格中数据为"北美洲"，则在 E2 单元格中数据有效性所提供的下拉列表选项为"加拿大，美国，墨西哥"（销往地区和销往国家的对应情况可从"销往国家"工作表中查询，不能更改数据有效性中的函数类型）。

（3）创建名为"销售情况报告"的新工作表，并置于所有工作表的左侧，在此工作表中完成下列任务：

1）将工作表的纸张方向修改为横向。

2）在单元格区域 B11:M25 中插入布局为"表格列表"的 SmartArt 图形，并参照图 18-88 所示的样例图片"报告封面.jpg"填入相应内容。

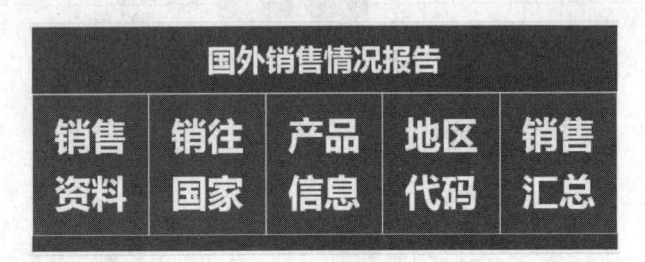

图 18-88　"报告封面.jpg"效果图

3）为 SmartArt 图形中标题下方的 5 个形状添加超链接，使其可以分别链接到文档中相同名称工作表的 A2 单元格。

第 8 章　PowerPoint 2016 演示文稿

实验 19　PowerPoint 的使用

实验目的

（1）重点掌握利用模板和空演示文稿制作出演示文稿。
（2）学会在幻灯片上调整版式、录入文本、编辑文本等基本操作。
（3）学会正确放映演示文稿。
（4）掌握对文本与段落的格式化操作。
（5）了解修改幻灯片的主题和背景样式的方法。
（6）掌握和了解使用母版快速设置演示文稿的方法。
（7）了解在幻灯片中使用各种绘图工具，插入图片、声音等对象的操作。
（8）掌握对幻灯片切换的设置与使用。
（9）了解并掌握幻灯片中动画设置技巧，学会对文字和图片元素进行动画设置。
（10）了解 PowerPoint 文档中各幻灯片间超链接与跳转的操作。
（11）掌握建立一个较完整的 PowerPoint 文档所需的步骤与技术。

实验内容与操作步骤

实验 19-1　某企业人力资源部门的工作人员要为公司来自港澳的新入职的员工进行规章制度培训。使用案例素材帮助她完成此项工作。

（1）在本例文件夹下，将"PPT 素材.pptx"文件另存为 PPT.pptx（.pptx 为扩展名），后续操作均基于此文件。其中，"PPT 素材.pptx"中 16 张幻灯片的部分内容如图 19-1 所示。

（2）比较与演示文稿"内容修订.pptx"的差异，接受其对文字内容的所有修改（其他差异可忽略）。

（3）按照下列要求设置第 2 张幻灯片上的动画：

1）在播放到此张幻灯片时，文本"没有规矩，不成方圆"自动从幻灯片左侧飞入，同时文本"——行政规章制度宣讲"从幻灯片右侧飞入，右侧橙色椭圆形状以"缩放"的方式进入幻灯片，三者的持续时间都是 0.5 秒。

2）继续为橙色椭圆形状添加"对象颜色"的强调动画，使其在出现后以"中速（2 秒）"反复变换对象颜色，直到幻灯片末尾。

（4）在第 3 张幻灯片上，将标题下方的 3 个文本框的形状更改为 3 种标注形状，并适当调整形状大小和其中文字的字号，使其更加美观。

（5）将第 4~15 张幻灯片标题文本的字体修改为微软雅黑，文本颜色修改为"白色,背景 1"，并令本例文件夹中的图片 logo.png 显示在每张幻灯片右上角（位置须相同），图片样式如图 19-2 所示。

图 19-1　"PPT 素材.pptx"中 16 张幻灯片的部分内容　　　图 19-2　logo.png 图片

（6）在第 5 张幻灯片中，调整内容占位符中后 3 个段落的缩进设置，使得 3 个段落左侧的横线与首段的文本左对齐（横线原始状态是与首段项目符号左对齐）。

（7）在第 6 张幻灯片中，将"请假流程："下方的 5 个段落转换为 SmartArt 图形，布局为"连续块状流程"，适当调整其大小和样式，并为其添加"淡出"的进入动画效果，5 个包含文本的形状在单击时自左到右依次出现，取消水平箭头形状的动画。

（8）在第 8 张幻灯片中设置第一级编号列表，使其从 3 开始；在第 9 张幻灯片中，设置第一级编号列表，使其从 5 开始。

（9）为除了第 1 张幻灯片之外的其他幻灯片添加从右侧推进的切换效果；将所有幻灯片的自动换片时间设置为 5 秒。

（10）删除演示文稿中的所有备注。

（11）放映演示文稿，并使用荧光笔工具圈住第 6 张幻灯片中的文本"请假流程："（需要保留墨迹注释）。

（12）将演示文稿的内容转换为繁体，但不要转换常用的词汇用法。

（13）设置演示文稿，以便在使用黑白模式打印时，第 4～15 张幻灯片中的背景图片（包含三角形形状的图片）不会被打印。

操作步骤如下：

步骤一

（1）在本例文件夹下打开"PPT 素材.pptx"文件。

（2）单击"文件"选项卡下的"另存为"命令，选择好保存位置后，在弹出的"另存为"对话框中输入文件名 PPT，单击"保存"按钮。

步骤二

(1) 单击"审阅"选项卡下"比较"组中的"比较"按钮 ，弹出"选择要与当前演示文稿合并的文件"对话框，如图 19-3 所示，浏览并选中本例文件夹下的"内容修订.pptx"文件，单击"合并"按钮。

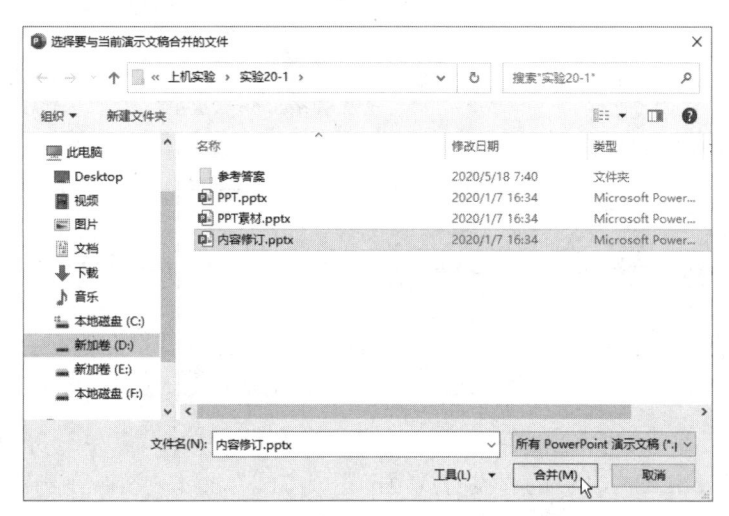

图 19-3　"选择要与当前演示文稿合并的文件"对话框

(2) 在"修订"任务窗格的"详细信息"中检查幻灯片更改情况，没有对文字内容修改的可以忽略，如图 19-4 所示。

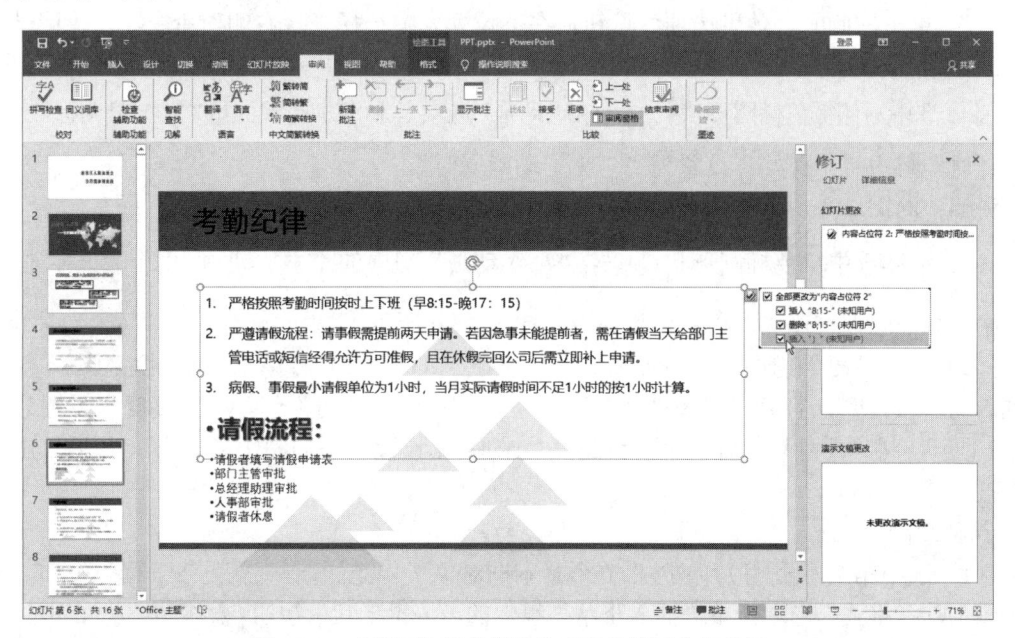

图 19-4　"修订"任务窗格及出现的修订内容条目

(3) 选中第 6 张幻灯片，单击右侧"修订"任务窗格中的"内容占位符 2"，在左侧幻灯版设计窗格"内容占位符 2"的右上角将出现修订的下拉列表，勾选列表中的所有选项。

(4) 单击"比较"组中的"接受"按钮 [接受]，在下拉列表中选择"接受对此幻灯片所做的所有更改"命令。

(5) 按照相同的方法勾选第 14 和第 15 张幻灯片中出现的列表框中的所有选项。

提示：如果执行"接受"下拉列表中的"接受对当前演示文稿所做的所有更改"命令，则上面（3）～（5）一次性执行。

(6) 单击"比较"组中的"结束审阅"按钮 [结束审阅]，在弹出的"信息提示"对话框中单击"是"按钮，如图 19-5 所示。

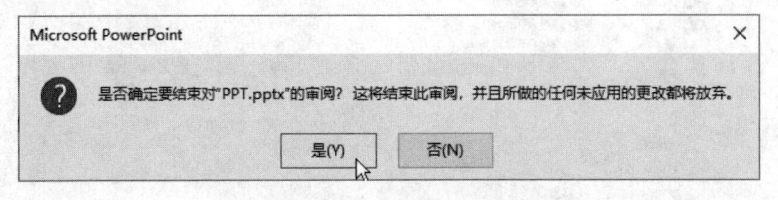

图 19-5 "信息提示"对话框

步骤三

(1) 选中第 2 张幻灯片中的"没有规矩，不成方圆"文本内容，单击"动画"选项卡下"动画"组中的"飞入"图标 [飞入]，单击右侧的"效果选项"按钮 [效果选项]，在下拉列表中选择"自左侧"命令，在"计时"组中将"开始"按钮 [开始：上一动画之后 ∨] 设置为"上一动画之后"。

(2) 选中"——行政规章制度宣讲"文本内容，单击"动画"选项卡下"动画"组中的"飞入"，单击右侧的"效果选项"按钮，在下拉列表中选择"自右侧"命令，在"计时"组中将"开始"设置为"与上一动画同时"。

(3) 选中右侧橙色椭圆形状 [○]，单击"动画"选项卡下"动画"组中的"缩放"图标 [缩放]，在"计时"组中将"开始"设置为"与上一动画同时"。

说明：以上三个动画默认持续时间都是 0.5 秒，故不用做特殊设置。

(4) 继续选中橙色椭圆形状，单击"高级动画"组中的"添加动画"按钮 [添加动画]，在下拉列表中选择"强调"→"对象颜色"命令，如图 19-6 所示。

(5) 在"计时"组中将"开始"设置为"上一动画之后"；单击"动画"组右下角的对话框启动器按钮 [ƒ]，打开"对象颜色"对话框，切换到"计时"组，将"期间"设置为"中速（2秒）"，将"重复"设置为"直到幻灯片末尾"，设置结果如图 19-7 所示，最后单击"确定"按钮。

步骤四

(1) 选中第 3 张幻灯片中的第 1 个文本框对象（"就觉得制度就是条条框……"），单击"绘图工具 | 格式"选项卡下"插入形状"组中的"编辑形状"按钮 [编辑形状 ▼]，在下拉列表中选择"更改形状 标注矩形标注"命令（可以任选一种，本例为"对话气泡：圆角矩形" [💭]）。按照相同的方法将其他两个文本框更改为不同的标注形状，分别为"对话气泡：椭圆形" [💭] 和"思想气泡：云" [💭]。

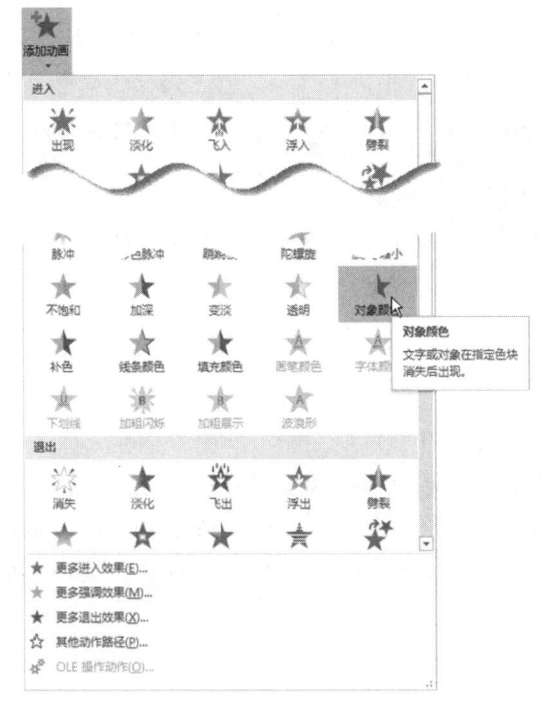

图 19-6 "添加动画"及下拉命令列表　　　图 19-7 "对象颜色"对话框

（2）适当调整形状大小、位置和文字字号，使其更加美观。

步骤五

（1）单击"视图"选项卡下"母版视图"组中的"幻灯片母版"按钮 ，进入"幻灯片母版"窗口，如图 19-8 所示。

图 19-8 "幻灯片母版"窗口

（2）选中"标题和内容"版式中的标题文本内容，在"开始"选项卡下"字体"组中将字体设置为"微软雅黑"，将"字体颜色"设置为"白色,背景 1"。

（3）单击"插入"选项卡下"图像"组中的"图片"按钮 ，弹出"插入图片"对话框，浏览并选中本例文件夹下的 logo.png，单击"插入"按钮。

（4）选中插入的图片，单击"图片工具|格式"选项卡下"排列"组中的"对齐"按钮 ，在下拉列表中选择"右对齐"和"顶端对齐"命令。

（5）单击"幻灯片母版"选项卡下"关闭"组中的"关闭母版视图"按钮 ，回到幻灯片"普通视图"界面。

步骤六

选中第 5 张幻灯片中"内容"文本占位符中的后 3 段文本，单击"开始"选项卡下"段落"组中右下角的"对话框启动器"按钮 ，弹出"段落"对话框，在"缩进和间距"选项卡下，将"文本之前"设置为"0.64 厘米"，"特殊"设置为"(无)"，单击"确定"按钮，如图 19-9 所示。

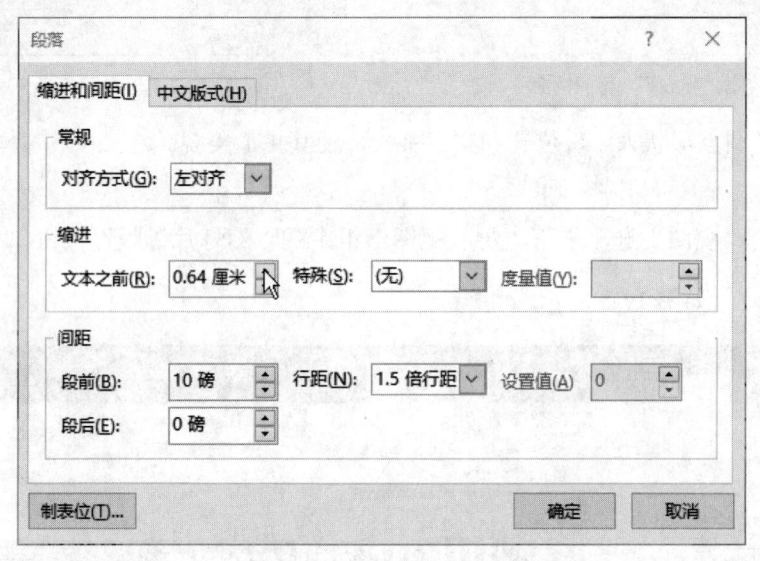

图 19-9 "段落"对话框

说明：此处先查看首段的段落设置，后 3 段落设置相同即可。

步骤七

（1）选中第 6 张幻灯片中"请假流程："下方的文本内容，单击"开始"选项卡下"段落"组中的"转换为 SmartArt 图形"按钮 ，在下拉列表中选择"其他 SmartArt 图形"命令，弹出"选择 SmartArt 图形"对话框，在左侧列表框中选择"流程"选项，在右侧列表框中选择"连续块状流程"选项，如图 19-10 所示，单击"确定"按钮。

（2）选中该 SmartArt 对象，在"SmartArt 工具/设计"选项卡下"SmartArt 样式"组中选择任一样式，本例为"白色轮廓"，并适当调整其大小，本例设置高度和宽度分别为 4.95 厘米和 28.97 厘米。第 6 张幻灯片效果图如图 19-11 所示。

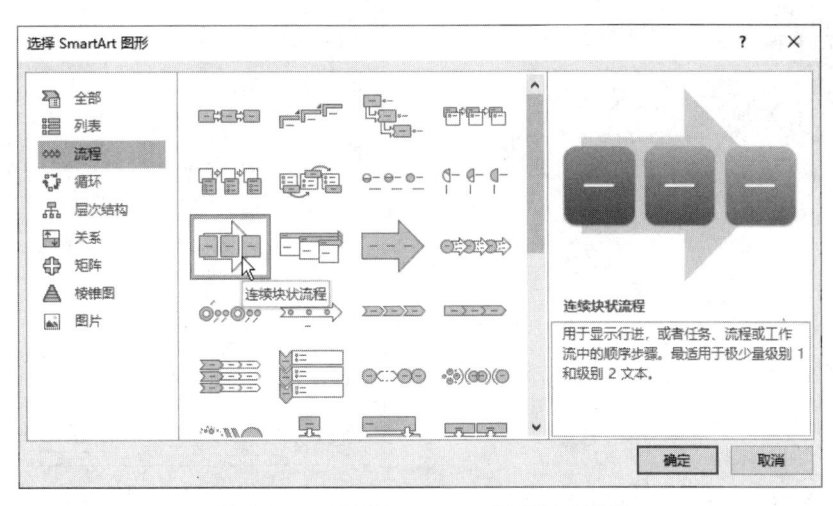

图 19-10 "选择 SmartArt 图形"对话框

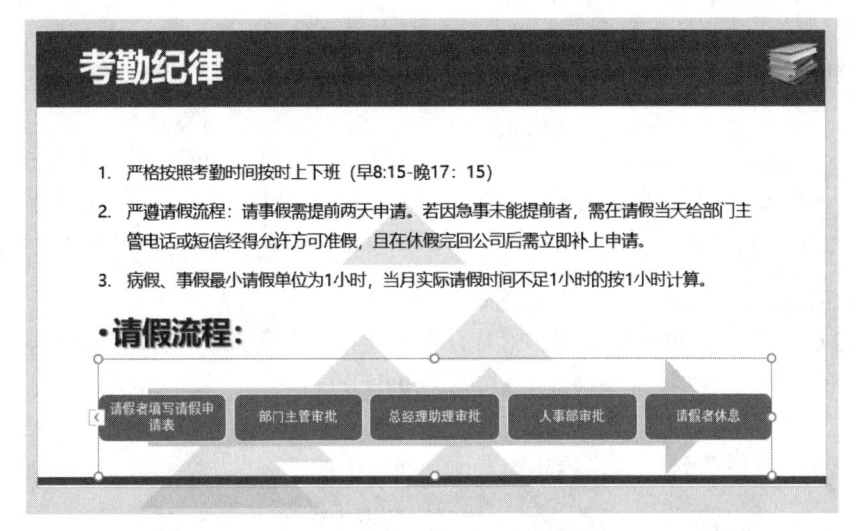

图 19-11 第 6 张幻灯片效果图

(3)单击"动画"选项卡下"动画"组中的"淡化"进入效果 ，在"效果选项"中选择"逐个"选项。

(4)单击"高级动画"组中的"动画窗格"按钮 ，在下方出现"动画窗格"任务窗格，如图 19-12 所示。

(5)选中"1"并右击，在弹出的快捷菜单中选择"删除"命令，最后关闭"动画窗格"任务窗格。

步骤八

(1)在第 8 张幻灯片中选中内容文本框中的第一段内容("离岗：无故不在当值……")并右击，在弹出的快捷菜单中选择"编号"→"项目符号和编号"命令，打开图 19-13 所示的"项目符号和编号"对话框，在"编号"选项卡中，将"起始编号"设置为 3，单击"确定"按钮。

图 19-12 "动画窗格"任务窗格 　　　　图 19-13 "项目符号和编号"对话框

（2）选定第 9 张幻灯片"内容占位符"的第一段内容（"事假：请事假的最小单位为 1 小时……"），单击"开始"选项卡下"段落"组中的"编号"按钮，执行其下拉列表中的"项目符号和编号"命令，在打开的"项目符号和编号"对话框中，设置"起始编号"设置为 5。

步骤九

（1）在左侧的"幻灯片/大纲"浏览窗格中，单击选中第 2 张幻灯片，然后按住键盘上的 Shift 键，再单击选中最后一张幻灯片，这样就将除第 1 张幻灯片以外的其他幻灯片全部选中，单击"切换"选项卡下"切换到此幻灯片"组中的"推入"效果图标，单击右侧的"效果选项"按钮，在下拉列表中选择"自右侧"命令。

（2）按 Ctrl+A 组合键全选所有幻灯片，在"切换"选项卡下"计时"组中，将"设置自动换片时间"设置为 00:05.00。

步骤十

（1）单击"文件"选项卡，再单击左侧导航栏中的"信息"菜单项，右侧出现"信息"视图界面。单击"检查问题"按钮，在下拉列表中选择"检查文档"命令，弹出图 19-14 所示的"文档检查器"对话框。

图 19-14 "文档检查器"对话框

（2）单击"检查"按钮，再单击对话框中"演示文稿备注"右侧的"全部删除"按钮，如图 19-15 所示。

图 19-15　文档检查结果

（3）关闭"文档检查器"对话框，切换到"开始"选项卡，按下 Esc 键，回到"普通视图"窗口。

步骤十一

（1）选中第 6 张幻灯片，单击"幻灯片放映"选项卡下"开始放映幻灯片"组中的"从当前幻灯片开始"按钮。

（2）在放映状态下右击，在弹出的快捷菜单中选择"指针选项"→"荧光笔"命令，此时鼠标光标变成荧光笔样式，绘制一个图形将"请假流程："文本圈住。

（3）右击，在弹出的快捷菜单中选择"结束放映"命令，弹出"提示信息"对话框，单击"保留"按钮，如图 19-16 所示。

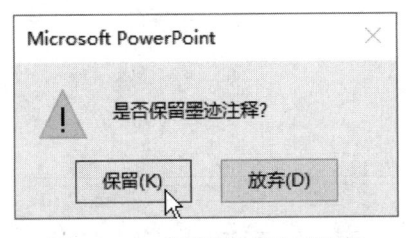

图 19-16　"提示信息"对话框

步骤十二

单击"审阅"选项卡下"中文简繁转换"组中的"简繁转换"按钮，弹出"中文简繁转换"对话框，取消勾选"转换常用词汇"复选框，如图 19-17 所示，单击"确定"按钮完成转换。

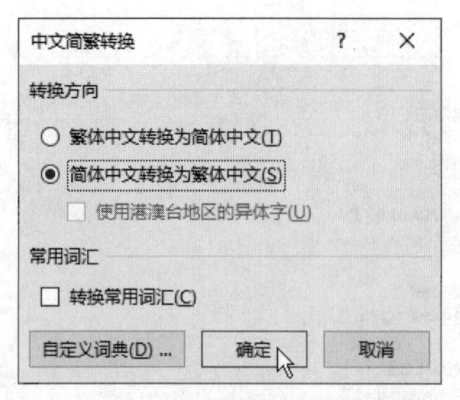

图 19-17 "中文简繁转换"对话框

步骤十三

(1) 单击"视图"选项卡下"颜色/灰度"组中的"黑白模式"按钮 黑白模式 。

(2) 单击"视图"选项卡下"母版视图"组中的"幻灯片母版"按钮，进入幻灯片母版视图编辑界面。

(3) 选中"标题和内容"版式中的图片对象（包括三角形），单击"黑白模式"选项卡下"更改所选对象"组中的"不显示"按钮 不显示 ，结果如图 19-18 所示。

图 19-18 不显示图形

(4) 单击"黑白模式"选项卡下"关闭"组中的"返回颜色视图"按钮 返回颜色视图 ；单击"幻灯片母版"选项卡下"关闭"组中的"关闭母版视图"按钮。

（5）单击"文件"选项卡，打开"Office 后台视图"，单击"导航"栏中的"关闭"按钮，保存并关闭"PPT.pptx"演示文稿文件。

实验 19-2 现有演示文稿"PPT_素材.pptx"，其内容是某市场调研机构的工作人员小文为某次报告会准备的关于云计算行业发展的演示文稿。根据下列要求，帮助小文运用已有素材完成相关工作。

（1）在本例文件夹中，将"PPT_素材.pptx"文件另存为 PPT.pptx（pptx 为扩展名），后续操作均基于此文件。

"PPT_素材.pptx"演示文稿有 13 张幻灯片，其中第 1 张幻灯片为"标题"幻灯片，其余各张为"标题和内容"幻灯片，第 13 张幻灯片内容空白。

演示文稿中各幻灯片内容如图 19-19 所示。

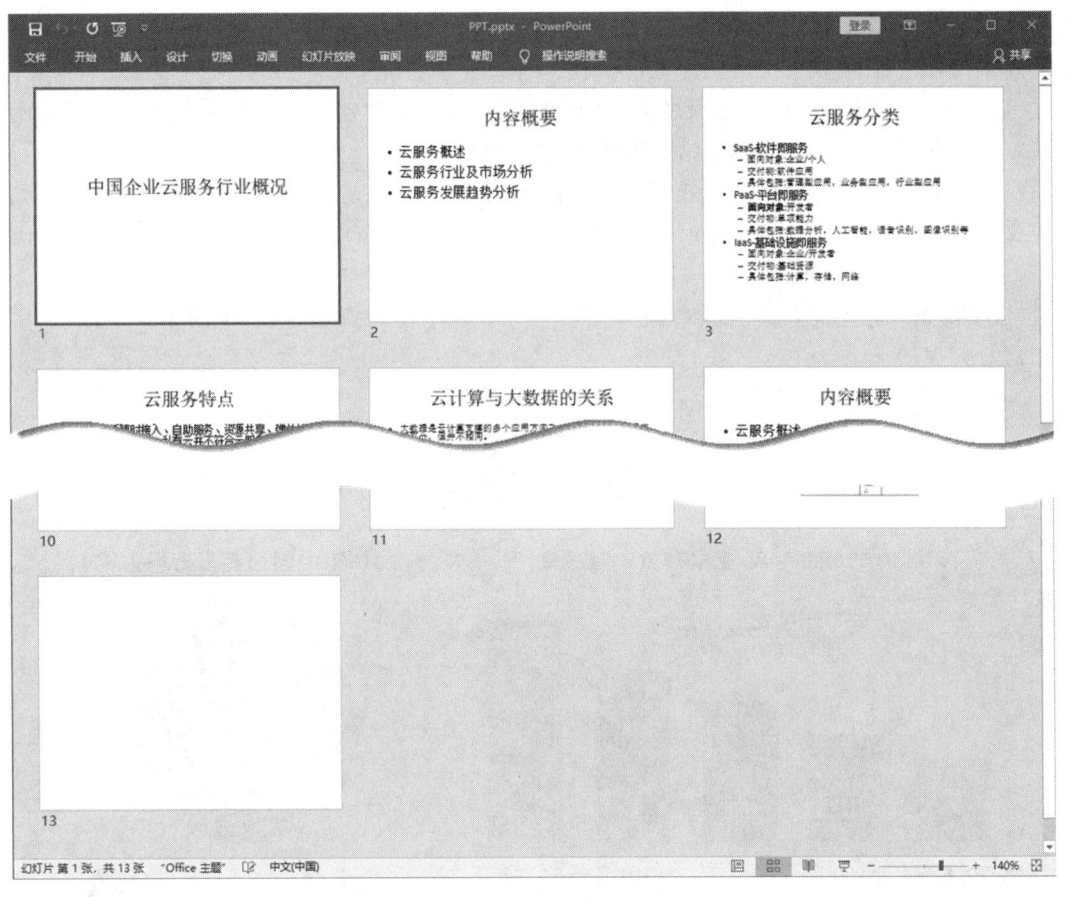

图 19-19 演示文稿中各幻灯片内容

（2）按照如下要求设计幻灯片母版。

1）将幻灯片的大小修改为"全屏显示（16:9）"。

2）设置幻灯片母版标题占位符的文本格式，中文字体为微软雅黑，西文字体为 Arial，并添加一种恰当的艺术字样式；设置幻灯片母版内容占位符的文本格式，中文字体为幼圆，西文字体为 Arial。

3）如图 19-20 所示，本例文件夹中有背景 1（左）和背景 2，分别作为"标题幻灯片"版式的背景和"标题和内容"版式、"内容与标题"版式以及"两栏内容"版式的背景。

图 19-20　背景图片

（3）将第 2 张、第 6 张和第 9 张幻灯片中的项目符号列表转换为 SmartArt 图形，布局为"梯形列表"，主题颜色为"个性色 1"组下的"彩色轮廓-个性色 1"，并对第 2 张幻灯片左侧形状（即第 1 个形状）、第 6 张幻灯片中间形状（第 2 个形状）、第 9 张幻灯片右侧形状（第 3 个形状）应用"细微效果-水绿色，强调颜色 5"的形状样式。

（4）将第 3 张幻灯片中的项目符号列表转换为布局为"水平项目符号列表"的 SmartArt 图形，适当调整其大小，并应用恰当的 SmartArt 样式。

（5）将第 4 张幻灯片的版式修改为"内容与标题"，将原内容占位符中首段文字移动到左侧文本占位符内，适当增大行距；将右侧剩余文本转换为布局为"圆箭头流程"的 SmartArt 图形，并应用恰当的 SmartArt 样式。

（6）将第 7 张幻灯片的版式修改为"两栏内容"，其效果参考"市场规模.png"，如图 19-21 所示。

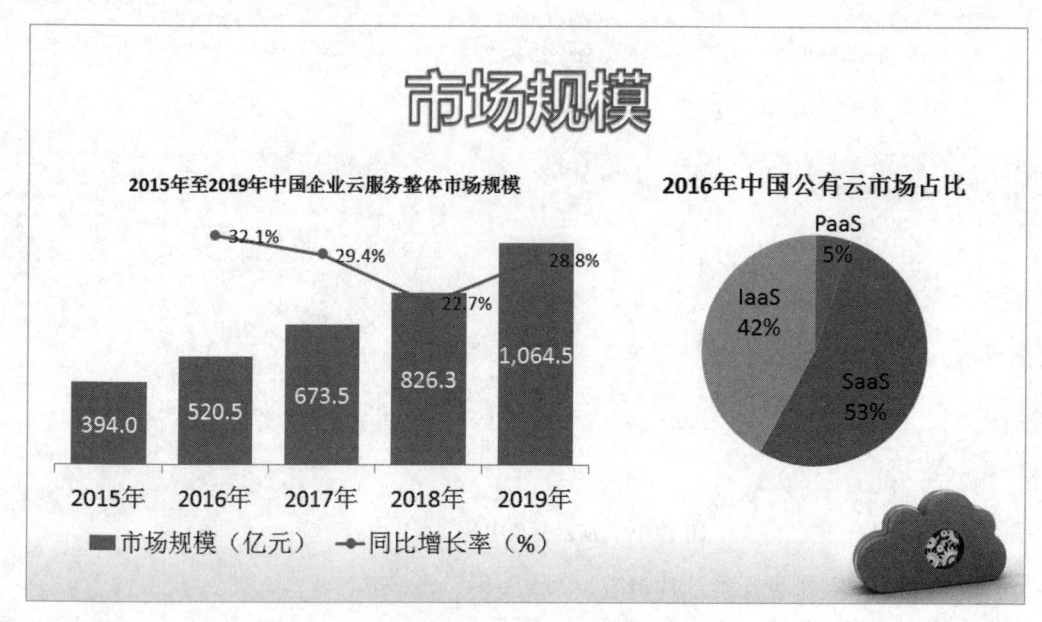

图 19-21　市场规模.png

将上方和下方表格中的数据分别转换为图表（不得随意修改原素材表格中的数据），并按表 20-1 所示的要求设置格式。

表 20-1　图表元素的设置要求

柱形图与折线图	
主坐标轴	"市场规模（亿元）"系列
次坐标轴	"同比增长率（%）"系列
图表标题	2016 年中国企业云服务整体市场规模
数据标签	保留 1 位小数
网格线、纵坐标轴标签和线条	无
折线图数据标记	内置圆形，大小为 7
图例	图表下方
饼图	
数据标签	包括类别名称和百分比
图表标题	2016 年中国公有云市场占比
图例	无

（7）在第 12 张幻灯片中，参考本文件夹下的"行业趋势三.png"图片效果，如图 19-22 所示。适当调整表格大小、行高和列宽，为表格应用恰当的样式，取消标题行的特殊格式，并合并相应的单元格。

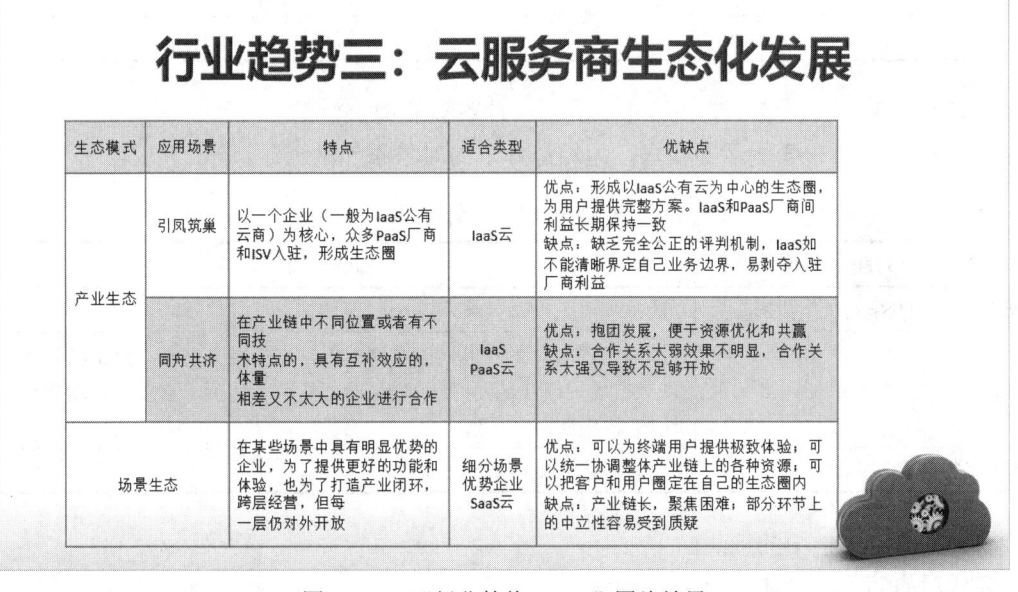

图 19-22　"行业趋势三.png"图片效果

（8）参考图 19-23 所示的效果，为第 13 张幻灯片制作"结束页"，并完成下列任务。
1）将版式修改为"空白"，并添加"蓝色，强调文字颜色 1，淡色 80%"的背景颜色。
2）制作与图 19-22 完全一致的徽标图形，要求徽标为由一个正圆形和一个"太阳形"构成的完整图形，徽标的高度和宽度都为 6 厘米，为其添加恰当的形状样式；将徽标在幻灯片中水平居中对齐，垂直距幻灯片上侧边缘 2.5 厘米。

图 19-23　第 13 张幻灯片效果图

3）在徽标下方添加艺术字，内容为 CLOUD SHARE，恰当设置其样式，并将其在幻灯片中水平居中对齐，垂直距幻灯片上侧边缘 9.5 厘米。

（9）按照表 20-2 所示的要求，为幻灯片分节。

表 20-2　节与名称

节名称	幻灯片
封面	第 1 张幻灯片
云服务概述	第 2～5 张幻灯片
云服务行业及市场分析	第 6～8 张幻灯片
云服务发展趋势分析	第 9～12 张幻灯片
结束页	第 13 张幻灯片

（10）为第 2 节、第 3 节和第 4 节应用一种单独的切换效果。

（11）按照表 20-3 所示的要求，为幻灯片中的对象添加动画。

表 20-3　动画设计与要求

对象	动画效果
幻灯片 4 中的 SmartArt 图形	"淡出"进入动画效果，逐个出现
幻灯片 7 中左侧的图表	"擦除"进入动画效果，按系列出现，水平轴无动画，单击时自底部出现"市场规模（亿元）"系列，动画结束 2 秒后，自左侧自动出现"同比增长率（%）"系列
幻灯片 7 中右侧的图表	"轮子"进入动画效果

（12）删除文档中的批注。

完成后的演示文稿如图 19-24 所示。

操作步骤如下：

步骤一

（1）在本例文件夹下打开"PPT_素材.pptx"文件。

（2）单击"文件"选项卡下的"另存为"命令，选择好保存位置后，在弹出的"另存为"对话框中输入文件名"PPT"，单击"保存"按钮，关闭对话框。

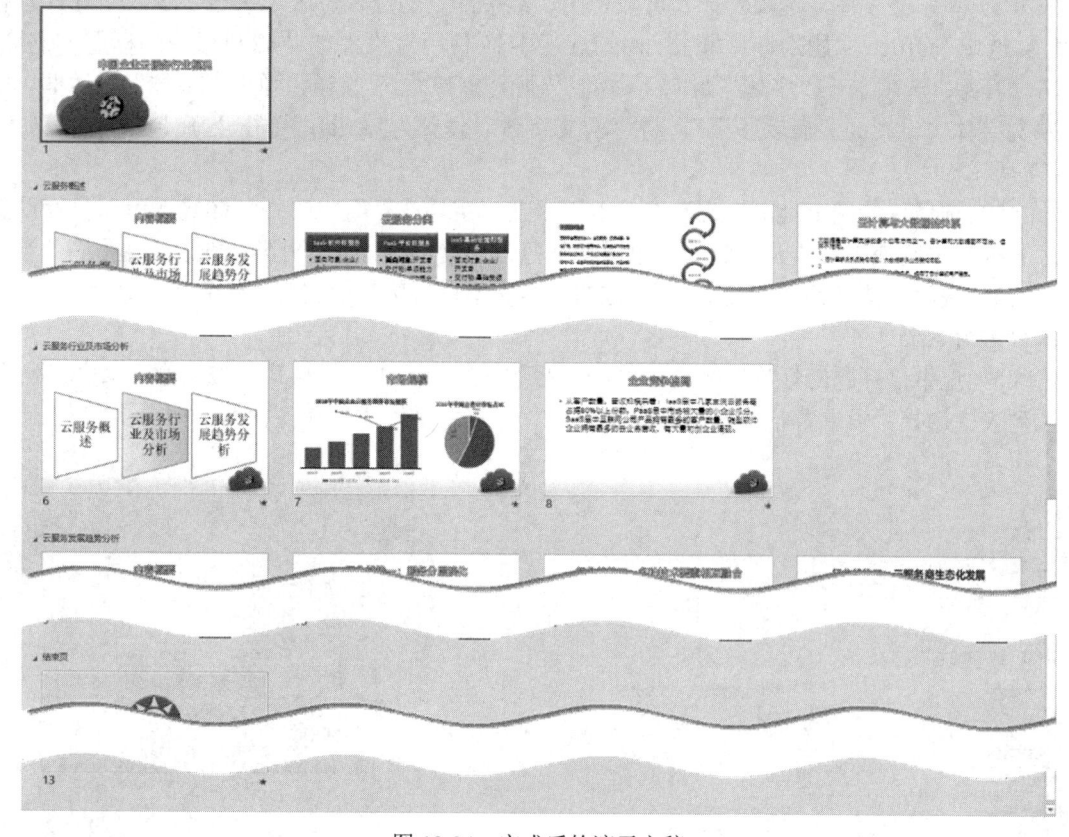

图 19-24 完成后的演示文稿

步骤二

（1）单击"设计"选项卡下"自定义"组中的"幻灯片大小"按钮 ，在弹出的命令列表中执行"自定义幻灯片大小"命令，弹出图 19-25 所示的"幻灯片大小"对话框，在对话框中将"幻灯片大小"设置为"全屏显示（16:9）"，单击"确定"按钮。在出现的图 19-26 所示的"提示信息"对话框中，单击"确保合适"按钮。

提示：这一步也可直接在弹出的下拉命令列表中执行"宽屏（16:9）"命令。

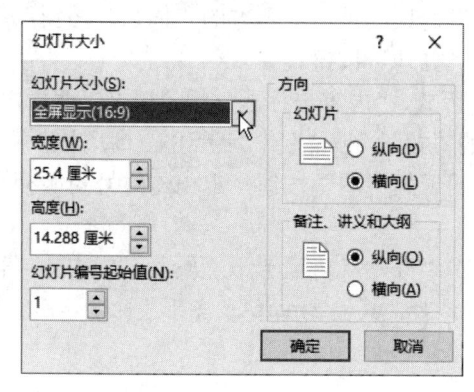

图 19-25 "幻灯片大小"对话框   图 19-26 "提示信息"对话框

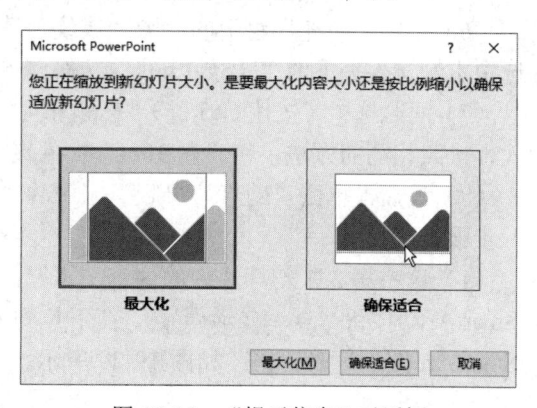

（2）单击"视图"选项卡下"母版视图"组中的"幻灯片母版"按钮，进入幻灯片母版视图；选中"Office 主题幻灯片母版：由幻灯片 1-13 使用"，然后选中该母版中的标题占位符，单击"开始"选项卡下"字体"组右下角的"对话框启动器"按钮，弹出"字体"对话框，将"中文字体"设置为"微软雅黑"，将"西文字体"设置为 Arial，单击"确定"按钮，如图 19-27 所示。

（3）选择"绘图工具 | 格式"选项卡下"艺术字样式"组中的一种样式（可以自行设置任意一种，本例使用"填充：白色；边框：红色，主题色 2；清晰阴影：红色，主题色 2"）。

（4）按照步骤（2）的方法，将下方的内容文本框占位符中文字体设置为"幼圆"，西文字体设置为 Arial。

（5）选中"标题幻灯片"版式，单击"背景"组中的"背景样式"按钮 背景样式 ，在下拉列表中选择"设置背景格式"命令，弹出"设置背景格式"任务窗格，如图 19-28 所示。

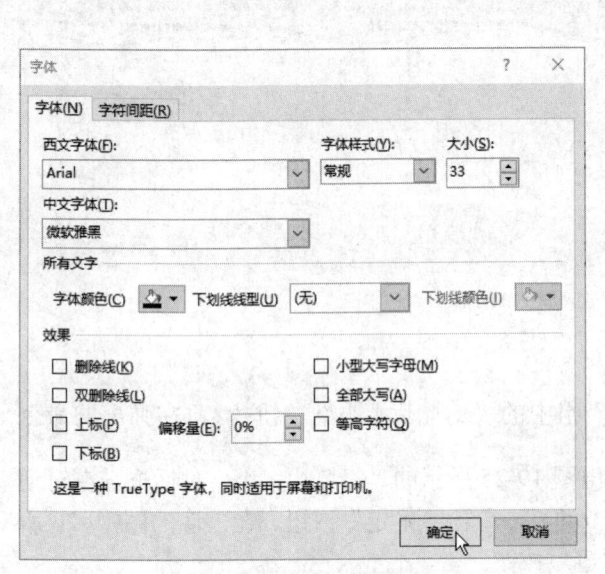

图 19-27 "字体"对话框

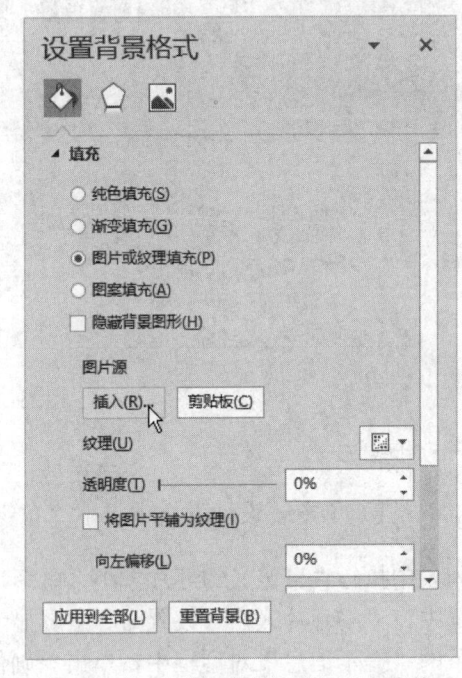

图 19-28 "设置背景格式"任务窗格

（6）单击"填充"组中的"图片或纹理填充"选项，再单击下方的"插入"按钮，浏览并选中本例文件夹下的"背景 1.png"文件，单击"打开"按钮。

（7）同时选中（按住 Ctrl 键）"标题和内容"版式、"内容与标题"版式以及"两栏内容"版式，按照相同的方法，将"例 10-4"文件夹下的"背景 2.png"作为上述三个版式的背景。

（8）最后，单击"幻灯片母版"组中的"关闭母版视图"按钮，退出幻灯片母版视图。

步骤三

（1）选中第 2 张幻灯片中的内容文本框，单击"开始"选项卡下"段落"组中的"转换为 SmartArt"按钮 转换为 SmartArt，在下拉列表中选择"其他 SmartArt 图形"命令，弹出"选择 SmartArt 图形"对话框，如图 19-29 所示。

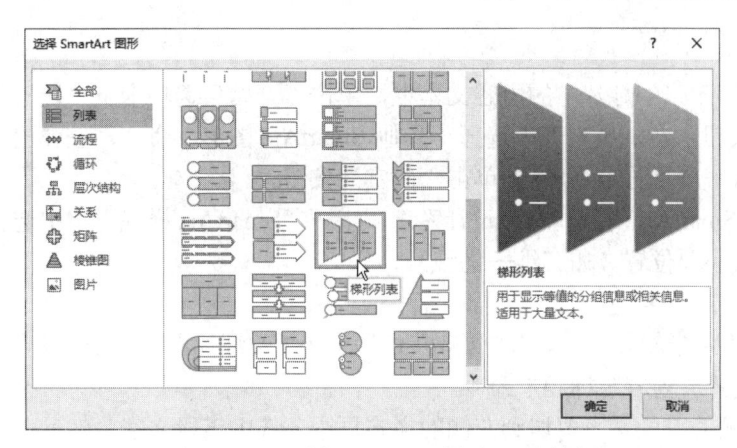

图 19-29 "选择 SmartArt 图形"对话框

（2）单击左侧"列表"选项，在右侧选中"梯形列表"图标，单击"确定"按钮。

（3）单击"SmartArt 工具｜设计"选项卡下"SmartArt 样式"组中的"更改颜色"按钮，在下拉列表中选择"个性色 1"组下的"彩色轮廓-个性色 1"选项，如图 19-30 所示。

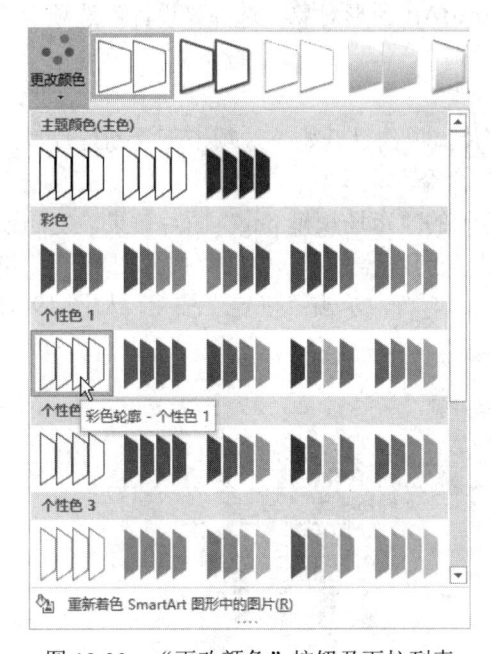

图 19-30 "更改颜色"按钮及下拉列表

（4）选中第 2 张幻灯片中 SmartArt 图形的第 1 个形状，单击"SmartArt 工具｜格式"选项卡下"形状样式"组中的"其他"按钮，在展开的列表框中选择"细微效果-水绿色，强调颜色 5"选项。

（5）按照步骤（1）和步骤（2）的方式将第 6 张幻灯片和第 9 张幻灯片中的内容文本框转换为布局为"梯形列表"且主题颜色为"个性色 1"组下的"彩色轮廓-个性色 1"的 SmartArt 样式，并为第 6 张幻灯片 SmartArt 图形中间形状及第 9 张幻灯片 SmartArt 图形右侧形状应用"细微效果-水绿色，强调颜色 5"形状样式。

步骤四

（1）选中第 3 张幻灯片中的内容文本框，单击"开始"选项卡下"段落"组中的"转换为 SmartArt"按钮，在下拉列表中选择"其他 SmartArt 图形"命令，在弹出的对话框中选择"列表"→"水平项目符号列表"，单击"确定"按钮。

（2）选中 SmartArt 对象，在"设计"选项卡下"SmartArt 样式"组中选择一种样式并适当调整图形的大小及位置（如三维—优雅）。

步骤五

（1）选中第 4 张幻灯片，单击"开始"选项卡下"幻灯片"组中的"版式"按钮，在下拉列表中选择"内容与标题"命令。

（2）将右侧的首段文字剪切到左侧的文本框中，选中该段文字，然后单击"开始"选项卡下"段落"组右下角的"对话框启动器"按钮，弹出"段落"对话框，在对话框中将"行距"设置为"双倍行距"，单击"确定"按钮。

（3）选中右侧文本框对象，单击"开始"选项卡下"段落"组中的"转换为 SmartArt"按钮，在下拉列表中选择"其他 SmartArt 图形"命令，在弹出的对话框中选择"流程/圆箭头流程"图标，单击"确定"按钮。

（4）选中转换后的 SmartArt 图形对象，选择"设计"选项卡下"SmartArt 样式"组中的任意一种样式（如强烈效果）。

步骤六

（1）选中第 7 张幻灯片，单击"开始"选项卡下"幻灯片"组中的"版式"按钮，在下拉列表中选择"两栏内容"命令。

（2）参考图 19-21 所示的"市场规模.png"图片效果，复制该幻灯片中上方表格中的数据，然后删除该表格，单击左侧内容文本框中的"插入图表"按钮，在弹出的对话框中选择"柱形图/堆积柱形图"图标，单击"确定"按钮，如图 19-31 所示。

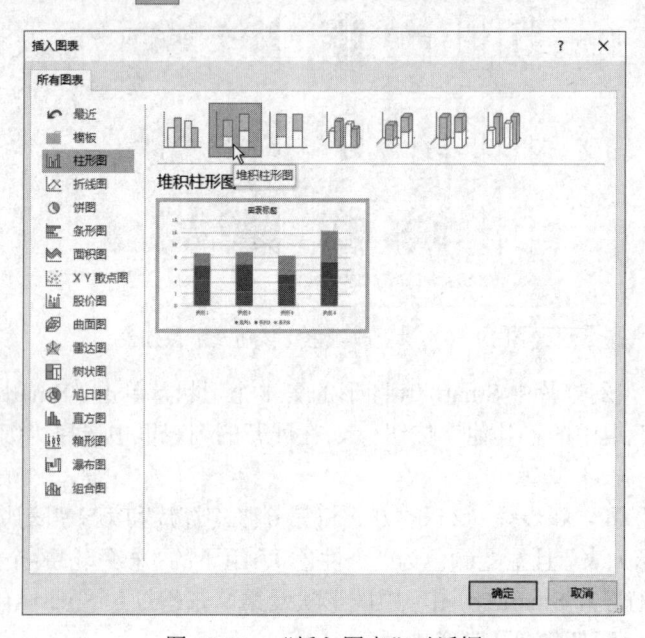

图 19-31　"插入图表"对话框

(3)将复制的数据粘贴到弹出的 Excel 工作表中(此处需要选中 A1 单元格进行粘贴),同时删除多余的行列,如图 19-32 所示,然后关闭 Excel 工作簿。

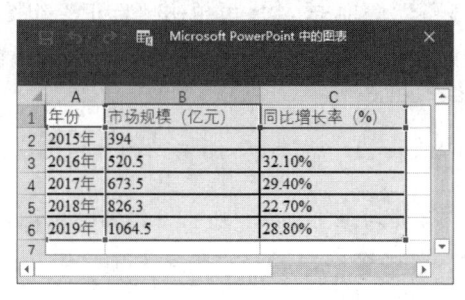

图 19-32 Excel 工作表

(4)复制该幻灯片中下方表格中的数据,然后删除该表格,单击右侧内容文本框中的"插入图表"按钮,在弹出的对话框中选择"饼图/饼图"选项,单击"确定"按钮,将复制的数据粘贴到弹出的 Excel 工作表中(此处需要选中 A1 单元格进行粘贴),同时删除多余的行列,然后关闭 Excel 工作簿。

(5)参考图 19-21 所示的图形,适当调整图表的大小。

(6)选中左侧的柱形图对象,单击"图表工具 | 格式"选项卡下"当前所选内容"组中的"图表元素"下拉按钮,在下拉列表中选择"系列(同比增长率%)"命令,单击"设计"选项卡下"类型"组中的"更改图表类型"按钮,在弹出的对话框中选择"组合图"选项。在右下方"为您的数据系列选择图表类型和轴:"栏下,在"同比增长率(%)"下拉列表框中选择"带数据标记的折线图"选项,勾选"次坐标轴"筛选框,单击"确定"按钮,如图 19-33 所示。

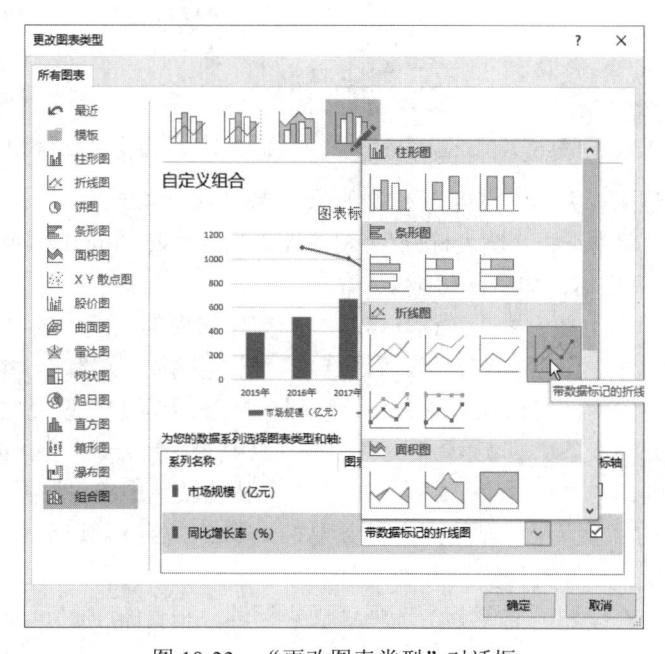

图 19-33 "更改图表类型"对话框

（7）在绘图区中单击选中折线图并右击，在弹出的快捷菜单中选择"设置数据系列格式"命令，弹出"设置数据系列格式"任务窗格，如图19-34所示。

（8）切换到"填充与线条"选项卡，再单击"标记"组图标 标记，设置"标记选项"为"内置"且"类型"为圆形"●"，"大小"为"7"；展开下面的"边框"项目，设置边框为"实线"，颜色为"标准色-红色"。

（9）单击"图表工具|设计"选项卡下"图表布局"组中的"添加元素"按钮 添加图表元素，在下拉列表中执行"数据标签"→"右侧"命令。执行"其他数据标签选项"命令，弹出图19-35所示的"设置数据标签格式"任务窗格，展开"数字"项目组，设置"类别"为"百分比"，"小数位数"为"1"。

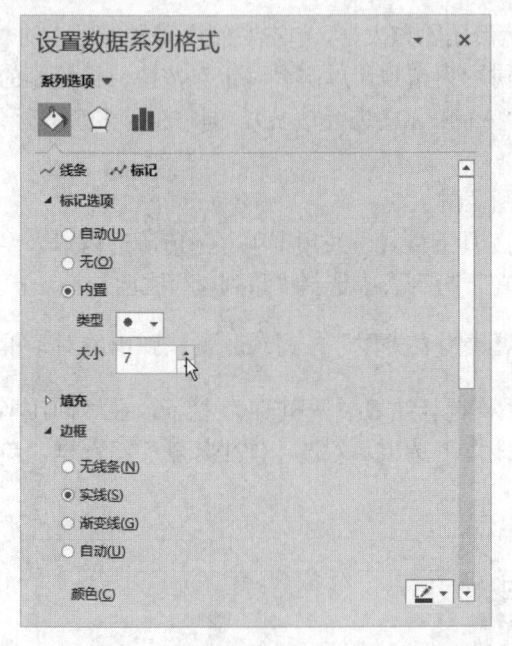

图19-34 "设置数据系列格式"任务窗格　　图19-35 "设置数据标签格式"任务窗格

（10）适当调整图表大小，高度为10.2厘米，宽度为14.4厘米。

（11）在绘图区单击选择"图表标题"，输入图表标题"2016年中国企业云服务整体市场规模"，并设置字体为宋体、加粗、18磅。

（12）单击"图表工具|格式"选项卡下"当前所选内容"组中的"图表元素"下拉列表按钮 垂直(值)轴 主要网格线，再单击"设置所选内容格式"按钮 设置所选内容格式（或右击并执行快捷菜单中的"设置网格线格式"命令），弹出图19-36所示的"设置主要网格线格式"任务窗格，单击"填充与线条"选项卡下"线条"组中的"无线条"选项。

（13）在绘图区选中"垂直(值)轴"，右击并执行快捷菜单中的"设置坐标轴格式"命令，弹出图19-37所示的"设置坐标轴格式"任务窗格。单击"坐标轴选项"图标，展开其中的"标签"项目，设置"标签位置"为"无"。

（14）同样地，在绘图区右侧单击选中"次坐标轴，垂直(值)轴"，设置"标签"的"标签位置"为"无"。

图 19-36　"设置主要网格线格式"任务窗格　　　图 19-37　"设置坐标轴格式"任务窗格 1

（15）在绘图区下方单击选中"水平(类别)轴"，右击并执行快捷菜单中的"设置坐标轴格式"命令，弹出图 19-38 所示的"设置坐标轴格式"任务窗格。

（16）单击选择"填充与线条◇"选项卡下"线条"组中的"实线"选项；单击"颜色"项右侧的"轮廓颜色"按钮 ☒ ▼ ，在展开的颜色块中，设置颜色为"主题色"中的"黑色，文字 1"。

（17）单击"坐标轴选项"图标 ，弹出图 19-39 所示的"设置坐标轴格式"任务窗格。展开"坐标轴选项"组，设置"坐标轴的位置"为"刻度线之间"；展开"刻度线"组，设置"刻度线间隔"为"1"，"主刻度线类型"为"外部"，"次刻度线类型"为"无"；展开"标签"项目组，设置"与坐标轴的距离"为"100"，"标签位置"为"轴旁"。

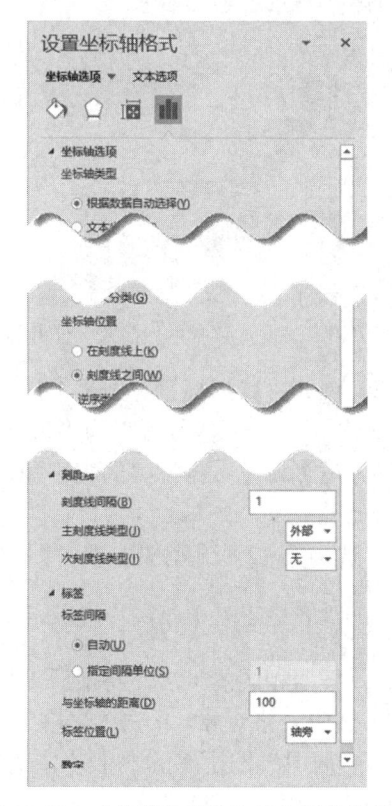

图 19-38　"设置坐标轴格式"任务窗格 2　　　图 19-39　"设置坐标轴格式"任务窗格 3

（18）选中绘图区中的"系列'市场规模（亿元）'"并右击，在弹出的快捷菜单中选择"设置数据系列格式"命令，弹出图 19-40 所示的"设置数据系列格式"任务窗格。展开"系列选项"项目组，设置"间隙宽度"值为 44%。

（19）选中右侧的"饼图"图表，在标题文本框中将原有文字删除并输入标题"2016 年中国公有云市场占比"，适当调整文本字体、字形和大小。

（20）单击选中饼图下方的"图例"，直接按 Delete 键，将其删除。

（21）单击"图表工具 | 设计"选项卡下"图表布局"组中的"添加元素"下拉按钮，在展开的命令列表框中依次执行"数据标签"→"其他数据标签选项"命令，弹出图 19-41 所示的"设置数据标签格式"任务窗格。

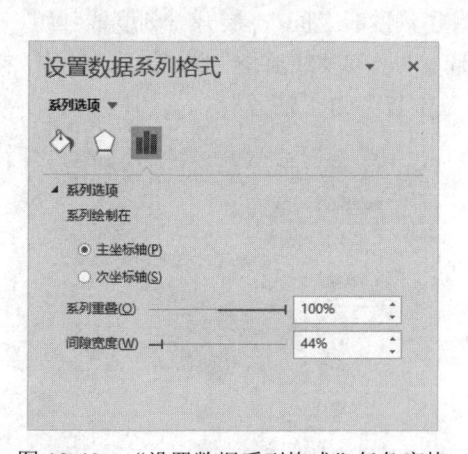

图 19-40　"设置数据系列格式"任务窗格 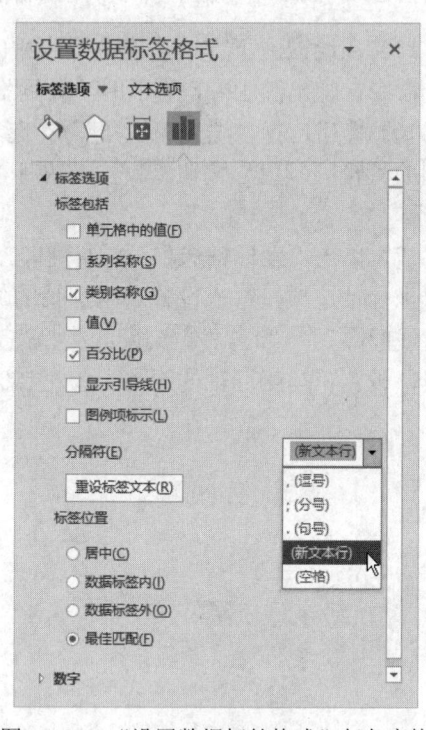　　图 19-41　"设置数据标签格式"任务窗格

（22）展开"数据标签"项目组，勾选"类别名称"和"百分比"复选框；"分隔符"选择"(新文本行)"，"标签位置"为"最佳匹配"。

（23）适当调整数据标签的大小和位置，使其符合示例样式。

步骤七

（1）选中第 12 张幻灯片，参考图 19-22 所示的图片效果，选中第 1 列第 2 行和第 3 行单元格，单击"表格工具 | 布局"选项卡下"合并"组中的"合并单元格"按钮，将两个单元格合并；按照相同的方法，将最后 1 行第 1 个和第 2 个单元格合并。

（2）选中表格对象，单击"表格工具 | 布局"选项卡下"对齐方式"组中的"垂直对齐"按钮和"居中"按钮，将表格中的内容设置为垂直和水平方向均居中。设置第 3 列和第 5 列（除第一行外），左对齐。

（3）选中表格对象，单击"设计"选项卡下"表格样式"组中的"浅色样式 3-强调 1"样式，取消勾选"表格样式选项"组中的"标题行"复选框。

（4）适当调整各列列宽，可参考效果图进行调整。

（5）选中幻灯片中标题文本框，单击"绘图工具｜格式"选项卡下"艺术字样式"组中的"其他"按钮，在下拉列表框中选择"填充:橄榄色，主题色 3；锋利棱台"样式；单击"艺术字样式"组右上角的"文本填充"按钮，在展开的下拉列表中选择颜色为"标准色-红色"。

步骤八

（1）选中第 13 张幻灯片，单击"开始"选项卡下"幻灯片"组中的"版式"按钮，在下拉列表中选择"空白"选项；在"设计"选项卡下"自定义"组中单击"设置背景格式"按钮，弹出图 19-42 所示的"设置背景格式"对话框。设置"填充"为"纯色填充"，填充颜色为"蓝色，个性 1，淡色 80%"。

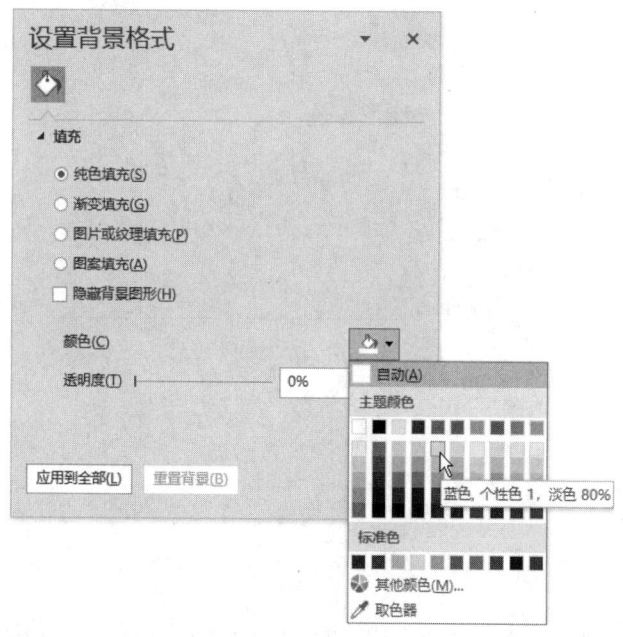

图 19-42　"设置背景格式"任务窗格

（2）参考图 19-23 所示的"结束页.png"文件，单击"插入"选项卡下"插图"组中的"形状"按钮，在下拉列表中选择"基本形状｜椭圆"形状。按住 Shift 键，在幻灯片中绘制一个正圆形；选中该图形，在"绘图工具｜格式"选项卡下"大小"组中，将形状高度和宽度都设置为"6 厘米"。

（3）继续单击"插入"选项卡下"插图"组中的"形状"按钮，在下拉列表中选择"基本形状/太阳形"，在幻灯片中绘制一个太阳形，在"绘图工具｜格式"选项卡下"大小"组中，将形状高度和宽度都设置为"6 厘米"，在"形状样式"组中单击"形状填充"按钮，在下拉列表中选择"白色,背景 1"。

（4）选中正圆形，按住 Shift 键的同时单击太阳形，使两个图形同时被选中，单击"绘图工具｜格式"选项卡下"排列"组中的"对齐"按钮 对齐▾。在下拉列表中选择"对齐所选对象"命令；再单击"对齐"按钮，在下拉列表中选择"垂直居中"命令，使两个图形相对上下位置居中；再单击"对齐"按钮，在下拉列表中选择"水平居中"命令，使两个图形相对左右位置居中。

保持两个图形同时被选中的状态，单击"绘图工具｜格式"选项卡下"插入形状"组中的"合并形状"按钮 合并形状▾。执行其下拉列表中的"剪除"命令，使正圆形按照太阳形的轮廓被掏空内部，且原来两个图形现在变为一个图形，即太阳形；否则会在太阳形中剪除正圆形。

注意：在此不能使用"组合"命令组合两个图形。

（5）选中刚制作好的图形对象，单击"排列"组中的"对齐"按钮，在下拉列表中选择"水平居中"命令；在"形状样式"组中选择"强烈效果-蓝色，强调颜色 1"。

（6）单击"大小"组右下角的"对话框启动器"按钮 ，在弹出的"设置形状格式"任务窗格中，在"位置"组中设置"垂直位置"为"2.5 厘米"，如图 19-43 所示。

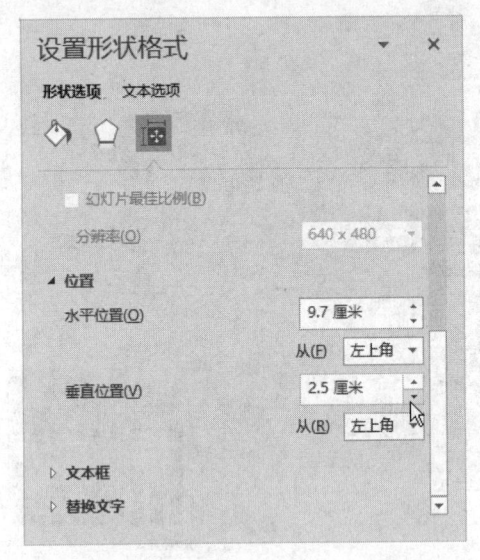

图 19-43　"设置形状格式"任务窗格

（7）在幻灯片中单击"插入"选项卡下"文本"组"艺术字"按钮 艺术字，选择其下拉列表中的一种艺术字样式，本例使用"填充：紫色，主题色 4；软棱台"，在文本框中输入文本 **CLOUDSHARE**。

选中该文本框对象，单击"绘图工具｜格式"选项卡下"排列"组中的"对齐"按钮，在下拉列表中选择"水平居中"命令，单击"大小"组右下角的对话框启动器按钮，在弹出的"设置形状格式"任务窗格中，设置"垂直位置"为"9.5 厘米"。

步骤九

（1）单击第 1 张幻灯片之前的位置并右击，在弹出的快捷菜单中选择"新增节"命令，在默认的节标题中右击，选择"重命名节"命令，输入节标题名称"封面"。

（2）按照上述相同方法，新增并命名其他节。

步骤十

（1）选中第 1 节标题，选择"切换"选项卡下"切换到此幻灯片"的一种切换方法（可自行选择，例如"切入"），单击"计时"组中的"应用到全部"按钮。

（2）分别选中第 2 节、第 3 节和第 4 节的节标题，为各节设置一种单独的切换效果，分别为"推入""擦除""揭开"。

步骤十一

（1）选中第 4 张幻灯片中的 SmartArt 图形，单击"动画"选项卡下"动画"组中的"淡化"进入动画效果，单击右侧"效果选项"按钮，在下拉列表中选择"逐个"命令。

（2）选中第 7 张幻灯片中左侧的图表，单击"动画"选项卡下"动画"组中的"擦除"进入动画效果，单击右侧"效果选项"按钮，在下拉列表中选择"按系列"命令；单击"高级动画"组中的"动画窗格"按钮，出现"动画窗格"任务窗格。单击选中第一项并右击，在弹出的快捷菜单中选择"删除"命令（满足水平轴无动画要求），如图 19-44 所示。

图 19-44　"动画窗格"任务窗格

再选中第一项，单击"动画"选项卡下"动画"组中的"效果选项"按钮，在下拉列表中选择"自底部"命令。

选中最后一项，将"计时"组中的"开始"设置为"上一动画之后"，将"延迟"设置为 2.00，单击"效果选项"按钮，在下拉列表中选择"自左侧"命令。

（3）选中第 7 张幻灯片中右侧的图表，单击"动画"组中的"轮子"按钮进入动画效果。

步骤十二

（1）在"文件"选项卡下，单击"信息 | 检查问题"按钮，在下拉列表中选择"检查文档"命令，弹出"文档检查器"对话框，单击"检查"按钮，检查结束后，在出现的对话框中单击"批注和注释"右侧的"全部删除"按钮，最后单击"关闭"按钮。

（2）单击"快速访问工具栏"中的"保存"按钮，保存打开的文件。单击 PointPower 窗口右上角的"关闭"按钮，退出 PointPower 程序。

思考与综合练习

1. 试按以下步骤完成演示文稿的设计，最终形成的演示文稿如图 19-45 所示。

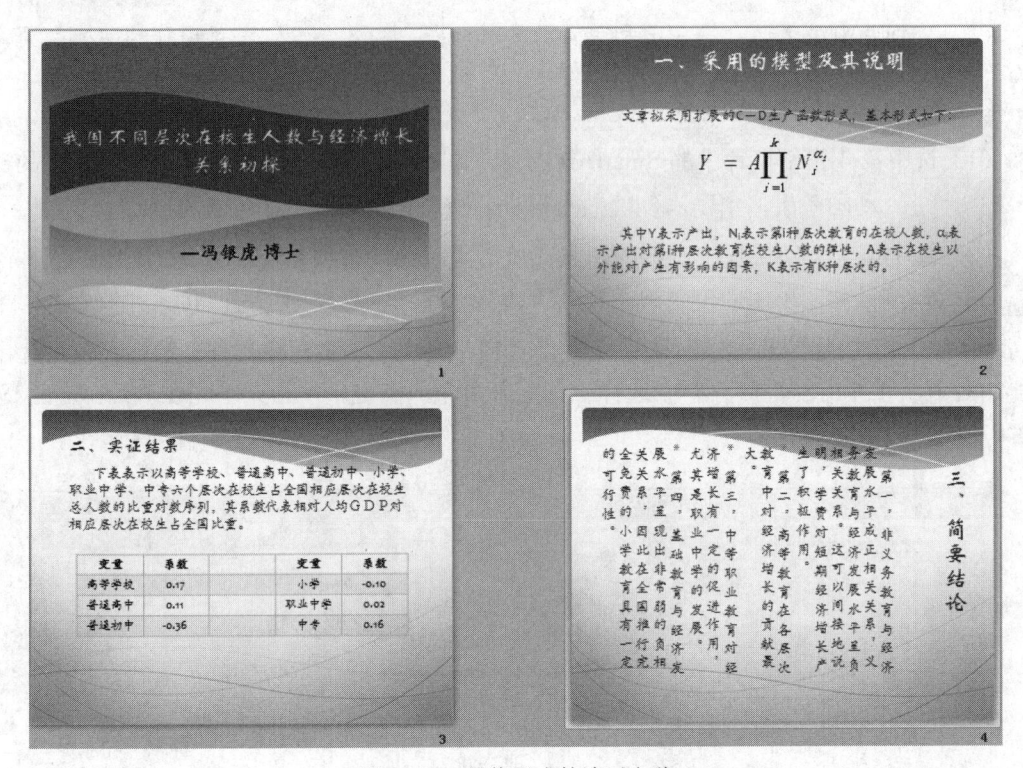

图 19-45 最终形成的演示文稿

（1）打开 PowerPoint 2016，以"波形"为主题（主题模板保存在本例文件夹中，文件名为"波形.potx"），创建一个演示文稿，幻灯片大小为标准（4:3），演示文稿最后以文件名"在校大学生人数与经济增长的关系.pptx"。

（2）将演示文稿的背景样式改为"样式 10"。

（3）在文稿的第一张幻灯片（即标题幻灯片）中的"单击此处添加副标题"占位符处输入文本"——冯银虎博士"；删除占位符"单击此处添加标题"。

（4）添加一个艺术字，样式为任意一种样式；文本填充：黄色、文本轮廓：紫色；

（5）艺术字形状高为 6.96 厘米，宽为 23 厘米，距离幻灯片左上角水平位置 1.2 厘米，垂直位置为 3.44 厘米。

（6）更改艺术字形状为"转换"→"弯曲"→"正方形"；形状填充：红色；形状轮廓：无；形状效果为：半映像，接触；更改形状：波形。

（7）设置艺术字文本内容"我国不同层次在校生人数与经济增长关系初探"，华文新魏，38 磅，加粗。

（8）第 2 张幻灯片的版式为"两栏内容"的幻灯片，其中标题文字内容为"一、采用的模型及其说明"，设置为居中、字体为"华文新魏"，40 磅；第一栏文字内容如下：

文章拟采用扩展的 C－D 生产函数形式，基本形式如下：

第二栏文字如下：

其中 Y 表示产出，N_i 表示第 i 种层次教育的在校人数，α_i 表示产出对第 i 种层次教育在校生人数的弹性，A 表示在校生以外能对产生有影响的因素，k 表示有 k 种层次的。

第一栏和第二栏宽度为 23 厘米；文本字形为华文楷体，大小为 24 磅。

插入一个公式：

$$Y = A\prod_{i=1}^{k} N_i^{\alpha_i}$$

上述内容制作完成后，再调整各对象的适当位置。

（9）第 3 张幻灯片版式为"内容与标题"的幻灯片，标题文字内容为"二、实证结果"，设置为左对齐，字体为"华文新魏"、32 磅。

文本占位符内容如下：

下表表示以高等学校、普通高中、普通初中、小学、职业中学、中专六个层次在校生占全国相应层次在校生总人数的比重对数序列，其系数代表相对人均 GDP 对相应层次在校生占全国比重。

设置文本字形为华文楷体，大小为 24 磅。

单击"插入表格"图标，插入 4×5 的表格并录入内容。设置表格高为 4.8 厘米，宽为 20.06 厘米，样式为"浅色样式 3-强调 5"。

（10）添加一张版式为"垂直排列标题和文本"的幻灯片，标题文本内容如下：

三、简要结论

设置为左对齐、字体为"华文新魏"，40 磅。

文本占位符文本内容如下：

第一，非义务教育与经济发展水平成正相关关系，义务教育与经济发展水平呈负相关关系。这可以间接地说明，学费对短期经济增长产生了积极作用。

第二，高等教育在各层次教育中对经济增长的贡献最大。

第三，中等职业教育对经济增长有一定的促进作用，尤其是职业中学的发展。

第四，基础教育与经济发展水平呈现出非常弱的负相关关系，因此在全国推行完全免费的小学教育具有一定的可行性。

设置文本字形为华文楷体，24 磅。

2. 制作一个四象限的幻灯片，如图 19-46 所示。

图 19-46　四象限的幻灯片

要求使用 SmartArt 矩阵图形，样式为"强烈效果"，所有文字字体为微软雅黑，32 磅。

3. 按下列要求完成对此文稿的修饰并保存，最后结果如图 19-47 所示。

图 19-47　第 2 题图

（1）使用 ContemporaryPhotoAlbum.potx 演示文稿模板修饰全文，全部幻灯片的切换效果为"溶解"。

（2）将第一张幻灯片的版式改为"仅标题"。插入两张新幻灯片（即形成第二张和第三张幻灯片），版式均为"两栏内容"。

（3）第一张幻灯片中的标题文本为"梵高与向日葵"，设置为隶书、66 磅。

（4）第二张和第三张幻灯片的标题设置为隶书、80 磅；文本设置为楷体、24 磅。第二张在备注区插入"梵高简介"。第三张在备注区插入"梵高名作"。

（5）在第二张幻灯片中插入一幅 6 厘米×5 厘米的人物图，位置设置（左上角）水平距离为 16.3 厘米，垂直距离 1.72 厘米。在第三张幻灯片中插入一幅 7.28 厘米×5.64 厘米向日葵图片，位置设置（左上角）水平距离为 1.1 厘米，垂直距离为 0.72 厘米。

（6）第二张幻灯片中的人物图片的动画效果为"形状""上一动画之后"，"效果选项"为"方向｜缩小"和"形状｜方框"；第三张幻灯片中的向日葵图片的动画效果为"随机线条""上一动画之后""垂直"。

PPT 图片素材如图 19-48 所示。

图 19-48　第 2 题素材

第二张内容：

荷兰画家梵高，后期印象画派代表人物，是 19 世纪人类最杰出的艺术家之一。他热爱生活，但在生活中屡遭挫折，艰辛备尝。他献身艺术，大胆创新，在广泛学习前辈画家伦勃朗等人的基础上，吸收印象派画家在色彩方面的经验，并受到东方艺术，特别是日本版画的影响，形成了自己独特的艺术风格，创作出许多洋溢着生活激情、富于人道主义精神的作品，表现了他心中的苦闷、哀伤、同情和希望，至今饮誉世界。

梵高出生在荷兰一个乡村牧师家庭。他是后印象派的三大巨匠之一。

第三张内容：

《向日葵》就是在阳光明媚灿烂的法国南部所作的。画像闪烁着熊熊的火焰，满怀炽热的激情仿佛旋转不停的笔触是那样粗厚有力，色彩的对比也是单纯强烈的。然而，在这种粗厚和单纯中又充满了智慧和灵气。观者在观看此画时，无不为那激动人心的画面效果而感叹，心灵为之震颤，激情也喷薄而出，无不跃跃欲试，共同融入梵高丰富的主观感情中去。总之，梵高笔下的向日葵不仅是植物，而且是带有原始冲动和热情的生命体。

4. 人们一定还记得 2008 年奥运会开幕式的卷轴画卷吧：那晶莹剔透的画轴，给人梦幻般的感觉。它是高科技的成果，但也可以在 PowerPoint 中制作画轴打开效果。

提示：

（1）新建一个演示文稿，幻灯片版式选择"空白幻灯片"。

（2）编辑幻灯片中的内容。

1）插入艺术字和图片。插入一个艺术字"春暖花开"，艺术字样式为"填充：紫色，主题色4，软棱台"；文本填充颜色：紫色到红色矩形渐变填充；文本形状效果为"双波形：上下"；发光效果为"发光：18 磅；橙色，主题色 6"。插入一幅图片，高为 11.26 厘米，宽为 21.5 厘米，如图 19-49 所示。

2）插入自选图形。利用"绘图"工具栏中的"矩形"按钮插入一个矩形，高为 12.4 厘米，宽为 22.75 厘米，形状填充色为"淡紫"。调整图片的位置，放置矩形之中，并与矩形组合为一个对象。

（3）制作画轴。

1）绘制一个高 13 厘米、宽 1 厘米的矩形和一个高 1 厘米、宽 1 厘米的圆形。

2）复制圆形，分别作为矩形的上下端，并与矩形组合为一个对象。

3）设置"形状填充"效果为"红色，个性 2"到"白色，背景 1"，以"线性向右"渐变填充。

4）复制，产生第二根画轴，如图 19-50 所示。

图 19-49　插入艺术字和图片　　　　图 19-50　做好的画轴

（4）设置动画效果。

1）选中图片组合对象，设置图片组合对象的进入动画效果为"劈裂"，效果选择为"中央向左右展开"，开始方式为"上一动画之后"，持续时间为"3.00"。

2）分别设置两根画轴的进入动画效果为"出现"，开始方式为"与上一动画同时"，持续时间为"自动"。

3）如图 19-51 所示，分别设置两根画轴的动作路径，动画为"直线"，方向分别为"靠左""靠右"。开始方式为"与上一动画同时"，持续时间为"3.00"。

图 19-51　画轴的动作路径

5. 制作图 19-52 所示的幻灯片，实现的效果如下：当单击按钮 B、C、D 时，会弹出一个动画效果的说明，并发生一声爆炸声，再次单击该按钮时，说明隐藏。当单击按钮 A 时，弹出 "答对了，中国……" 的文本标注，同时发生鼓掌声，且标注信息不隐藏。

图 19-52　第 5 题图

提示：

（1）运行 PowerPoint，新建一个空白文档，幻灯片版式为 "只有标题"。

（2）插入 4 个 "自定义" 按钮，添加适当的文字，调整它们的大小和位置；颜色为 "橙色，个性色 6，深色 25%" 到 "橙色，个性色 6" 线性向右渐变填充；将 4 个动作按钮分别链接到当前幻灯片。

（3）添加 4 个 "爆炸形：14pt" 的 4 个 "星和旗帜" 形状，添加适当的文字，调整它们的大小和位置。

（4）设置形状的动画效果。右击其中一个形状（如答案 B 的爆炸形状），单击 "动画" 选项卡中的 "添加动画" 按钮，弹出动画列表，选择 "进入" 栏中的 "出现" 动画。

(5)单击"动画窗格"按钮 动画窗格，幻灯片编辑窗口的右侧出现动画窗格。

(6)在幻灯片编辑窗口中单击选择一个形状，如第2个"答错了，美国……"形状。此时，在动画窗格中被选中的形状动画出现红色边框，如图19-53所示。

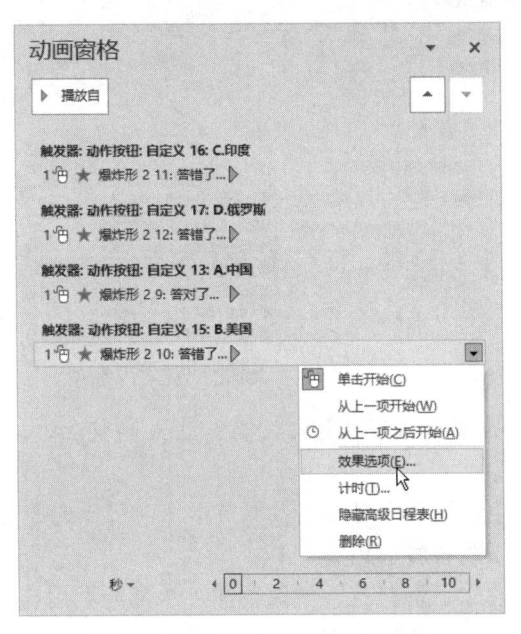

图19-53 "动画窗格"任务窗格

(7)右击该形状，在弹出的快捷菜单中执行"效果选项"命令，弹出"出现"对话框，在"效果"标签下，将声音设置为"爆炸"，并设为"下次单击后隐藏"，如图19-54所示。

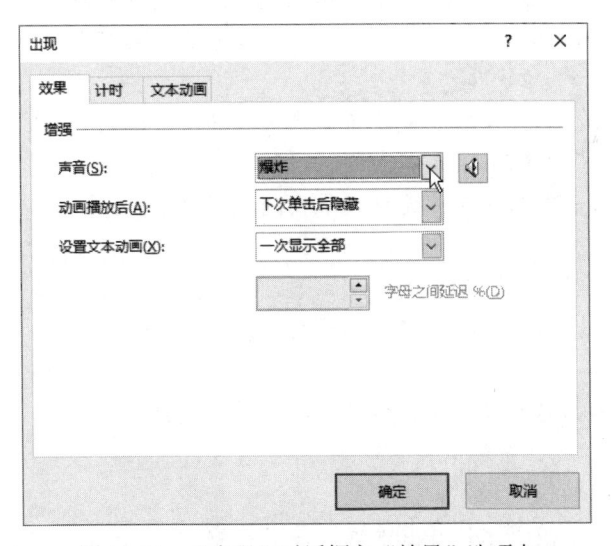

图19-54 "出现"对话框之"效果"选项卡

(8)设置触发器，触发器的作用是在单击B按钮时启动标注动画。在上面的对话框中单击"计时"选项卡，单击"触发器"按钮进行设置，本题将触发器连接到第2个动作按钮（即"B.美国"），如图19-55所示。

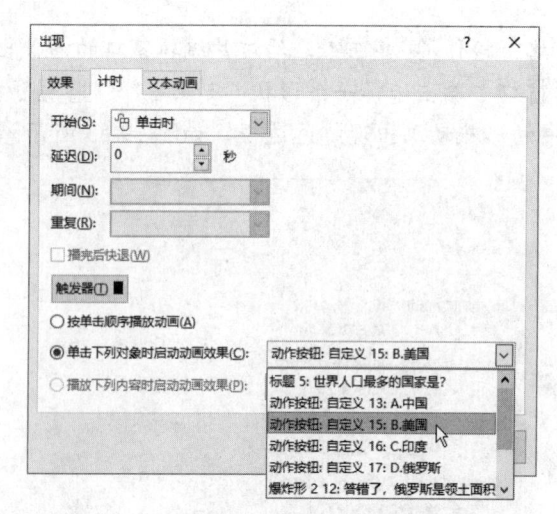

图 19-55 "出现"动画之"计时"选项卡

（9）其他几个形状的设置类似，只是在设置答案 A 的标注时，将声音设为"鼓掌"，"播放动画后"设为"不变暗"。

6.（综合题）下面为北京某节水展馆在世界节水日（每年的 3 月 22 日）当天制作了一份宣传水知识及节水工作重要性的演示文稿。

北京某节水展馆提供的文字资料及素材保存在"水资源利用与节水（素材）.docx"文档中，内容如下：

一、水的知识

1. 水资源概述

目前世界水资源达到 13.8 亿立方千米，但人类生活所需的淡水资源只占 2.53%，约为 0.35 亿立方千米。我国水资源总量位居世界第六，但人均水资源占有量仅为 2200 立方米，为世界人均水资源占有量的 1/4。

北京属于重度缺水地区。全市人均水资源占有量不足 300 立方米，仅为全国人均水资源量的 1/8、世界人均水资源量的 1/30。

北京水资源主要靠天然降水和永定河、潮白河上游来水。

2. 水的特性

水是氢氧化合物，其分子式为 H_2O。

水的表面有张力，水有导电性，可以形成虹吸现象。

3. 自来水的由来

自来水不是自来的，是经过一系列水处理净化过程生产出来的。

二、水的应用

1. 日常生活用水

日常生活用水包括做饭喝水、洗衣洗菜、洗浴冲厕。

2. 水的利用

水的利用包括水冷空调、水与减震、音乐水雾、水力发电、雨水利用、再生水利用。

3. 海水淡化

海水淡化技术主要有蒸馏、电渗析、反渗透。

三、节水工作

1. 节水技术标准

北京市目前实施了五大类 68 项节水相关技术标准,其中包括用水器具、设备、产品标准;水质标准;工业用水标准;建筑给水排水标准、灌溉用水标准等。

2. 节水器具

使用节水器具是节水工作的重要环节,生活中的节水器具主要包括水龙头、便器及配套系统、沐浴器、冲洗阀等。

3. 北京五种节水模式

北京五种节水模式分别是管理型节水模式、工程型节水模式、科技型节水模式、公众参与型节水模式、循环利用型节水模式。

制作要求如下:

(1)标题页包含演示主题、制作单位(北京节水展馆)和日期(2013 年 3 月 22 日)。

(2)演示文稿须指定一个主题,幻灯片不少于 5 页,且版式不少于 3 种。

(3)演示文稿中除文字外要有 2 张以上的图片,并有 2 个以上的超链接进行幻灯片之间的跳转。参考图片如图 19-56 所示。

(a) Production of tap water.jpg   (b) Water.png   (c) Water for Life.jpg

图 19-56 参考图片

(4)动画效果要丰富,幻灯片切换效果要多样。

(5)演示文稿播放的全程需要有背景音乐。

(6)将制作完成的演示文稿以"水资源利用与节水.pptx"为文件名进行保存。

(7)对"水资源利用与节水.pptx"进行打包,打包文件保存到文件夹 WaterSaving 中。

完成后的演示文稿如图 19-57 所示。

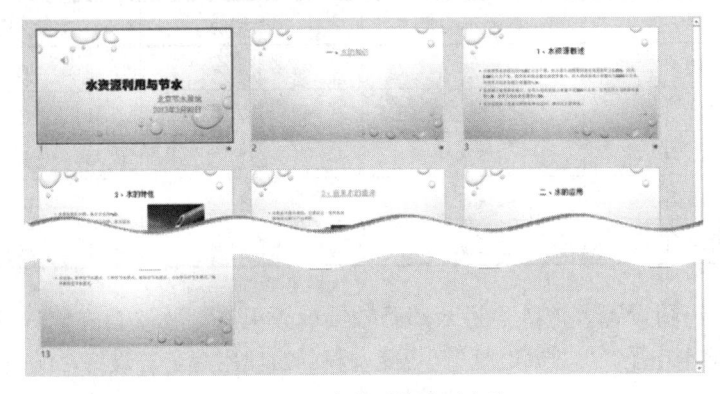

图 19-57 完成后的演示文稿

7. 某公司计划在"创新产品展示及说明会"会议茶歇期间，利用大屏幕投影向来宾自动播放会议的日程和主题，因此需要市场部助理完善 PowerPoint.pptx 文件中的演示内容。PowerPoint.pptx 文件部分内容如图 19-58 所示。

图 19-58　PowerPoint.pptx 文件部分内容

现在，请你按照如下需求，在 PowerPoint 中完成制作工作并保存：

（1）由于文字内容较多，因此将第 7 张幻灯片中的内容区域文字自动拆分为 2 张幻灯片进行展示。

（2）为了布局美观，将第 6 张幻灯片中的内容区域文字转换为"水平项目符号列表"SmartArt 布局，并设置该 SmartArt 样式为"中等效果"。

（3）在第 5 张幻灯片中插入一张标准折线图，并按照表 20-4 所示的数据信息调整 PowerPoint 中的图表内容。

表 20-4　数据信息

年份	笔记本电脑	平板电脑	智能手机
2010 年	7.6	1.4	1.0
2011 年	6.1	1.7	2.2
2012 年	5.3	2.1	2.6
2013 年	4.5	2.5	3
2014 年	2.9	3.2	3.9

（4）为该折线图设置"擦除"进入动画效果，效果选项为"自左侧"，按照"系列"逐次单击显示"笔记本电脑""平板电脑""智能手机"的使用趋势。最终，仅在该幻灯片中保留这个系列的动画效果。

（5）为演示文档中的所有幻灯片设置不同的切换效果。

（6）为演示文档创建 3 个节，其中"议程"节中包含第 1 张和第 2 张幻灯片，"结束"节中包含最后 1 张幻灯片，其余幻灯片包含在"内容"节中。

（7）为了实现幻灯片自动放映，设置每张幻灯片的自动放映时间不少于 2 秒。

（8）删除演示文档中每张幻灯片的备注文字信息。

8．某旅游公司经理助理小杨正在制作一份介绍首都北京的演示文稿，按照下列要求帮助他组织材料完成演示文稿的整合制作，完成后的演示文稿共包含 18 张幻灯片，其中不能出现空白幻灯片。

（1）根据本例文件夹下的 Word 文档"PPT 素材.docx"中的内容创建一个初始包含 17 张幻灯片的演示文稿"PPT.pptx"，对应关系见表 20-5。要求新建幻灯片中不包含原素材中的任何格式，之后所有的操作均基于"PPT.pptx"文件。

表 20-5　对应关系

Word 素材中的文本颜色	对应的 PPT 内容
红色	标题
蓝色	第一级文本
黑色	第二级文本

"PPT 素材.docx"的部分内容如图 19-59 所示。

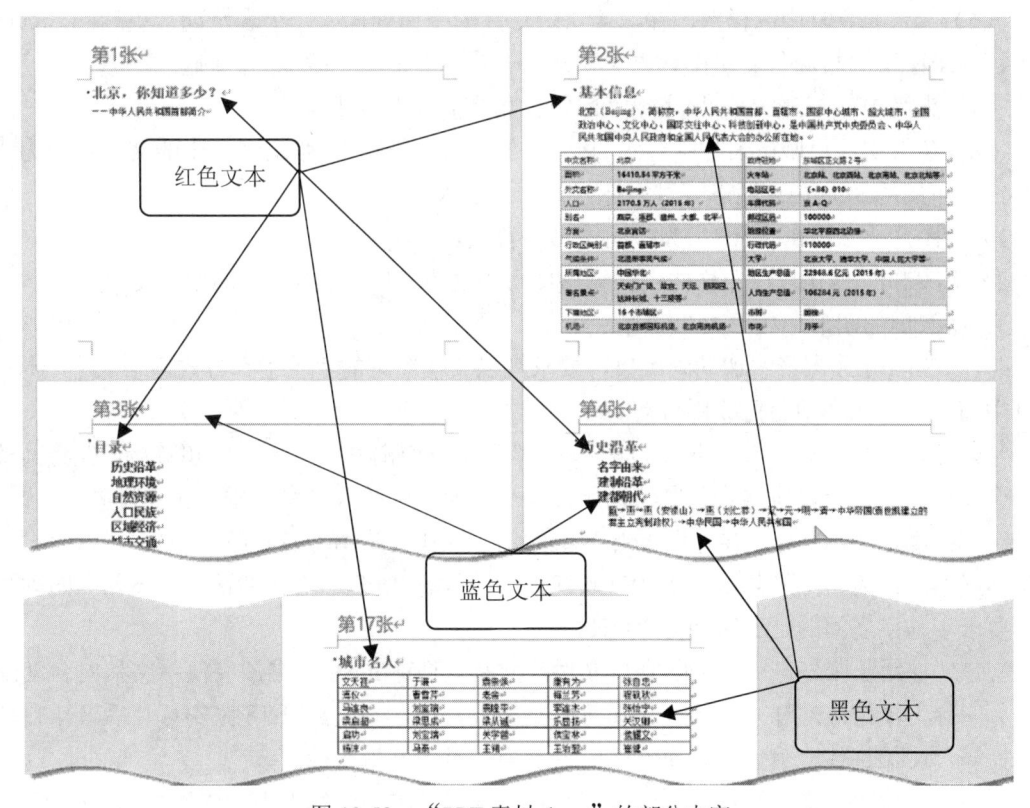

图 19-59　"PPT 素材.docx"的部分内容

(2）为演示文稿应用本例文件夹下的设计主题"龙腾.thmx"（.thmx 为文件扩展名）。将该主题下所有幻灯片中的所有级别文本的格式都修改为"微软雅黑"字体、深蓝色、两端对齐，并设置文本溢出文本框时自动缩排文字。将"标题幻灯片"版式右上方的图片替换为"天坛.jpg"。

（3）为第 1 张幻灯片应用"标题幻灯片"版式，将副标题的文本颜色设置为标准黄色，并为其中的对象按下列要求指定动画效果：

1）令其中的天坛图片首先在 2 秒内以"翻转式由远及近"方式进入，然后以"放大/缩小"方式强调。

2）为其中的标题和副标题分别指定动画效果，其顺序如下：自图片动画结束后，标题自动在 3 秒内自左侧"飞入"进入，同时副标题以相同的速度自右侧"飞入"进入，1 秒后标题与副标题同时自动在 3 秒内以"飞出"方式按原进入方向退出；过 2 秒后标题与副标题同时自动在 4 秒内以"旋转"方式进入。

（4）为第 2 张幻灯片应用"内容与标题"版式，将原素材中提供的表格复制到右侧的内容框中，要求保留原表格的格式。

（5）为第 3 张幻灯片应用"节标题"版式，为文本框中的目录内容添加任意项目符号，并设为 3 栏显示、适当增大栏间距，最后为每项目录内容添加超链接，令其分别链接到本文档中的相应幻灯片。将本例文件夹下的图片"火车站.jpg"以 85%的透明度设为第 3 张幻灯片的背景。

（6）参考原素材中的样例，在第 4 张幻灯片的空白处插入一个表示朝代更迭的 SmartArt 图形，要求图形的布局与文字排列方式与样例一致，并适当更改图形的颜色及样式。

（7）为第 10～12 张幻灯片应用"标题和竖排文字"版式。

（8）参考文件"城市荣誉图示例.jpg"中的效果，将第 15 张幻灯片中的文本转换为"分离射线"布局的 SmartArt 图形并进行适当设计，要求：

1）以图片"水墨山水.jpg"为中间图形的背景。

2）更改 SmartArt 颜色及样式，并调整图形中文本的字体、字号和颜色与之适应。

3）将四周的图形形状更改为云形。

4）为 SmartArt 图形添加动画效果，要求其以 3 幅图案的"轮子"方式逐个从中心进入，并且中间的图形在其动画播放后自动隐藏。

（9）为第 17 张幻灯片应用"标题和表格"版式，取消其中文本上的超链接，并将其转换为一个表格，改变该表格样式且取消标题行，令单元格中的人名水平垂直居中排列。

（10）插入演示文稿"结束片.pptx"中的幻灯片作为第 18 张幻灯片，要求保留原设计主题与格式不变；为其中的艺术字"北京欢迎你！"添加按段落、自底部逐字"飞入"的动画效果，要求字与字之间的延迟时间为 100%。

（11）在第 1 张幻灯片中插入音乐文件"北京欢迎你.mp3"，当放映演示文稿时自动隐藏该音频图标，单击该幻灯片中的标题即可开始播放音乐，一直到第 18 张幻灯片后音乐自动停止。为演示文稿整体应用一个切换方式，自动换片时间设为 5 秒。

为完成上述演示文稿设计用到的一些素材均存放于本例文件夹中，样式如图 19-60 所示。

第 8 章　PowerPoint 2016 演示文稿　255

天坛.jpg 　　　　　　火车站.jpg 　　　　　　城市荣誉图示例.jpg

水墨山水.jpg  　　　　北京欢迎你.mp3 　　　　结束片.pptx

图 19-60　使用的素材样式图

经过编辑后，最终形成图 19-61 所示的演示文稿。

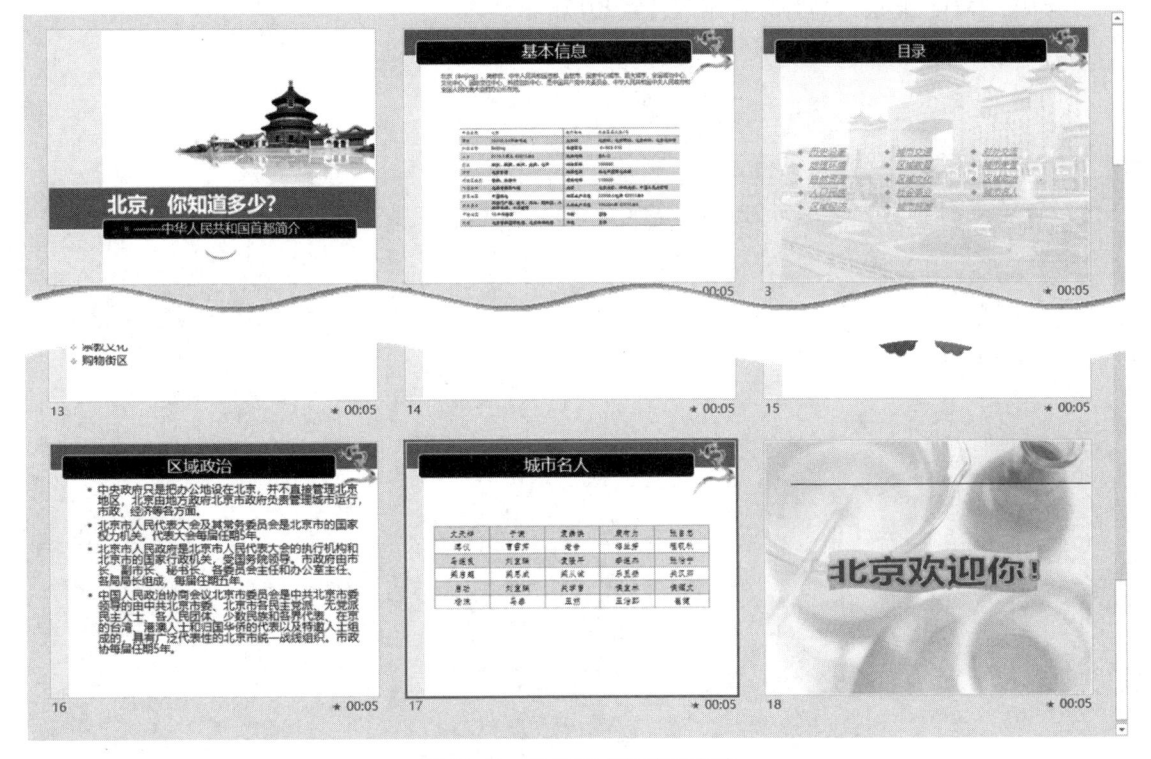

图 19-61　最终形成的演示文稿

参考文献

[1] 龚沛曾，杨志强. 大学计算机上机实验指导与测试[M]. 7 版. 北京：高等教育出版社，2017.
[2] 何振林，胡绿慧. 大学计算机基础上机实践程[M]. 5 版. 北京：中国水利水电出版社，2019.
[3] 何振林，罗奕. Visual Basic.NET 程序设计上机实践教程[M]. 北京：中国水利水电出版社，2018.
[4] 张莉. Python 程序设计实践教程[M]. 北京：高等教育出版社，2018.
[5] 林沣，钟明. Office 2016 办公自动化案例教程[M]. 北京：中国水利水电出版社，2019.
[6] 吉燕，赫亮，陈悦. 全国计算机等级考试二级教程：MS Office 高级应用上机指导（2017年版）[M]. 北京：高等教育出版社，2017.